数学30講シリーズ 10 ― 志賀浩二［著］

新装改版

固有値問題30講

朝倉書店

は　し　が　き

　20世紀前半の数学における固有値問題の展開は，数学の中にまったく新しい一つの世界像を提示することになった．その世界像とは，代数的な世界と解析的な世界とは，その対象を無限次元空間にまで高めて設定するならば，作用素論の中で相互に密接に関連し合い，そこに統一され，融合された数学の沃野が広がっているという認識であった．代数的な世界とは，端的にいえば，等式によって関係の記述されるような数学的な思考の世界であり，対比していえば，解析的な世界とは，不等式により相互の関係を記述することにより極限の様相へ迫ろうとする世界である．この二つは，19世紀数学まではまったく異なった流れであった．しかし20世紀になって，数学が無限次元という表象を克ちとると，二つの流れはこの表象の中で幾何学的な広がりをみせて合流し，関数解析学という一分野を形成するに至った．この合流の契機を与えたものが固有値問題であった．もっとも，固有値問題を現在の高みにまで上げた背景には，量子力学の数学的定式化の中に，ヒルベルト空間上の作用素の固有値問題——スペクトル分解——が本質的な役割を演じたことも見逃せない事実である．

　固有値問題の成立と理論の経緯は本講の中で述べるから，これ以上触れないが，固有値問題に関連して，現在の大学における数学のカリキュラムについて，少し私の考えを述べておきたい．

　現在，大体どこの理工系の大学でも，線形代数の講義が1年次に行なわれているが，秋も深まり，学生諸君が講義に少し疲れた頃になって，やっと固有値問題が登場してくるということになっている．内容もよくわからぬし，どうしてこれがそんなに重要なのかもよく理解できないうちに，講義は突然終ってしまう．しかし固有値問題をここで断ち切ってしまうには，その弦のもつ調べはあまりにも高いのである．

　数学科の学生には，もう一度固有値問題に出会う機会がある．それは関数解析学の講義においてである．しかしここではふつうは抽象化されたヒルベルト空間

の定義からスタートするから，この講義で展開される作用素のスペクトル理論が，少し前に学んだ線形代数の固有値問題とどのように結びつき，またどのような必然性でこのような拡張を必要としたかを知ることは，至難なことになってくる．二つの理論はどこかでつながっているようであるが，結ぶ糸はなかなか見えてこないのである．

　数学科におけるカリキュラムの構成は，一般には演繹体系としての数学の構造という考えに支えられており，学年の進行を階段のようにみなして，この体系を一段，一段と上っていくように組まれている．したがって，固有値問題のように，一貫した問題意識と思想の中で発展してきた数学の流れを，一つのカリキュラムの中に組みこんで教えるというような試みは，あまり行なわれていないようにみえる．数学の思想は，明らかに数学の歴史の中で育てられてきたのだから，これをカリキュラム構成の必要上，演繹体系として整理し，分断してしまうことは，数学の生命の躍動感を断つことを意味するかもしれない．現在の数学科のカリキュラムの体系は，多くの啓蒙的な数学書のあり方にも強い影響を与えていることを考えると，この問題を少し立ち止まって考えてもよい時機にきたのではなかろうか．

　そのような考えに立って，この 30 講では，固有値問題を 2 次の行列の場合からはじめて，ヒルベルト空間上の作用素のスペクトル分解に至るまでの道を一気に描いてみた．これは必ずしも体系的な講義とはいえないかもしれないが，読者がこの 30 講を通して，数学のしだいに総合化されていく構成的な歩みとでもいうべきものを，歴史の流れを背景として，少しでも感じとってもらえればよいがと思っている．

　　　1991 年 4 月

　　　　　　　　　　　　　　　　　　　　　　　　　　著　　　者

目　　次

第 1 講　平面上の線形写像 ……………………………………………… 1
第 2 講　隠されているベクトルを求めて ……………………………… 9
第 3 講　複素ベクトル空間 C^2 ………………………………………… 18
第 4 講　線形写像と行列 ………………………………………………… 27
第 5 講　固有値と固有方程式 …………………………………………… 35
第 6 講　固 有 空 間 ……………………………………………………… 42
第 7 講　対角化可能な線形写像 ………………………………………… 50
第 8 講　内　　　積 ……………………………………………………… 59
第 9 講　正規直交基底 …………………………………………………… 67
第 10 講　射影作用素，随伴作用素 ……………………………………… 75
第 11 講　正規作用素 ……………………………………………………… 84
第 12 講　エルミート作用素 ……………………………………………… 92
第 13 講　ユニタリー作用素と直交作用素 …………………………… 100
第 14 講　積分方程式 …………………………………………………… 107
第 15 講　フレードホルムの理論 ……………………………………… 117
第 16 講　ヒルベルトの登場 …………………………………………… 124
第 17 講　ヒルベルト空間 ……………………………………………… 132
第 18 講　l^2-空　　間 …………………………………………………… 140
第 19 講　閉部分空間 …………………………………………………… 148
第 20 講　有界作用素 …………………………………………………… 157

第 21 講　ヒルベルト空間上の固有値問題の第一歩 ······················· 165

第 22 講　完全連続な作用素 ·· 173

第 23 講　完全連続作用素の固有空間による分解 ························· 180

第 24 講　一般の自己共役作用素へ向けて ································· 189

第 25 講　作用素の位相と射影作用素の順序 ····························· 199

第 26 講　単位の分解 ·· 207

第 27 講　自己共役作用素のスペクトル分解 ····························· 216

第 28 講　スペクトル ·· 225

第 29 講　非有界作用素 ·· 232

第 30 講　フォン・ノイマン——1929 年 ··································· 241

索　　引 ·· 249

第 **1** 講

平面上の線形写像

テーマ
- ◆ 平面上のベクトル
- ◆ 基底ベクトル
- ◆ 線形写像と行列
- ◆ 対応の状況がよくわかるとき——対角線以外は 0 の行列
- ◆ 任意に与えられた行列による対応の状況は必ずしもよくわからない.
- ◆ 隠されているベクトル
- ◆ 斜交座標

平面上の線形写像

　講義をはじめるにあたって, 出発点をどの辺りにおくかはいつでも難しい問題となる. ここではずっとさかのぼって, 誰でもよく見なれている座標平面から出発することにしよう.

　座標平面は平面上に 1 つ直交座標系を導入しておくことによって決まる. 座標原点はいつでも O で表わすことにする. 平面上の点 P は, 座標によって (x_1, x_2) と表わされる. これからの話では, この座標表示を縦にかいて $\begin{pmatrix} x_1 \\ x_2 \end{pmatrix}$ と表わすことも多い. もちろん座標を横にかいて表わそうが縦にかいて表わそうが, 実質が変わったわけではない.

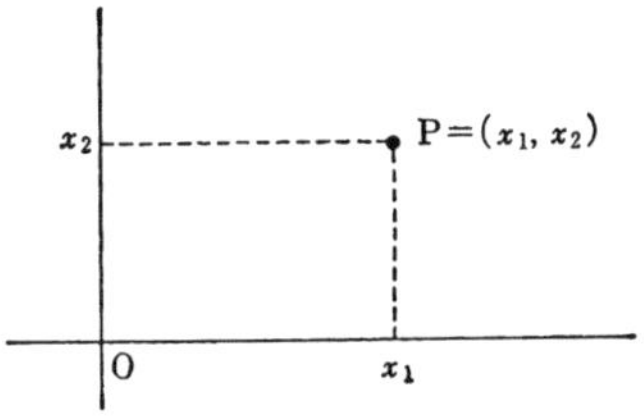

　座標平面の点が, このように実数の 2 つの対で表わされることに注目して, これから実数の 2 つの対の全体を $\boldsymbol{R}^2$ で表わし, $\boldsymbol{R}^2$ を表示するものが座標平面であると考えることにしよう. $\boldsymbol{R}$ は実数——real number

図 1

——を示唆している．

私たちは，さしあたりは，$\mathbf{R}^2$ の元 $\boldsymbol{x}$ を $\boldsymbol{x} = \begin{pmatrix} x_1 \\ x_2 \end{pmatrix}$ のように表わし，ベクトルということにしよう．ベクトルというと，読者は，O を始点とし $\begin{pmatrix} x_1 \\ x_2 \end{pmatrix}$ を終点とする矢印を思い浮かべられるかもしれない．私たちもこの表示をときどき使うが，以下でこの表示がそれほど本質的な役割を果たすわけではない．

$\mathbf{R}^2$ のベクトル $\boldsymbol{x} = \begin{pmatrix} x_1 \\ x_2 \end{pmatrix}$, $\boldsymbol{y} = \begin{pmatrix} y_1 \\ y_2 \end{pmatrix}$ に対して，和とスカラー積を次のように定義することにしよう：

和： $\boldsymbol{x} + \boldsymbol{y} = \begin{pmatrix} x_1 + y_1 \\ x_2 + y_2 \end{pmatrix}$

スカラー積： $\alpha \boldsymbol{x} = \begin{pmatrix} \alpha x_1 \\ \alpha x_2 \end{pmatrix} \quad (\alpha \in \mathbf{R})$

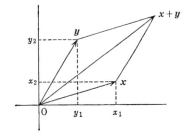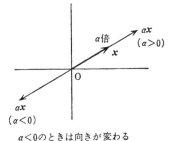

図 2

零ベクトル $\begin{pmatrix} 0 \\ 0 \end{pmatrix}$ を $\mathbf{0}$ で表わす．また座標軸上の基準点を示す

$$\boldsymbol{e}_1 = \begin{pmatrix} 1 \\ 0 \end{pmatrix}, \quad \boldsymbol{e}_2 = \begin{pmatrix} 0 \\ 1 \end{pmatrix}$$

を $\mathbf{R}^2$ の基底ベクトルという．基底ベクトルを用いると，任意のベクトル $\boldsymbol{x} = \begin{pmatrix} x_1 \\ x_2 \end{pmatrix}$ は

$$\begin{aligned} \boldsymbol{x} = \begin{pmatrix} x_1 \\ x_2 \end{pmatrix} &= x_1 \begin{pmatrix} 1 \\ 0 \end{pmatrix} + x_2 \begin{pmatrix} 0 \\ 1 \end{pmatrix} \\ &= x_1 \boldsymbol{e}_1 + x_2 \boldsymbol{e}_2 \end{aligned} \tag{1}$$

と表わされる．

線形写像と行列

$\boldsymbol{R}^2$ から $\boldsymbol{R}^2$ への写像 T が

$$T(\boldsymbol{x} + \boldsymbol{y}) = T(\boldsymbol{x}) + T(\boldsymbol{y}), \quad T(\alpha\boldsymbol{x}) = \alpha T(\boldsymbol{x}) \quad (\alpha \in \boldsymbol{R})$$

をみたすとき，線形写像という．線形写像 T が与えられたとき，基底ベクトル $\boldsymbol{e}_1, \boldsymbol{e}_2$ が T によってどこに移されるかに注目して

$$T\boldsymbol{e}_1 = \begin{pmatrix} a \\ c \end{pmatrix}, \quad T\boldsymbol{e}_2 = \begin{pmatrix} b \\ d \end{pmatrix}$$

とおく．このとき任意のベクトル $\boldsymbol{x}$ が T によって移される先は，T の線形性と (1) を用いて

$$Tx = T(x_1\boldsymbol{e}_1 + x_2\boldsymbol{e}_2) = x_1 T\boldsymbol{e}_1 + x_2 T\boldsymbol{e}_2$$
$$= x_1 \begin{pmatrix} a \\ c \end{pmatrix} + x_2 \begin{pmatrix} b \\ d \end{pmatrix} = \begin{pmatrix} ax_1 + bx_2 \\ cx_1 + dx_2 \end{pmatrix} \tag{2}$$

となることがわかる.

その意味で線形写像 T は，2 つのベクトル $\begin{pmatrix} a \\ c \end{pmatrix}, \begin{pmatrix} b \\ d \end{pmatrix}$ を与えることによって完全に決まるといってよい．そこで

$$A = \begin{pmatrix} a & b \\ c & d \end{pmatrix}$$

とおき，A を，T を表わす行列という．このとき (2) の関係を，$y_1 = ax_1 + bx_2$, $y_2 = cx_1 + dx_2$ とおいたとき

$$\begin{pmatrix} y_1 \\ y_2 \end{pmatrix} = \begin{pmatrix} a & b \\ c & d \end{pmatrix} \begin{pmatrix} x_1 \\ x_2 \end{pmatrix}, \quad \text{あるいは} \quad \boldsymbol{y} = A\boldsymbol{x}$$

と表わす．したがって

$$\boldsymbol{y} = T\boldsymbol{x} \text{（線形写像としての表示）} \Longleftrightarrow \boldsymbol{y} = A\boldsymbol{x} \text{（行列表示）}$$

である.

同じことを 2 通りにかくのはわずらわしいと思われる読者も多いだろう．しかし，たとえば 2 次関数 $y = 2x^2 - 3x + 1$ を考えるとき，この関数を $y = f(x)$ とかくこともある．このような一般的な表記法に対応するものが $\boldsymbol{y} = T\boldsymbol{x}$ である．線形写像 T が具体的にどのような形で与えられているか (2 次関数では，係数を具体的に表示することに対応する) を示すものが行列表示 $\boldsymbol{y} = A\boldsymbol{x}$ であると考えておかれるとよい.

4   第 1 講　平面上の線形写像

対応の状況——すぐわかるときとわからないとき

線形写像 T が，具体的に行列の形で与えられていてもこの行列を一目見ただけで R^2 から R^2 への対応の模様がすぐわかるときもあるし，そうでないときもある．

すぐわかるとき

行列が

$$A = \begin{pmatrix} 2 & 0 \\ 0 & 3 \end{pmatrix}$$

のように，対角線以外が 0 となっているときは，対応の様子はすぐにわかる．このときは，e_1 が $2e_1$ に，e_2 が $3e_2$ になっており，座標平面をゴム膜と思ったときには，A は x 軸方向を O を中心にして 2 倍に，y 軸方向を O を中心にして 3 倍に引き延ばす線形写像となっている．したがって，$x = \begin{pmatrix} x_1 \\ x_2 \end{pmatrix}$ は $\begin{pmatrix} 2x_1 \\ 3x_2 \end{pmatrix}$ に移される．

一般に行列

$$\tilde{A} = \begin{pmatrix} a & 0 \\ 0 & b \end{pmatrix} \tag{3}$$

で与えられる線形写像は，$a, b > 0$ ならば，O を中心として，x 軸方向を a 倍に，y 軸方向を b 倍に引き延ばす線形写像である．またたとえば $a < 0$，$b > 0$ ならば，x 軸方向は O を中心に正負を反転させてから $|a|$ 倍だけ引き延ばし，y 軸方向はそのまま b 倍だけ引き延ばす線形写像となる (図 3).

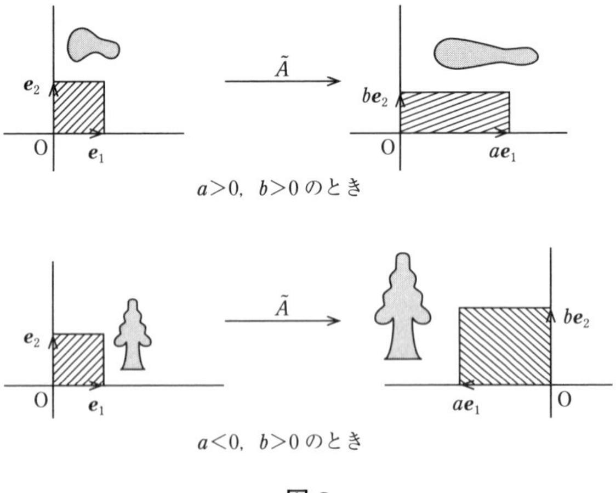

$a>0,\ b>0$ のとき

$a<0,\ b>0$ のとき

図 3

ここで ʻ引き延ばすʼ といったが，$0 < |a| < 1$，$0 < |b| < 1$ のときは，ʻ収縮するʼ といった方が言葉づかいとしては正しいだろう．数学的にはどの場合でも ʻa

倍され，b 倍される'ですむのだが，日常的な言葉で述べるときには，こういうところが少しわずらわしくなる．

ついでだが (3) で a, b の少なくとも一方が0のようなとき，たとえば
$$\tilde{\tilde{A}} = \begin{pmatrix} a & 0 \\ 0 & 0 \end{pmatrix}$$
のようなときには，x 軸方向はOを中心に'a倍'引き延ばされるが (a の正負にしたがって状況は違う)，y 軸方向は0へとつぶされる (図4)．

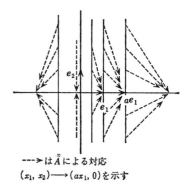

---→ は $\tilde{\tilde{A}}$ による対応
$(x_1, x_2) \longrightarrow (ax_1, 0)$ を示す

図4

すぐわからないとき

行列が
$$B = \begin{pmatrix} 1 & 1 \\ -2 & 4 \end{pmatrix} \tag{4}$$
で与えられているときには，この線形写像によって，$\boldsymbol{R}^2$ がどのように $\boldsymbol{R}^2$ に移されているか，この行列を眺めているだけでは，何のイメージも湧いてこない．線形写像に関するすべての情報は，この行列表示の中に盛られているといっても，具体的に平面上の図形がどのように移されているかはわからないので，行列を凝視しているうちに，何か数字のアラベスクを見ているような錯覚に陥る．

同じような例にみえるが，あとの説明のため，このような行列の例をもう1つ与えておこう．
$$C = \begin{pmatrix} 2 & -3 \\ 4 & 2 \end{pmatrix} \tag{5}$$

隠されているベクトル

上の (4) と (5) で与えた行列 B と C は，この行列の形から線形写像の対応の模様がすぐに読みとれないといっても，実は少し状況が違うのである．

まず行列 B の方から説明してみよう．行列 B で与えられる線形写像 T_B に対しては，特徴的な性質をもつ2つのベクトルがある．そのベクトルとは

である.この2つのベクトルは,T_B によってそれぞれ2倍,3倍されるベクトルとなっている:
$$T_B \boldsymbol{f}_1 = 2\boldsymbol{f}_1, \quad T_B \boldsymbol{f}_2 = 3\boldsymbol{f}_2$$
このことは行列で
$$\begin{pmatrix} 1 & 1 \\ -2 & 4 \end{pmatrix} \begin{pmatrix} 1 \\ 1 \end{pmatrix} = \begin{pmatrix} 2 \\ 2 \end{pmatrix}, \quad \begin{pmatrix} 1 & 1 \\ -2 & 4 \end{pmatrix} \begin{pmatrix} 1 \\ 2 \end{pmatrix} = \begin{pmatrix} 3 \\ 6 \end{pmatrix}$$
が成り立つことを確かめさえすればよい.

このようなベクトル $\boldsymbol{f}_1$, $\boldsymbol{f}_2$ は,行列表示 (4) の中にはひとまず'隠されたベクトル'となっている.この隠されたベクトルを行列 B の中からどのように探し求めていくかは,次講で詳しく述べる.しかし,このような $\boldsymbol{f}_1$, $\boldsymbol{f}_2$ が一度見つかりさえすれば,線形写像 T_B の対応の模様が,直観的な描像としてはっきりと捉えられるのである.

それにはいままで用いてきた基底ベクトル $\boldsymbol{e}_1$, $\boldsymbol{e}_2$ に代って,$\boldsymbol{f}_1$, $\boldsymbol{f}_2$ が新しい座標軸の基底ベクトルを与えていると考えて,平面に斜交座標系を導入するのである.斜交座標系の説明を文章でするよりは,図5を見てもらった方がよくわかるだろう.

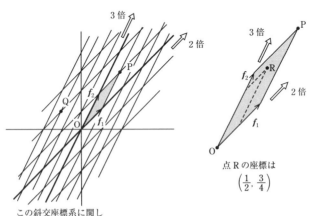

図 5

直交座標系を基底ベクトル e_1, e_2 を 2 辺とする正方形のタイルを基準として，平面を貼りつくしていったものと考えると，この斜交座標系は f_1, f_2 を 2 辺とする平行四辺形のタイルを基準にして平面を貼っていったものである．平面上の点 P は，必ずただ 1 通りに $\alpha f_1 + \beta f_2$ と表わされる．このとき P の座標を (α, β) とするのである．

この斜交座標系を用いれば，行列 B の表わす線形写像 T_B の状況は，直交座標系を用いた行列 A の状況とまったく同様なことになっている．すなわち T_B は，この斜交座標平面を，O を中心にして f_1 軸の方向は 2 倍に引き延ばし，f_2 軸の方向は 3 倍に引き延ばしているのである．座標平面をゴム膜からできていると想像すれば，O を止めて，f_1 方向と f_2 方向に，それぞれ 2 倍，3 倍と引っぱる写像が T_B である！

このようにして，T_B の対応の模様は，図 5 の斜交座標系を見ていると察しがつくが，行列 C で与えられる線形写像 T_C の方は，斜交座標系という考えを導入してもうまく捉えられない．それは，零でないベクトル $\boldsymbol{x} = \begin{pmatrix} x_1 \\ x_2 \end{pmatrix}$ をどのようにとっても，$T_C \boldsymbol{x}$ の方向は，$\boldsymbol{x}$ 方向からそれて回転してしまって，$\boldsymbol{x}$ 方向にはけっして乗らないからである．f_1 や f_2 のように，線形写像によってその方向に何倍か'引き延ばされる'ようなベクトルは T_C に対しては存在しない．この節のタイトルのいい方にしたがえば，行列 C に対しては，斜交座標系の基底ベクトルとして採用できるような'隠されているベクトル'は存在しない．

しかしどう見ても，行列 B と行列 C にそんなに大きな違いがあるようではない．では，行列 B と行列 C の表わす線形写像を統一的にみるような視点は本当にないのだろうか．実はそのような視点は数学の形式の中で見出すことができる．そしてそれが固有値問題の幕開けとなってくるのである．

Tea Time

質問 行列が与えられれば，どのベクトルがどこへ移されるかはわかります．たとえば問題となっている行列 C の場合でも，$\begin{pmatrix} 5 \\ -3 \end{pmatrix}$ というベクトルが T_C でどこ

8   第1講 平面上の線形写像

へ移されるかは，行列を計算して

$$\begin{pmatrix} 2 & 3 \\ 4 & 2 \end{pmatrix} \begin{pmatrix} 5 \\ -3 \end{pmatrix} = \begin{pmatrix} 1 \\ 14 \end{pmatrix}$$

とわかります．お話しではもっとよく対応の状況を知りたいということでしたが，
'もっとよく'ということはどういうことか，もう少し説明していただけませんか．

答　たとえば2次関数

$$y = x^2 - 2x - 1 \tag{$*$}$$

を考えてみよう．このとき $x = 5$ に対し，$y = 25 - 2 \times 5 - 1 = 14$ が対応し
ていることはすぐにわかる．しかしいろいろな x の値に
対して，$(*)$ の右辺を計算して y の値がわかったとして
も，'変数' x が動くとき，対応して'変数' y がどのよ
うに動くかまではわからないだろう．私たちは $(*)$ のグ
ラフ (図6) を見て，はじめて対応の様子がわかったと思
う．もしグラフ表示がなかったならば，$(*)$ はどれだけ
の情報を私たちに提供してくれただろうか．実際関数概
念は，グラフ表示を通しながら育ってきたのである．

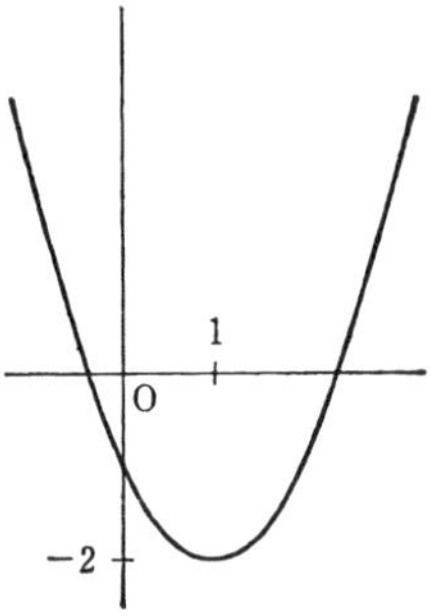

　2次の行列が問題としているのは，$\boldsymbol{R}^2$ から $\boldsymbol{R}^2$ への

図6

対応の様子であり，'2変数' (x_1, x_2) が'2変数' (y_1, y_2) にどのように移される
かということである．しかし今度は，グラフで表示するような手段はなくなって
しまった．グラフ表示ができなくとも，大域的な対応の模様を描写することはで
きないか．行列 B に対して与えたような，ゴム膜を2方向に引っぱるというよう
な説明は，これに答えるものなのである．2次関数のグラフをかくようなことと，
まったく別の方向へ議論を進めているようであるが，大域的な対応の模様を知り
たいという問題意識に立ってみれば，同じような方向へ進んでいるともいえるの
である．しかし行列 C については，いまの段階ではこのような意味ではまだ何も
わかっていないといってよい．

第 **2** 講

隠されているベクトルを求めて

── テーマ ──

◆ 隠されているベクトルと連立方程式

◆ 2 元 1 次の連立方程式に対する注意

◆ 前講で述べた行列 B に対して，斜交座標系を求める方法

◆ 一般的な 2 次行列の場合に，斜交座標系を求める方法と試み

◆ 1 つの例

◆ なおも隠されているベクトル ── '倍率' が複素数となるとき

隠されているベクトルと連立方程式

前講で

$$B = \begin{pmatrix} 1 & 1 \\ -2 & 4 \end{pmatrix}$$

に対し，'隠されているベクトル' $\boldsymbol{f}_1 = \begin{pmatrix} 1 \\ 1 \end{pmatrix}$, $\boldsymbol{f}_2 = \begin{pmatrix} 1 \\ 2 \end{pmatrix}$ を用いることにより，対応の模様を斜交座標系を通して記述することができた.

この $\boldsymbol{f}_1, \boldsymbol{f}_2$ は B からどのようにして見出されたのだろうか．B によって決まる線形写像を T_B とすると，$\boldsymbol{f}_1, \boldsymbol{f}_2$ は T_B によって何倍かされるベクトルである．したがって $\boldsymbol{f}_1, \boldsymbol{f}_2$ は，

$$T_B \boldsymbol{x} = \lambda \boldsymbol{x} \tag{1}$$

をみたすベクトル $\boldsymbol{x}$ を求めると，その中に必ず見出されるはずである．ここで λ は '倍率' であり，$\boldsymbol{x} = \boldsymbol{f}_1$ のときは 2，$\boldsymbol{x} = \boldsymbol{f}_2$ のときは 3 となっている．しかし，単に B が与えられた段階では，'倍率' λ 自身が未知数となっていることを注意しておこう.

10　第 2 講　隠されているベクトルを求めて

(1) は，適当な λ に対して

$$\begin{pmatrix} 1 & 1 \\ -2 & 4 \end{pmatrix} \begin{pmatrix} x_1 \\ x_2 \end{pmatrix} = \lambda \begin{pmatrix} x_1 \\ x_2 \end{pmatrix} \tag{2}$$

をみたす $\begin{pmatrix} x_1 \\ x_2 \end{pmatrix}$ を求めるといっても同じことである．(2) は $x_1 = x_2 = 0$ のとき
には必ず成り立つが，私たちは，斜交座標の基底ベクトルとなる $\boldsymbol{x}$ を求めたいの
だから，次の条件をおいておく必要がある：

条件：　$\boldsymbol{x} = \begin{pmatrix} x_1 \\ x_2 \end{pmatrix} \neq \boldsymbol{0}$

(2) は連立方程式の形でかくと次のようになる：

$$\begin{cases} x_1 + x_2 = \lambda x_1 \\ -2x_1 + 4x_2 = \lambda x_2 \end{cases}$$

あるいは移項して整理すると

$$\begin{cases} (\lambda - 1)x_1 - x_2 = 0 \\ 2x_1 + (\lambda - 4)x_2 = 0 \end{cases} \tag{3}$$

となる．この連立方程式の解 $\boldsymbol{x} = \begin{pmatrix} x_1 \\ x_2 \end{pmatrix}$ で，条件 $\boldsymbol{x} \neq \boldsymbol{0}$ をみたすものを求めるこ
とが，当面の問題となったのである．

連立方程式に対する 1 つの注意 (挿記)

　ここで 2 元 1 次の連立方程式について，次の命題が成り立つことを注意してお
こう．

連立方程式
$$\begin{cases} Ax + By = 0 \\ Cx + Dy = 0 \end{cases}$$
が，$x = y = 0$ 以外に解をもつための必要十分な条件は，係数のつ
くる行列式が 0, すなわち
$$\begin{vmatrix} A & B \\ C & D \end{vmatrix} = AD - BC = 0$$
が成り立つことである．

もっと一般的な命題を第 5 講で証明するから，ここでは B と D が 0 でないと

きに，簡単な説明を与えておこう．

$Ax + By = 0$ は原点を通る傾き $-\dfrac{A}{B}$ の直線の式であり，$Cx + Dy = 0$ は原点を通る傾き $-\dfrac{C}{D}$ の直線の式である．もし傾きが違えば，2 直線は原点でしか交わらない．このとき連立方程式の解は $x = y = 0$ だけとなる．したがって $x = y = 0$ 以外に解があるのは，2 直線の傾きが一致して重なるときに限る．このとき直線上に並ぶ点，$\left(x, -\dfrac{A}{B}x\right)$ がすべて連立方程式の解を与えることになる．

傾きが一致する条件は

$$-\frac{A}{B} = -\frac{C}{D}$$

であるが，これをかき直すと，条件 $AD - BC = 0$ が得られる．

f_1 と f_2 を見つける道

この結果を (3) に適用してみると，(3) が $x_1 = x_2 = 0$ 以外の解をもつ必要十分条件は

$$\begin{vmatrix} \lambda - 1 & -1 \\ 2 & \lambda - 4 \end{vmatrix} = (\lambda - 1)(\lambda - 4) + 2 = 0$$

で与えられることになる．この方程式は $(\lambda - 2)(\lambda - 3) = 0$ と因数分解されるから，解は

$$\lambda = 2 \quad \text{または} \quad \lambda = 3$$

となる．すなわち '倍率' λ の方が先に求められてしまったのである．

$\lambda = 2$ のとき，(3) は

$$\begin{cases} x_1 - x_2 = 0 \\ 2x_1 - 2x_2 = 0 \end{cases}$$

となり，解は $x_1 = x_2$ で与えられる．すなわち原点を通って傾きが 1 である直線上の点 $\begin{pmatrix} x_1 \\ x_1 \end{pmatrix}$ がすべて解になる．特に $x_1 = 1$ とおくと $f_1 = \begin{pmatrix} 1 \\ 1 \end{pmatrix}$ が得られる．

$\lambda = 3$ のとき，(3) の左辺の 2 つの式は一致して

$$2x_1 - x_2 = 0$$

となる．したがって解は $2x_1 = x_2$ で与えられる．特に $x_1 = 1$ とおくと $f_2 = \begin{pmatrix} 1 \\ 2 \end{pmatrix}$ が得られる．

12　第 2 講　隠されているベクトルを求めて

このようにして，$\boldsymbol{f}_1$, $\boldsymbol{f}_2$ がどのようにして行列 B から求められるかがわかった．この説明からもわかるように，$\boldsymbol{f}_1$ として $\begin{pmatrix} 1 \\ 1 \end{pmatrix}$ をとる必要はなく，$\begin{pmatrix} 2 \\ 2 \end{pmatrix}$ をとっても，$\begin{pmatrix} -1 \\ -1 \end{pmatrix}$ をとっても，第 1 講で同じような議論はできたのである．$\boldsymbol{f}_2$ についても似たようなことはいえる．

一般的な方向へ向けての示唆

行列 B から，$\boldsymbol{f}_1$, $\boldsymbol{f}_2$ を‘抽出’してきたこの議論から，一般に次のようなことがわかる．

いま任意に行列

$$A = \begin{pmatrix} a & b \\ c & d \end{pmatrix}$$

が与えられていたとする．このとき $A\boldsymbol{x} = \lambda\boldsymbol{x}$ となる零でないベクトル $\boldsymbol{x}$ を求めるには，まず‘倍率’λ を，(3) に対応する連立方程式

$$\begin{cases} (\lambda - a)x_1 - bx_2 = 0 \\ -cx_1 + (\lambda - d)x_2 = 0 \end{cases} \tag{3$'$}$$

が，$(x_1, x_2) \neq (0, 0)$ となる解をもつ条件

$$\begin{vmatrix} \lambda - a & -b \\ -c & \lambda - d \end{vmatrix} = (\lambda - a)(\lambda - d) - bc = 0 \tag{4}$$

から求める．

この λ についての 2 次方程式が，もし実解 α をもつならば，この α を (3)$'$ の λ に代入して連立方程式をとく．この解 $\boldsymbol{x} = \begin{pmatrix} x_1 \\ x_2 \end{pmatrix}$ は，A によって α 倍されるベクトルとなっている．

このようなベクトルが，もし斜交座標軸の基底ベクトルとなるように 2 つ選ばれるならば，A の線形写像としての対応の模様はこの斜交座標軸を‘引き延ばす’というようないい方で捉えることができる．

1 つ の 例

この方針にしたがって線形写像の対応の状況がわかる例を 1 つあげておこう．

行列

$$A = \begin{pmatrix} \frac{1}{2} & 3 \\ \frac{1}{2} & 1 \end{pmatrix}$$

で与えられる線形写像を考えよう．このとき

$$\begin{vmatrix} \lambda - \frac{1}{2} & -3 \\ -\frac{1}{2} & \lambda - 1 \end{vmatrix} = \left(\lambda - \frac{1}{2} \right)(\lambda - 1) - \frac{3}{2}$$

$$= (\lambda - 2)\left(\lambda + \frac{1}{2} \right)$$

したがって '倍率' は

$$\lambda = 2 \quad \text{または} \quad \lambda = -\frac{1}{2}$$

である．

$\lambda = 2$ のとき連立方程式

$$\begin{cases} \left(2 - \frac{1}{2} \right) x_1 - 3x_2 = 0 \\ -\frac{1}{2}x_1 + (2 - 1)x_2 = 0 \end{cases}$$

をといて，$x_2 = \frac{1}{2}x_1$ が得られる．ここで $x_1 = 1$ として，斜交座標系の1つの基底ベクトルとして

$$\boldsymbol{f}_1 = \left(1, \ \frac{1}{2} \right)$$

をとることにする．

$\lambda = -\frac{1}{2}$ のときには，連立方程式

$$\begin{cases} \left(-\frac{1}{2} - \frac{1}{2} \right) x_1 - 3x_2 = 0 \\ -\frac{1}{2}x_1 + \left(-\frac{1}{2} - 1 \right) x_2 = 0 \end{cases}$$

をといて，$x_2 = -\frac{1}{3}x_1$ が得られる．ここで $x_1 = 2$ として，斜交座標系のもう1つの基底ベクトルとして

$$\boldsymbol{f}_2 = \left(2, \ -\frac{2}{3} \right)$$

をとる．行列 A の決める線形写像を T_A とすると
$$T_A \boldsymbol{f}_1 = 2\boldsymbol{f}_1, \quad T_A \boldsymbol{f}_2 = -\frac{1}{2}\boldsymbol{f}_2$$
である．

T_A による対応がどのようになるかは，図 7 で示しておいた．$\boldsymbol{f}_2$ が T_A によって向きが逆になるので，対応の模様が少し見にくくなっている．

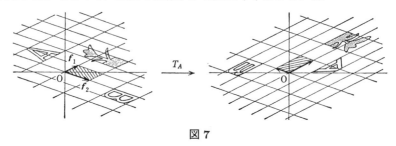

図 7

なおも隠されているベクトル

それでは前講で述べた行列 C に対しては，なぜこのようなプロセスで，'隠されている' ベクトルを見出すことができなかったのだろうか．

行列 C を再記すると
$$C = \begin{pmatrix} 2 & -3 \\ 4 & 2 \end{pmatrix}$$
である．上の方針にしたがえば，まず
$$\begin{vmatrix} \lambda - 2 & 3 \\ -4 & \lambda - 2 \end{vmatrix} = (\lambda - 2)(\lambda - 2) + 12$$
$$= \lambda^2 - 4\lambda + 16 = 0$$
という方程式を考えることになる．ところがこの方程式の解は虚解であり
$$\lambda = 2 \pm 2\sqrt{3}i$$
となる．したがって，行列 B に対して行なってきた説明はもうここでいきづまってしまう．

いままでの話から明らかとなった事実をこの場合に適用すると，次のことがわかる．行列 C の決める線形写像を T_C とする．このとき平面 $\boldsymbol{R}^2$ 上で，零でない

ベクトル $\boldsymbol{x}$ で，$\boldsymbol{x}$ が T_C によって何倍か——たとえば α 倍 $(\alpha \in \boldsymbol{R}\,!)$——に引き延ばされるようなものはけっして存在しない．すなわち，どんな実数 α をとっても，$\boldsymbol{x} \neq \boldsymbol{0}$ に対して

$$T_C \boldsymbol{x} \neq \alpha \boldsymbol{x}$$

が成り立ってしまう．

このような線形写像の中で最も典型的なものは，原点を中心とする角 θ $(0 < \theta < \pi$；角の単位はラジアン) の回転 $R(\theta)$ である：

$$R(\theta) = \begin{pmatrix} \cos\theta & -\sin\theta \\ \sin\theta & \cos\theta \end{pmatrix}$$

実際，このときも

$$\begin{vmatrix} \lambda - \cos\theta & \sin\theta \\ -\sin\theta & \lambda - \cos\theta \end{vmatrix} = \lambda^2 - 2\cos\theta \cdot \lambda + 1 = 0$$

の解は虚解 $\lambda = \cos\theta \pm i\sin\theta$ となっている．

しかしここで立ち止まらないで，私たちは強引に，B で行った議論——代数的な議論——をもう一歩推し進めてみることにしよう．

そうすると連立方程式

$$\begin{cases} (\lambda - 2)x_1 + 3x_2 = 0 \\ -4x_1 + (\lambda - 2)x_2 = 0 \end{cases}$$

を，$\lambda = 2 + 2\sqrt{3}i$ と，$\lambda = 2 - 2\sqrt{3}i$ の場合にといてみることになる．

実際といてみると

$\lambda = 2 + 2\sqrt{3}i$ のとき，解は $x_2 = -\frac{2\sqrt{3}i}{3}x_1$ である．

$\lambda = 2 - 2\sqrt{3}i$ のとき，解は $x_2 = \frac{2\sqrt{3}i}{3}x_1$ である．

ここで $x_1 = 1$ とおき，まったく形式的な演算を行なうと

$$\begin{pmatrix} 2 & -3 \\ 4 & 2 \end{pmatrix} \begin{pmatrix} 1 \\ -\frac{2\sqrt{3}}{3}i \end{pmatrix} = (2 + 2\sqrt{3}i) \begin{pmatrix} 1 \\ -\frac{2\sqrt{3}}{3}i \end{pmatrix}$$

$$\begin{pmatrix} 2 & -3 \\ 4 & 2 \end{pmatrix} \begin{pmatrix} 1 \\ \frac{2\sqrt{3}}{3}i \end{pmatrix} = (2 - 2\sqrt{3}i) \begin{pmatrix} 1 \\ \frac{2\sqrt{3}}{3}i \end{pmatrix}$$

この式は，形式的には，'複素ベクトル'

$$\tilde{\boldsymbol{f}}_1 = \begin{pmatrix} 1 \\ -\frac{2\sqrt{3}}{3}i \end{pmatrix}, \quad \tilde{\boldsymbol{f}}_2 = \begin{pmatrix} 1 \\ \frac{2\sqrt{3}}{3}i \end{pmatrix}$$

を導入しておくと

$$T_C \tilde{\boldsymbol{f}}_1 = (2 + \sqrt{3}i)\tilde{\boldsymbol{f}}_1$$
$$T_C \tilde{\boldsymbol{f}}_2 = (2 - \sqrt{3}i)\tilde{\boldsymbol{f}}_2$$

と表わされることを意味している.

このことは，行列 C の場合，'隠されている' ベクトルは，単に行列 C の中に隠されていただけではなく，実数という世界では捉えられず，複素数という世界の中に隠されていたと見るべきではなかろうか．

Tea Time

質問 講義の中でお話のあった角 θ だけの回転

$$R(\theta) = \begin{pmatrix} \cos\theta & -\sin\theta \\ \sin\theta & \cos\theta \end{pmatrix} \quad (0 < \theta < \pi)$$

のとき, $\lambda = \cos\theta \pm i\sin\theta$ に対応する '複素ベクトル' はあるのですか．あるとすればそれは何ですか．

答 実際 λ に対応する連立方程式をつくってといてみると，$0 < \theta < \pi$ のときに

$$\tilde{\boldsymbol{f}}_1 = \begin{pmatrix} i \\ 1 \end{pmatrix}, \quad \tilde{\boldsymbol{f}}_2 = \begin{pmatrix} 1 \\ i \end{pmatrix}$$

とおくと

$$R(\theta)\tilde{\boldsymbol{f}}_1 = (\cos\theta + i\sin\theta)\tilde{\boldsymbol{f}}_1$$
$$R(\theta)\tilde{\boldsymbol{f}}_2 = (\cos\theta - i\sin\theta)\tilde{\boldsymbol{f}}_2$$

となっていることがわかる．平面上ではすべてのベクトル $(\neq \boldsymbol{0})$ を θ だけ回転させているのに，複素数の世界に踏みこむと，$\tilde{\boldsymbol{f}}_1, \tilde{\boldsymbol{f}}_2$ のような 'ベクトル' が存在するとはどういうことかと，妙な気持ちになるかもしれない．これについては次講でもう少し述べることにしよう．

質問 '一般的な方向への示唆' の節で，斜交座標軸の基底ベクトルとなるように

2つ選ばれたとする、とかいてありました。λに関する2次方程式が実解でとけても、斜交座標軸の基底となるベクトルを見つけられないときもあるのですか。

答 このことについてはあとで詳しく述べるが、質問もあったので、そのような典型的な例をここで1つ述べておくことにしよう。それは

$$A = \begin{pmatrix} 1 & 1 \\ 0 & 1 \end{pmatrix}$$

で与えられる行列である。一般的なプロセスにしたがえば

$$\begin{vmatrix} \lambda - 1 & -1 \\ 0 & \lambda - 1 \end{vmatrix} = (\lambda - 1)^2 = 0$$

をとくことになるが、この解は明らかに $\lambda = 1$ (重解) である。したがって '倍率' は1だけであるが、$A\boldsymbol{x} = \boldsymbol{x}$ となるベクトルは $\boldsymbol{x} = \begin{pmatrix} x \\ 0 \end{pmatrix}$ の形のものだけである。すなわち x 軸上にあるベクトルだけが A によって動かされない (倍率1!)。x 軸上にないベクトル、たとえば $\begin{pmatrix} 1 \\ 1 \end{pmatrix}$ というベクトルは A によって $\begin{pmatrix} 2 \\ 1 \end{pmatrix}$ へと移される。したがってこのとき、斜交座標軸の候補となるのは x 軸だけであって、'もう1本' の方向がないのである。

第 **3** 講

複素ベクトル空間 C^2

テーマ

◆ 複素数──実数部分，虚数部分

◆ 複素数の極表示──絶対値と偏角

◆ 複素数のかけ算は，絶対値はかけ，偏角は加える.

◆ 代数学の基本定理

◆ 線形写像の理論と代数的立場──複素数の導入

◆ ベクトル空間 C^2

◆ 固有値と固有ベクトル

◆ 固有多項式，固有方程式

◆ 固有値と線形写像の状況

複 素 数

　私たちの考えている数学的対象の中に，しだいに複素数の世界が浮かび上がってきた．そこで複素数について，基本的なことを思い出しておくことにしよう．

　複素数は虚数単位 i $(i^2 = -1)$ によって

$$a + ib \quad (a, b \in \boldsymbol{R})$$

と表わされる数である．加法は自然に

$$(a + ib) + (c + id) = (a + c) + i(b + d)$$

と定義される．減法は

$$(a + ib) - (c + id) = (a - c) + i(b - d)$$

である．複素数としての特徴的な性質は乗法にあり，それは $i^2 = -1$ という約束と分配則から

$$(a + ib)(c + id) = (ac - bd) + i(bc + ad)$$

と定義される．

複素数は，複素平面 (ガウス平面) 上の点として表示される．すなわち，複素数 $a+ib$ を，座標 (a,b) をもつ点として座標平面上に表示するのである．このとき x 軸を実軸，y 軸を虚軸という．

複素数 $\alpha = a+ib$ は，実数を主体として考えると '2 次元の数' である．したがって，これから $\boldsymbol{R}^2$ の代りに $\boldsymbol{C}^2$ を考える場合には，$\boldsymbol{C}^2$ の元 $\begin{pmatrix}\alpha\\\beta\end{pmatrix}$ といっても，α,β がそれぞれ複素平面上にあ

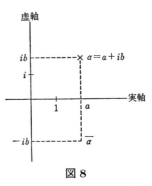

図 8

るのだから，実は実数上でみれば 4 次元の点を表わしていることになる．4 次元では，図で表わしようはない！

複素数 $\alpha = a+ib$ に対し，$\bar{\alpha}=a-ib$ を共役複素数という．明らかに

$$\alpha + \bar{\alpha} = 2a, \quad \alpha - \bar{\alpha} = 2ib$$

である．a,b を α の実数部分，虚数部分といって，それぞれ $\Re(\alpha), \Im(\alpha)$ と表わすが，このとき上の式は

$$\Re(\alpha) = \frac{\alpha+\bar{\alpha}}{2}, \quad \Im(\alpha) = \frac{\alpha-\bar{\alpha}}{2i}$$

と表わされる．

複素数の極表示

0 でない複素数 α は，複素平面上で，原点を始点とし α を終点とするベクトルとして表わすことができる．このベクトルの長さを α の絶対値または長さといい，$|\alpha|$ で表わす．また，このベクトルが実軸となす角を α の偏角といい，$\arg \alpha$ で表わす．

$\alpha = a+ib$ とし，$\theta = \arg \alpha$ とおくと

$$|\alpha| = \sqrt{a^2+b^2}, \quad \tan\theta = \frac{b}{a}$$

であり，α は

$$\alpha = |\alpha|(\cos\theta + i\sin\theta)$$

と表わされる (図 9)．この右辺を複素数 α の

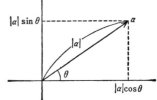

図 9

極表示という ($\alpha = 0$ のとき,偏角は決まらないが,$|\alpha| = 0$ と表わすことにより,これも上の表示の中に加えておく).

この極表示により,複素数の乗法に関し,新しい観点が生じてくる.α, β を2つの複素数とし

$$\alpha = |\alpha|(\cos\theta + i\sin\theta), \quad \beta = |\beta|(\cos\theta' + i\sin\theta')$$

とする.このとき

$$\begin{aligned}
\alpha\beta &= |\alpha||\beta|(\cos\theta + i\sin\theta)(\cos\theta' + i\sin\theta') \\
&= |\alpha||\beta|\{(\cos\theta\cos\theta' - \sin\theta\sin\theta') \\
&\quad + i(\cos\theta\sin\theta' + \sin\theta\cos\theta')\} \\
&= |\alpha||\beta|\{\cos(\theta + \theta') + i\sin(\theta + \theta')\}
\end{aligned}$$

となる.この右辺を見ると

$$|\alpha\beta| = |\alpha||\beta|$$
$$\arg(\alpha\beta) = \theta + \theta' = \arg\alpha + \arg\beta$$

のことがわかる.

標語的にいえば,2つの複素数 α, β をかけるとき,絶対値はかけられ,偏角は加え合わされる.幾何学的にみれば次のようになる.α に β をかけるということは,まず'ベクトル' α の長さを $|\beta|$ 倍し,次にこのようにして得られたベクトルを,$\arg\beta$ だけ回転することである (図10).

すなわち複素数のかけ算は,複素数を複素平面上のベクトルとみるとき,相似拡大 (または縮小) 写像と回転を同時に表現しているのである.

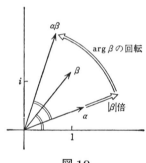

図 10

このことは前講の Tea Time で示した，(複素数の中に) '隠されていたベクトル' と回転との間に成り立つ 1 つの関係

$$\begin{pmatrix} \cos\theta & -\sin\theta \\ \sin\theta & \cos\theta \end{pmatrix} \tilde{\boldsymbol{f}}_1 = (\cos\theta + i\sin\theta)\tilde{\boldsymbol{f}}_1$$

を説明している．右辺に現われた $\cos\theta + i\sin\theta$ をかけることは，けっして '倍率' を意味しているのではなく，いまの場合 θ だけの回転を意味していたのである．

代数学の基本定理

歴史的にみて，複素数が数学の中で確立した地位を占めたのは，複素数の中では代数方程式は必ず解をもつという次の定理が，1779 年にガウスによってはじめて証明されたことによっている．

【代数学の基本定理】 複素係数の n 次の代数方程式

$$z^n + a_1 z^{n-1} + \cdots + a_{n-1}z + a_n = 0$$

は，必ず (重解も含めて) n 個の複素数の解をもつ．

複素数のもつこの性質を，複素数は代数的閉体をつくるといういい方で述べることもある．この定理を当り前と思うような人がいるかもしれないので，次のことを注意しておこう．2 次方程式のときすでに虚解が現われて，複素数の導入を必要とした．100 次とか 1000 次の代数方程式をとくときには，もっと新しい数が必要となるのではないかと考えることは，むしろ自然なことではなかろうか．また 2 次方程式のときには，解の公式から虚解の存在がわかった．一般の場合，解の公式を用いないで，どうして複素数の中に解の存在を確認できるのだろうか．この証明については，たとえば『複素数 30 講』を参照していただきたい．

代数的立場——複素数の導入

ここで私たちは，第 1 講，第 2 講で述べてきたことを，代数学の立場に立って，数学の形式の中で整え，さらに n 次元ベクトル空間へと一般化する方向の手がかりを得たいと考える．私たちは，よく見なれた平面から平面への線形写像から出発したのであった．線形写像はある方向への相似拡大 (または縮小) を含むだけではなく，回転もまたごく自然なものとして含むのである．このうち相似拡大の方は，前講でも述べたように，'λ に関する' 2 次方程式の実解として倍率が得られ

22   第 3 講　複素ベクトル空間 C^2

るのであるが，回転の方は，本質的には，この 2 次方程式が虚解をもつ場合に対
応しており，実数の中だけでみる限りでは，相似拡大と同じように取り扱うわけ
にはいかなくなってくる．

　しかし，虚解をもつ場合でも，複素数を導入しておくならば，複素数の乗法は
回転も含むという事実が暗に働いて，回転さえも，ある複素ベクトルを何倍 (複
素数倍！) するという形に述べることができるようになってくる．

　このようなことに注目すると，ひとまずここで，実数の世界で展開される直観
的描像の世界を超えて，複素数の世界で線形写像の理論を構成する方がよいと思
えてくる．繰り返すようであるが，この考えを支えるのは，複素数の中での乗法
(代数的！) が，相似写像と回転 (線形写像！) としっかり結びついているという事
実にある．この代数的な状況と幾何学的な状況を渡す架け橋となるのが，固有方
程式 (一般の場合は第 5 講参照) の解が複素数の中で見つかることを保証する，代
数学の基本定理にあるといってよい．

ベクトル空間 C^2

　複素数を導入したとき，第 1 講，第 2 講で述べたことが，どのようにまとめら
れるかをみてみよう．

　実数を R で表わしたように，複素数を C で表わす (複素数は英語で complex
number である)．C^2 により，2 つの複素数 z_1, z_2 の組 $\begin{pmatrix} z_1 \\ z_2 \end{pmatrix}$ 全体からなるベク
トル空間を表わす．ベクトル空間とかいたが，ここでは C 上のベクトル空間の
ことであって

$$\text{加　法：} \begin{pmatrix} z_1 \\ z_2 \end{pmatrix} + \begin{pmatrix} w_1 \\ w_2 \end{pmatrix} = \begin{pmatrix} z_1 + w_1 \\ z_2 + w_2 \end{pmatrix}$$

$$\text{スカラー積：} \alpha \begin{pmatrix} z_1 \\ z_2 \end{pmatrix} = \begin{pmatrix} \alpha z_1 \\ \alpha z_2 \end{pmatrix} \quad (\alpha \in C)$$

として定義したものである．

　C^2 から C^2 への線形写像の定義や，線形写像を表現する行列のことなど，第
1 講で R^2 の場合に述べたのとまったく同様である．違いはスカラーが実数から
複素数へと変わったことである．

固有値と固有ベクトル

第1講，第2講では，'倍率'とか'引き延ばされる'というようなわかりやすい言葉を使って，線形写像の性質を調べてきた．しかし複素数を導入した動機が，'倍率'という言葉の適用をはばむような状況があったことから生じたのだから，この辺りで改めて数学らしい正しい定義を導入し，概念を明確化した方がよいように思われる．

C^2 から C^2 への線形写像 T が与えられたとする．

【定義】 ある零でない C^2 のベクトル $\boldsymbol{x}$ が存在して，適当な $\mu\ (\in C)$ に対して
$$T\boldsymbol{x} = \mu\boldsymbol{x}$$
が成り立つとき，この μ を T の固有値という．

μ が T の固有値のとき，
$$T\boldsymbol{x} = \mu\boldsymbol{x}$$
をみたすベクトル $\boldsymbol{x}$ を，固有値 μ に属する固有ベクトルという．ここで注意しておくことは，固有ベクトルの中には，必ず $\boldsymbol{0}$ が含まれているということである（$\boldsymbol{x} = \boldsymbol{0}$ のとき，上式の両辺はともに $\boldsymbol{0}$ となる）．μ を固有値，μ に属する固有ベクトルを $\boldsymbol{x} = \begin{pmatrix} z_1 \\ z_2 \end{pmatrix}$ とすると
$$T\boldsymbol{x} = \begin{pmatrix} \mu z_1 \\ \mu z_2 \end{pmatrix}$$
である．すなわち $\boldsymbol{x}$ の各成分は，T によって長さが $|\mu|$ 倍され，$\arg\mu$ だけの回転をうける．

固有多項式，固有方程式

C^2 から C^2 への線形写像 T を表わす行列を A とする：
$$A = \begin{pmatrix} a_{11} & a_{12} \\ a_{21} & a_{22} \end{pmatrix}$$
このとき μ が固有値となる条件は，
$$\begin{pmatrix} a_{11} & a_{12} \\ a_{21} & a_{22} \end{pmatrix}\begin{pmatrix} z_1 \\ z_2 \end{pmatrix} = \mu\begin{pmatrix} z_1 \\ z_2 \end{pmatrix}$$
をみたす $\begin{pmatrix} z_1 \\ z_2 \end{pmatrix} \neq \boldsymbol{0}$ が存在することである．同じことを連立方程式の形でかくと，

24 第3講 複素ベクトル空間 $\boldsymbol{C}^2$

連立方程式

$$\begin{cases} (\mu - a_{11})\,z_1 - a_{12}z_2 = 0 \\ -a_{21}z_1 + (\mu - a_{22})\,z_2 = 0 \end{cases} \tag{1}$$

が，$z_1 = z_2 = 0$ 以外に解をもつという条件で与えられる．第2講 '連立方程式に対する1つの注意' で述べたことは，複素数でも同様に成り立つ．そのことから，μ が固有値となる判定条件を次のように述べることができる．

$$\mu \text{ が固有値} \iff \begin{vmatrix} \mu - a_{11} & -a_{12} \\ -a_{21} & \mu - a_{22} \end{vmatrix} = 0$$

この右辺の行列式に注目して次の定義をおく．

【定義】 λ についての2次式

$$\Phi_A(\lambda) = \begin{vmatrix} \lambda - a_{11} & -a_{12} \\ -a_{21} & \lambda - a_{22} \end{vmatrix}$$

を，行列 A の固有多項式という．また方程式

$$\Phi_A(\lambda) = 0$$

を，A の固有方程式という．

固有多項式の具体的な形は，行列式を展開して

$$\Phi_A(\lambda) = \lambda^2 - (a_{11} + a_{22})\,\lambda + a_{11}a_{22} - a_{12}a_{21}$$

となることがわかる．この λ についての2次式において，λ の係数は行列 A の対角線の和にマイナスをつけたもの，また定数項は A の行列式となっている．

固有多項式は，線形写像 T そのものではなく，'T を表わす行列 A' を用いて定義されている．実は，固有多項式は線形写像 T に固有なものであり，T の行列表示のとり方によらない．このことについては，第5講ではっきりと述べることにしよう．

固有値と線形写像の状況

固有方程式 $\Phi_A(\lambda) = 0$ の解が固有値なのだが，複素数の中では $\Phi_A(\lambda) = 0$ はつねに解をもち，したがって線形写像 T は必ず固有値をもつということになる．解のあり方は，本質的には2通りあって，それは相異なる解をもつか，重解をも

つかである．この 2 つの場合が，線形写像の状況に直接反映してくる．そのこと
を述べてみよう．

(I) $\Phi_A(\lambda) = 0$ が 2 つの異なる解 μ, ν——固有値——をもつ場合

このとき $\Phi_A(\lambda) = (\lambda - \mu)(\lambda - \nu)$ である．連立方程式 (1) に $\lambda = \mu, \lambda = \nu$ を
代入すると，これらの連立方程式はそれぞれ零でない解をもつ．

$\lambda = \mu$ のときの零でない解を 1 つとり，それを $z_1 = c_1, z_2 = c_2$ とし，

$$f_1 = \begin{pmatrix} c_1 \\ c_2 \end{pmatrix}$$

とおく．同様に，$\lambda = \nu$ のときの連立方程式の解から得られる零でないベクトルを

$$f_2 = \begin{pmatrix} d_1 \\ d_2 \end{pmatrix}$$

とする．このとき

$$T f_1 = \mu f_1, \quad T f_2 = \nu f_2$$

である．したがって f_1, f_2 は，固有値 μ, ν に属する固有ベクトルである．

またこの場合，C^2 の任意のベクトル x は，ただ 1 通りに

$$x = \alpha f_1 + \beta f_2$$

と表わされる．この証明はもう少し一般的な立場から，第 6 講で与えるから，こ
こでは省略することにしよう．読者は，第 1 講，第 2 講の話を思い出されて，f_1,
f_2 が C^2 の斜交座標系を決めているというイメージをもたれるとよい．このとき
線形写像 T によって x の移る先は

$$T x = \alpha \mu f_1 + \beta \nu f_2$$

となり，線形写像 T の対応の様子がわかった．

(II) $\Phi_A(\lambda) = 0$ の解が重解のとき

この重解を μ とすると，$\Phi_A(\lambda) = (\lambda - \mu)^2$ である．T の固有値は μ だけであ
る．このとき次の 2 つの場合 (a), (b) が生ずる．

(a) μ に属する 2 つの固有ベクトル f_1, f_2 が存在して，任意のベクトル x は
ただ 1 通りに

$$x = \alpha f_1 + \beta f_2$$

と表わされる．

このときにはベクトル $x = \alpha f_1 + \beta f_2$ に対して $T x = \alpha T f_1 + \beta T f_2 =$

$\alpha\mu\boldsymbol{f}_1 + \beta\mu\boldsymbol{f}_2 = \mu\boldsymbol{x}$ となり，T は，$\boldsymbol{x}$ を単に μ 倍する線形写像となっている．

(b) そうでないとき．このときにも，μ に属する $\boldsymbol{0}$ でない固有ベクトル $\boldsymbol{f}$ は存在するが，これだけからでは，T の対応の様子はすぐにはわからない．このような例は，$\boldsymbol{R}^2$ の場合ではあるが，第 2 講の Tea Time で与えておいた．

Tea Time

質問 '固有値と線形写像の状況' の (I) のところで，「$\boldsymbol{x} = \alpha\boldsymbol{f}_1 + \beta\boldsymbol{f}_2$ というベクトルが T によって $\alpha\mu\boldsymbol{f}_1 + \beta\nu\boldsymbol{f}_2$ に移る．これで線形写像 T の対応の様子がわかった」とありましたが，様子がわかったといっても，どんなことがわかったのでしょうか．

答 たとえばベクトル $\boldsymbol{a}$ があらかじめ与えられているとき，$T\boldsymbol{x} = \boldsymbol{a}$ となるベクトル $\boldsymbol{x}$ を求めることは，成分を使って表わせば，連立方程式をとくことになる．しかし連立方程式をといて解の形を見ても，線形写像 T との関係はそれほど明らかになったわけではない．しかしもし，T について (I) のような状況が成り立っているならば，線形写像の見方に立つ簡明な解の表示がある．それを示すため，いま $\boldsymbol{a} = c_1\boldsymbol{f}_1 + c_2\boldsymbol{f}_2$ と表わしておこう．そうすると，$\mu, \nu \neq 0$ のときは解 $\boldsymbol{x}$ は，$\frac{c_1}{\mu}\boldsymbol{f}_1 + \frac{c_2}{\nu}\boldsymbol{f}_2$ で与えられる．もし $\mu = 0$，$\nu \neq 0$ ならば解は $\boldsymbol{a} = c_2\boldsymbol{f}_2$ のときだけ存在して，その解は $\lambda\boldsymbol{f}_1 + \frac{c_2}{\nu}\boldsymbol{f}_2$ で与えられる．ここで λ は任意の複素数である．このことはすぐに確かめられるだろう．このようなことは，確かに T の対応の様子がはっきりわかった上で，はじめていえることである．

第 **4** 講

線形写像と行列

┌─ テーマ ─────────────────────
- ◆ ベクトル空間の導入
- ◆ (C 上の) n 次元ベクトル空間
- ◆ 基底と基底変換
- ◆ 基底変換の行列
- ◆ 1 次独立と 1 次従属
- ◆ 線形写像と行列
- ◆ 逆行列と単位行列
- ◆ 基底変換と線形写像の行列表示
────────────────────────────

はじめに

　いままで述べてきたことをさらに発展させようとするとき，自然に接続する道は，C^2 の代りにもっと一般的なベクトル空間 C^n $(n = 1, 2, \ldots)$ を考えることであろう．C^n とは，n 個の複素数の組

$$\begin{pmatrix} a_1 \\ a_2 \\ \vdots \\ a_n \end{pmatrix} \quad a_i \in C \quad (i = 1, 2, \ldots, n)$$

全体のつくるベクトル空間のことである．ここにいままでと同じような問題設定と，またそれに対して似たような議論を行なうことが可能であろうということは，誰でも予想できることである．

　しかし私たちは，C^n よりもう少し抽象的な設定をしておきたい．すなわち，n 次元複素ベクトル空間と，その上の線形写像を調べるという立場をとりたい．n 次元複素ベクトル空間の定義はすぐあとで明確に述べるが，加法とスカラー積の演算のできる対象で，その中で適当な n 個の元 $e_1, e_2, \ldots, e_n$ をとると，任意の

28　第4講　線形写像と行列

元 x はただ 1 通りに $x = \alpha_1 e_1 + \alpha_2 e_2 + \cdots + \alpha_n e_n \, (\alpha_i \in \boldsymbol{C})$ と表わされるようなものである.

　ベクトル空間の立場は，$\boldsymbol{C}^n$ よりはるかに抽象的な立場である．この立場をとりたい理由はいろいろあるが，さしあたりここでは次のことをあげておこう.

　まずたとえば $\boldsymbol{C}^2$ にしても，もう図示することなどできないのである．このとき，基底ベクトルを $\boldsymbol{e}_1 = \begin{pmatrix} 1 \\ 0 \end{pmatrix}$，$\boldsymbol{e}_2 = \begin{pmatrix} 0 \\ 1 \end{pmatrix}$ にとって，$\boldsymbol{x} = x_1 \boldsymbol{e}_1 + x_2 \boldsymbol{e}_2$ と表わすことなどにどれだけ意味があるだろうか．基底ベクトルとして $\tilde{\boldsymbol{e}}_1 = \begin{pmatrix} i \\ 0 \end{pmatrix}$，$\tilde{\boldsymbol{e}}_2 = \begin{pmatrix} 0 \\ i \end{pmatrix}$ をとっても，あるいはまた $\tilde{\tilde{\boldsymbol{e}}}_1 = \begin{pmatrix} i \\ 1 \end{pmatrix}$，$\tilde{\tilde{\boldsymbol{e}}}_2 = \begin{pmatrix} 1 \\ i \end{pmatrix}$ をとっても，本質的には大した違いはないのではないだろうか.

　このことは，ベクトル空間そのものよりは，その上に働く線形写像の方へ眼を移すともっとはっきりする．線形写像を調べるときには，もしこの線形写像の固有ベクトルで基底となるものがあるならば，このベクトルを基底にとる方がずっと調べやすい．たとえば回転 $R(\theta)$ を $\boldsymbol{C}^2$ 上の線形写像として調べるときには，基底としては上の $\tilde{\tilde{\boldsymbol{e}}}_1, \tilde{\tilde{\boldsymbol{e}}}_2$ をとる方がよいだろう (第2講の Tea Time 参照)．個々の線形写像の挙動を調べることが研究の主要なテーマとなってくると，ベクトル空間の中に固定された標準的な基底ベクトルをおくという考えが薄れてきて，個々の線形写像が，それぞれ適当な基底を個別的に決めるという考えが中心になってくる．一方，線形写像を定義するには，空間に加法とスカラー積だけが定義されていればよい．ここに抽象的なベクトル空間を導入する考えが浮かび上がってくるのである.

<h2 align="center">n 次元ベクトル空間</h2>

【定義】　集合 $\boldsymbol{V}$ が次の 2 つの性質をもつとき，ベクトル空間という.

(i)　$x, y \in \boldsymbol{V}$ に対して加法 $x + y \, (\in \boldsymbol{V})$ が定義される.

(ii)　$\alpha \in \boldsymbol{C}$, $x \in \boldsymbol{V}$ に対してスカラー積 $\alpha x \, (\in \boldsymbol{V})$ が定義される.

さらに次の (iii) の性質をもつとき，n 次元ベクトル空間という.

(iii)　$\boldsymbol{V}$ の中に n 個の元 $e_1, e_2, \ldots, e_n$ が存在して，$\boldsymbol{V}$ の任意の元 x は，ただ 1 通りに

$$x = x_1 e_1 + x_2 e_2 + \cdots + x_n e_n \quad (x_i \in \boldsymbol{C})$$

と表わされる.

ここで (i) と (ii) で述べた加法とスカラー積は, ふつうの演算規則は成り立つものとしているのである. もっともふつうの演算規則とは何かと聞かれれば, 実際は次の 8 つの規則をかかなくてはならない. このような当り前のようなことをかくのは, やはりわずらわしいことには違いない. ❶ $x + y = y + x$, ❷ $(x + y) + z = x + (y + z)$, ❸ すべての x に対し, $x + 0 = x$ を成り立たせるような元 0 が存在する, ❹ すべての x に対し, $x + x' = 0$ を成り立たせるような元 x' が存在する, ❺ $1x = x$, ❻ $\alpha(\beta x) = (\alpha\beta)x$, ❼ $\alpha(x + y) = \alpha x + \alpha y$, ❽ $(\alpha + \beta)x = \alpha x + \beta x$.

上に述べた定義は, 正確には $\boldsymbol{C}$ 上のベクトル空間の定義というべきなのだが, 私たちはこれから主に複素数を基礎にとって考えるので, '$\boldsymbol{C}$ 上の' という言葉を省くことにする ((ii) で $\alpha \in \boldsymbol{R}$, (iii) で $x_i \in \boldsymbol{R}$ とすると $\boldsymbol{R}$ 上のベクトル空間の定義となる). また第 13 講までは, 特に断らない限り, ベクトル空間というときには n 次元ベクトル空間のこととする.

基底と基底変換

ベクトル空間の定義の (iii) で述べている元 $\{e_1, e_2, \ldots, e_n\}$ を $\boldsymbol{V}$ の基底という. 基底のとり方はいろいろあるが, どの基底をとっても, 基底に現われる元の個数 n は一定している (この証明は省略する).

$\{e_1, e_2, \ldots, e_n\}$, $\{\tilde{e}_1, \tilde{e}_2, \ldots, \tilde{e}_n\}$ を $\boldsymbol{V}$ の 2 つの基底とする. このとき, 各 $\tilde{e}_j$ は, ただ 1 通りに

$$\tilde{e}_j = \sum_{i=1}^{n} p_{ij} e_i \tag{1}$$

と表わされる. この $\tilde{e}_1, \tilde{e}_2, \ldots, \tilde{e}_n$ の係数を, 順次 1 列目, 2 列目, $\ldots$, n 列目と縦に並べて得られる行列

$$P = \begin{pmatrix} p_{11} & p_{12} & \cdots & p_{1n} \\ p_{21} & p_{22} & \cdots & p_{2n} \\ & & \cdots\cdots\cdots & \\ p_{n1} & p_{n2} & \cdots & p_{nn} \end{pmatrix} \tag{2}$$

を, $\{e_1, \ldots, e_n\}$ から $\{\tilde{e}_1, \ldots, \tilde{e}_n\}$ への基底変換の行列という.

$\boldsymbol{V}$ の元 x を, 基底 $\{e_1, \ldots, e_n\}$ と $\{\tilde{e}_1, \ldots, \tilde{e}_n\}$ を用いて表わしたものを

$$x = \sum_{i=1}^{n} x_i e_i = \sum_{j=1}^{n} \tilde{x}_j \tilde{e}_j$$

とする．この右の式に (1) を代入して

$$\sum_{i=1}^{n} x_i e_i = \sum_{i=1}^{n} \sum_{j=1}^{n} p_{ij} \tilde{x}_j e_i$$

となる．基底による表わし方は 1 通りしかないのだから，各 e_i $(i = 1, 2, \ldots, n)$ の係数を比較して，関係

$$x_i = \sum_{j=1}^{n} p_{ij} \tilde{x}_j$$

が得られる．この結果を，行列 P を用いて

$$\begin{pmatrix} x_1 \\ \vdots \\ x_n \end{pmatrix} = P \begin{pmatrix} \tilde{x}_1 \\ \vdots \\ \tilde{x}_n \end{pmatrix} \tag{3}$$

とも表わす．

1 次 独 立

$\boldsymbol{V}$ の基底を $\{e_1, e_2, \ldots, e_n\}$ とする．$\boldsymbol{V}$ の零元 0 を表わすには

$$0 = 0e_1 + 0e_2 + \cdots + 0e_n$$

とするとよい（ここで左辺の 0 は $0 \in \boldsymbol{V}$ で，右辺に係数として現われている 0 は $0 \in \boldsymbol{C}$ である）．このことから，基底による表わし方は 1 通りしかないことを用いると

$$\boxed{(*) \quad \alpha_1 e_1 + \alpha_2 e_2 + \cdots + \alpha_n e_n = 0 \Longleftrightarrow \alpha_1 = \alpha_2 = \cdots = \alpha_n = 0}$$

が成り立つことがわかる．

この性質 $(*)$ は，基底を与える元 $e_1, e_2, \ldots, e_n$ が，$\boldsymbol{V}$ の中で‘独立な方向を向いている’ことを示す代数的な表現であると考えることにしよう．実際 $\{e_1, e_2, \ldots, e_n\}$ の中から勝手にいくつかの元をとり出しても同様な性質は成り立つのである．たとえば e_1, e_2, e_3 に対して

$$\alpha_1 e_1 + \alpha_2 e_2 + \alpha_3 e_3 = 0 \Leftrightarrow \alpha_1 e_1 + \alpha_2 e_2 + \alpha_3 e_3 + 0e_4 + \cdots + 0e_n = 0$$

$$\Leftrightarrow \alpha_1 = \alpha_2 = \alpha_3 = 0$$

となる．

このことに注目して次の定義をおく.

【定義】 V の元 $f_1, f_2, \ldots, f_s$ が次の性質をみたすとき, 1次独立であるという:

$$\alpha_1 f_1 + \alpha_2 f_2 + \cdots + \alpha_s f_s = 0 \quad (\alpha_i \in \boldsymbol{C})$$

が成り立つのは $\alpha_1 = \alpha_2 = \cdots = \alpha_s = 0$ のときに限る.

このとき次のことが成り立つことが知られている.

$f_1, f_2, \ldots, f_s$ を 1 次独立な元とすると, $s \leqq n$ である. $s = n$ となるのは $\{f_1, f_2, \ldots, f_s\}$ が V の基底となるときに限る.

$f_1, f_2, \ldots, f_s$ を 1 次独立な元とする. このとき, 適当な $n - s$ 個の元 $e_{s+1}, \ldots, e_n$ が存在して, $\{f_1, f_2, \ldots, f_s, e_{s+1}, \ldots, e_n\}$ は V の基底となる.

なお, $f_1, f_2, \ldots, f_m$ が 1 次独立でないとき, 1 次従属であるという. このとき, 少なくとも 1 つは 0 でないような $\alpha_1, \alpha_2, \ldots, \alpha_m$ が存在して

$$\alpha_1 f_1 + \alpha_2 f_2 + \cdots + \alpha_m f_m = 0$$

という関係が成り立つ. もしたとえば $\alpha_1 \neq 0$ とすると

$$f_1 = \left(-\frac{\alpha_2}{\alpha_1}\right) f_2 + \left(-\frac{\alpha_3}{\alpha_1}\right) f_3 + \cdots + \left(-\frac{\alpha_m}{\alpha_1}\right) f_m$$

のように, f_1 は残りの $f_2, f_3, \ldots, f_m$ の 1 次結合として表わされる.

線形写像と行列

線形写像の一般論では, 2 つのベクトル空間 V, W の間の線形写像を取り扱うのであるが, ここでは主に同じベクトル空間 V から V への写像を考える.

【定義】 V から V への写像 T が次の性質をみたすとき, V の上の線形写像という:

$$x, y \in \boldsymbol{V}, \, \alpha, \beta \in \boldsymbol{C} \text{ に対し}$$
$$T(\alpha x + \beta y) = \alpha T(x) + \beta T(y)$$

V の基底 $\{e_1, e_2, \ldots, e_n\}$ を 1 つとると, 線形写像 T は, 行列によって表現することができる. それには, 各 $e_j \, (j = 1, 2, \ldots, n)$ が T によってどこに移されるかに注目する:

32   第 4 講 線形写像と行列

$$Te_j = \sum_{i=1}^{n} a_{ij}e_i$$

この右辺に現われた係数を用いて, T を表わす行列 A を次のように定義する.

$$A = \begin{pmatrix} a_{11} & a_{12} & \ldots & a_{1n} \\ a_{21} & a_{22} & \ldots & a_{2n} \\ & & \cdots\cdots\cdots & \\ a_{n1} & a_{n2} & \ldots & a_{nn} \end{pmatrix} \tag{4}$$

行列 A を $A = (a_{ij})$ と略記することもある.

線形写像と行列との対応関係をまとめて述べておこう.

S と T を $\boldsymbol{V}$ 上の線形写像とする. $(S+T)(x) = S(x) + T(x)$ とおくと, $S+T$ も $\boldsymbol{V}$ 上の線形写像となる. また $(ST)(x) = S(T(x))$ とおくと, ST もまた $\boldsymbol{V}$ 上の線形写像となる. $S+T$ を S と T の和, ST を S と T の積という.

S を表わす行列を $A = (a_{ij})$, T を表わす行列を (b_{ij}) とすると, $S+T$ を表わす行列は

$$A + B = (a_{ij} + b_{ij}) \quad (\text{行列の和})$$

であり, ST を表わす行列は

$$AB = \left(\sum_{k=1}^{n} a_{ik}b_{kj} \right) \quad (\text{行列の積})$$

となる.

S が 1 対 1 写像のときには, S は逆写像 S^{-1} をもつが, S^{-1} を表わす行列を A^{-1} で表わし, A の逆行列という. 恒等写像 $I(x) = x$ に対応する行列を単位行列といい, E (または E_n) で表わす.

$$E = \begin{pmatrix} 1 & 1 & & 0 \\ & 1 & & \\ & & \ddots & \\ 0 & & & 1 \end{pmatrix}$$

である. 一般に $AA^{-1} = A^{-1}A = E$ が成り立っている.

$Sx = y$ とする. このとき

$$x = x_1e_1 + \cdots + x_ne_n, \quad y = y_1e_1 + \cdots + y_ne_n$$

とすると $y_i = \sum_{j=1}^{n} a_{ij}x_j$ が成り立つ. 行列 (4) を用いてこの関係を

$$\begin{pmatrix} y_1 \\ \vdots \\ y_n \end{pmatrix} = A \begin{pmatrix} x_1 \\ \vdots \\ x_n \end{pmatrix}$$

と表わす.

基底変換と行列

V 上の線形写像 T が与えられたとき，T を表わす行列の方は，V の基底のとり方によっている．V の基底をできるだけ上手にとって，T を表わす行列を簡単な見やすい形にしたいというのが講義の流れであり，そのような基底のとり方として，T の固有ベクトルという概念が重要なものとなってくるのである．それはこれからの話での主題となるのだが，その前に基底をとりかえたとき，同じ T を表わす行列が，どのように形を変えるかを明らかにしておきたい.

そのため V に2つの基底 $\{e_1, e_2 \ldots, e_n\}$, $\{\tilde{e}_1, \tilde{e}_2, \ldots, \tilde{e}_n\}$ をとり，$\{e_1, \ldots, e_n\}$ から $\{\tilde{e}_1, \ldots, \tilde{e}_n\}$ への基底変換の行列を P とする．P は (2) で与えられているとする．基底 $\{e_1, \ldots, e_n\}$ に関して T を表わす行列を A, $\{\tilde{e}_1, \ldots, \tilde{e}_n\}$ に関して T を表わす行列を B とする.

また $Tx = y$ とし

$$x = x_1 e_1 + \cdots + x_n e_n = x_1 \tilde{e}_1 + \cdots + x_n \tilde{e}_n$$
$$y = y_1 e_1 + \cdots + y_n e_n = y_1 \tilde{e}_1 + \cdots + y_n \tilde{e}_n$$

と表わされているとする.

このとき右の図式を見てみよう．縦の矢印 P で記されている関係は，(3) で与えられているものである．行列 B で与えられる対応は，左から上の A を迂回して得られる対応と同じものである．したがって A と B の間に成り立つ次の関係が得られた.

$$B = P^{-1}AP$$

これを基底変換の公式という.

Tea Time

質問 ここでのお話は，大学の教養課程の中に組みこまれている「線形代数」の講義で聞く，ごく基本的な事柄だと思いますが，線形代数という分野は，いつ頃からこのような形に育ってきたのですか．

答 行列や線形写像の概念は，'変換'の考えの中にある代数的な形式に注目して，19世紀半ば，英国の数学者ケーリー(1821–1895)がはじめて導入したものであるといわれている．しかし，線形性という性質が，広く数学全体の中で，総合的に明確な立場を設定し，その中心に行列と線形写像の理論があるという考えは，たぶん20世紀になってから醸成されてきたものと思う．背景には，抽象代数学や関数解析学の発展があった．少なくとも，現在のような形で，「線形代数」が大学における1つの基本的な講義課目として定着するようになったのは，1950年以降のことと思う．そこには，'線形性'を1つの基本的な数学の構造とみる，ブルバキの影響が働いていたのかもしれない．

質問 C^n は，n次元(複素)ベクトル空間の典型的な例となっているのでしょうが，抽象的なベクトル空間と，C^n との関係をもう少し話していただけませんか．

答 n次元ベクトル空間は確かに抽象的な概念であるが，それに対して C^n は，この概念の具象性を保証する標準的なモデルを与えていると考えられる．n次元ベクトル空間 V に1つの基底をとると，V の元のこの基底に関する成分に注目することにより，V から C^n への同型対応が得られる．すなわち，V の基底 $\{e_1, \ldots, e_n\}$ をとったとき，$x = \sum_{i=1}^n x_i e_i$ に対して，C_n の元 $\begin{pmatrix} x_1 \\ \vdots \\ x_n \end{pmatrix}$ を対応させるのである．抽象的な空間 V は，このようにしてモデル空間 C^n の中への表現をかちとる．空間 V は，基底のとり方に応じてさまざまな姿で C^n の中に表現されてくる．このさまざまな姿を C^n の中でじっと見つめてみる．そうするとそこに共通な性質――線形性――が見えてくる．逆にいえば，これを概念化したものが，ベクトル空間であるといってよい．

第 **5** 講

固有値と固有方程式

┌─ テーマ ─────────────────────────
◆ n 元 1 次の連立方程式に関する 1 つの定理
◆ 行列の階数
◆ 線形写像 T の固有値
◆ 固有値に属する固有ベクトル
◆ 固有多項式, 固有方程式
◆ 固有方程式の解がちょうど固有値となる.
◆ 固有多項式の不変性——固有多項式は基底のとり方によらない.
└───────────────────────────────

連立方程式に関する定理

これから一般のベクトル空間で, 固有値問題を取り扱いたいのだが, 固有値と固有方程式との関係を示すために, 連立方程式に関する次の定理が必要となる. これは第 2 講 '連立方程式に対する 1 つの注意' の節で述べた命題に対応する一般的な定理である.

【定理】 n 元 1 次の連立方程式

$$\begin{cases} c_{11}x_1 + c_{12}x_2 + \cdots + c_{1n}x_n = 0 \\ c_{21}x_1 + c_{22}x_2 + \cdots + c_{2n}x_n = 0 \\ \qquad \cdots\cdots\cdots \\ c_{n1}x_1 + c_{n2}x_2 + \cdots + c_{nn}x_n = 0 \end{cases} \tag{1}$$

が, $x_1 = x_2 = \cdots = x_n = 0$ 以外に解をもつ必要十分条件は, 係数のつくる行列式 $|C|$ が 0 となることである:

$$|C| = \begin{vmatrix} c_{11} & c_{12} & \cdots & c_{1n} \\ c_{21} & c_{22} & \cdots & c_{2n} \\ & & \cdots\cdots\cdots & \\ c_{n1} & c_{n2} & \cdots & c_{nn} \end{vmatrix} = 0$$

36   第5講　固有値と固有方程式

【証明】　必要性：もし $|C| \neq 0$ とすると，連立方程式 (1) はクラーメルの解法によってとくことができて，このとき解は 1 通りしかない．(1) は $x_1 = x_2 = \cdots = x_n = 0$ を解としてもつことは明らかだから，これ以外には解は存在しない．したがって対偶をとると，$x_1 = x_2 = \cdots = x_n = 0$ 以外に解が存在するならば，$|C| = 0$ である．

十分性：いま $c_{11} \neq 0$ とすると，(1) の第 1 式に，順次 $\dfrac{c_{21}}{c_{11}}, \ldots, \dfrac{c_{n1}}{c_{11}}$ をかけて，それらをそれぞれ第 2 式，$\ldots$，第 n 式から引くと，(1) は

$$\begin{cases} c_{11}x_1 + c_{12}x_2 + \cdots + c_{1n}x_n = 0 \\ \quad\quad c_{22}'x_2 + \cdots + c_{2n}'x_n = 0 \\ \quad\quad \cdots\cdots\cdots \\ \quad\quad c_{n2}'x_2 + \cdots + c_{nn}'x_n = 0 \end{cases} \tag{2}$$

の形となる (第 2 式以下にカゲをつけたのは，あとの説明のためである)．

ここで $c_{22}' \neq 0$ とすると，(2) の第 2 式に順次 $\dfrac{c_{32}'}{c_{22}'}, \ldots, \dfrac{c_{n2}'}{c_{22}'}$ をかけ，それらをそれぞれ第 3 式，$\ldots$，第 n 式から引くと，(2) は

$$\begin{cases} c_{11}x_1 + c_{12}x_2 + \cdots\cdots\cdots + c_{1n}x_n \ = 0 \\ \quad\quad c_{22}'x_2 + \cdots\cdots\cdots + c_{2n}'x_n \ = 0 \\ \quad\quad\quad\quad c_{33}''x_3 + \cdots + c_{3n}''x_n = 0 \\ \quad\quad\quad\quad \cdots\cdots\cdots \\ \quad\quad\quad\quad c_{n3}''x_3 + \cdots + c_{nn}''x_n = 0 \end{cases} \tag{3}$$

の形となる．

もし $c_{33}'' \neq 0$ ならば，同じようにして第 4 式以下でさらに x_3 の係数を 0 にできる．

この操作では $c_{11} \neq 0$，$c_{22}' \neq 0$，$c_{33}'' \neq 0$ を仮定しているが，もし最初の段階の (1) で，どこかに 0 でない係数があれば，それが c_{11} となるように，式の順序と変数の順序をとりかえることができる——これは行列式では，行の順序と列の順序をとりかえたことに対応している．次に (2) で，カゲをつけた部分にどこか 1 つでも 0 でない係数があれば，同様にそれを c_{22}' とするように，2 番目以下の式と，x_2 以下の変数の順序をとりかえることができる．

要するに，カゲのつけてある部分に 0 でない係数が 1 つでも残っている限り，この操作は続けられるのである．これは本質的には消去法の原理なのだから，(1)，(2)，(3) も，またこれから先同様にして得られる連立方程式も，すべて同じ解を

もっている (ただし変数の順序は変わっているかもしれない).

このようにして，最初に与えられた連立方程式 (1) は，適当に変数の番号をつけかえておけば，最後には

$$\begin{cases} d_{11}x_1 + d_{12}x_2 + \cdots\cdots\cdots\cdots + d_{1n}x_n = 0 \\ \qquad d_{22}x_2 + \cdots\cdots\cdots\cdots + d_{2n}x_n = 0 \\ \qquad\qquad \cdots\cdots\cdots \\ \qquad\qquad\qquad d_{rr}x_r \cdots\cdots\cdots + d_{rn}x_n = 0 \\ \qquad\qquad\qquad\qquad 0x_{r+1} + \cdots + 0x_n = 0 \\ \qquad\qquad\qquad\qquad\qquad \cdots\cdots\cdots \\ \qquad\qquad\qquad\qquad\qquad\qquad 0x_n = 0 \end{cases} \tag{4}$$

の形になる．カゲをつけてある部分の係数はすべて 0 である．$r = n$ のときにはこのカゲをつけてある部分が実際は現われてこない．

なお，$d_{11} \neq 0$, $d_{22} \neq 0$, $\ldots$, $d_{rr} \neq 0$ となっていることに注意しよう．

(1) から (4) へと移るとき，式の順序と変数の順序をとりかえ，ある式を何倍かしてほかの式から引くという操作を繰り返したが，これによって係数のつくる行列式 $|C|$ の方は，せいぜい符号の変化しか生じない．したがって，(4) の係数のつくる行列式を $|D|$ とすると，

$$|D| = \begin{vmatrix} d_{11} & d_{12} & \cdots\cdots\cdots & d_{1n} \\ & d_{22} & & d_{2n} \\ & & \ddots & \vdots \\ 0 & & d_{rr} & \cdots & d_{rn} \\ & & & & 0 \end{vmatrix}$$

であって

$$\pm|C| = |D| = d_{11}d_{22}\cdots d_{rr} \cdot \overset{\lceil n-r \rceil}{0\cdots 0}$$

となる．

したがって，条件 $|C| = 0$ はこの右辺に必ず 0 因子が登場すること，すなわち $r < n$ と同値となる：

$$\boxed{\quad |C| = 0 \Longleftrightarrow r < n \quad}$$

ところで，$r < n$ のときは，(4) の解は $x_{r+1}, \ldots, x_n$ に任意に $a_{r+1}, \ldots, a_n$ と値を与えたとき，(4) の下の方から順に

38 第5講 固有値と固有方程式

$$x_r = \frac{-1}{d_{rr}}(d_{r\ r+1}a_{r+1} + \cdots + d_{r\ n}a_n)$$

$$x_{r-1} = \frac{-1}{d_{r-1\ r-1}}(d_{r-1\ r}x_r + d_{r-1\ r+1}a_{r+1} + \cdots + d_{r-1\ n}a_n)$$

$$\cdots\cdots\cdots$$

と決まっていく.

(1) と (4) は同値な連立方程式なのだから，このことは $|C| = 0$ のときには，連立方程式 (1) は $x_1 = \cdots = x_n = 0$ 以外にも解をもつことを示している. ∎

実際は (1) は $n-r$ 個のパラメータ $a_{r+1}, \ldots, a_n$ によって決まる解をもっているのであり，その意味で解全体は $n-r$ 次元の'平面'をつくっている．なお，ここに現われた r は，(1) の係数のつくる行列 C の階数とよばれているものとなっている.

固有値と固有ベクトル

第3講で与えた $\boldsymbol{C}^2$ 上の線形写像の場合とまったく同様に，ベクトル空間 $\boldsymbol{V}$ 上の線形写像 T に対し，固有値と固有ベクトルの定義を与えることができる.

【定義】 複素数 μ が T の固有値とは，0 と異なる適当な元 $x \in \boldsymbol{V}$ をとると

$$Tx = \mu x \tag{5}$$

が成り立つことである.

【定義】 μ が T の固有値のとき

$$Tx = \mu x$$

をみたすベクトル x を，固有値 μ に属する固有ベクトルという.

$\boldsymbol{V}$ の恒等写像を I とすると，$\mu x = \mu I x$ と表わしてもよい．(5) の右辺をこのようにかき直して (5) の左辺を右辺に移項すると，μ が固有値であることは次のようにもいえる.

μ が T の固有値 $\Longleftrightarrow$ $(\mu I - T)x = 0$ をみたす零でないベクトル x が存在する.

固有多項式，固有方程式

　複素数 μ が T の固有値であることのこの定式化は，V に 1 つ基底をとると，連立方程式に対する条件としていい表わすことができる（これも $\boldsymbol{C}^2$ の場合と同様である）．

　それをみるために，V に 1 つの基底 $\{e_1, e_2, \ldots, e_n\}$ をとり，この基底に関して T を表わす行列を

$$A = \begin{pmatrix} a_{11} & a_{12} & \cdots & a_{1n} \\ a_{21} & a_{22} & \cdots & a_{2n} \\ & & \cdots\cdots\cdots \\ a_{n1} & & \cdots\cdots & a_{nn} \end{pmatrix}$$

とし，また $x = x_1 e_1 + \cdots + x_n e_n$ とする．このとき線形写像としての条件式 $(\mu I - T)x = 0$ は，行列を用いて $(\mu E - A)x = 0$ と表わされる（E は単位行列）．これは成分を用いてかくと，次の連立方程式となる．

$$\begin{cases} (\mu - a_{11})\, x_1 - a_{12} x_2 - \cdots - a_{1n} x_n = 0 \\ -a_{21} x_1 + (\mu - a_{22})\, x_2 - \cdots - a_{2n} x_n = 0 \\ \qquad\qquad \cdots\cdots\cdots \\ -a_{n1} x_1 - a_{n2} x_2 - \cdots + (\mu - a_{nn})\, x_n = 0 \end{cases}$$

　μ が T の固有値となる条件は，この連立方程式が $x_1 = x_2 = \cdots = x_n = 0$ 以外の解をもつことである．したがって，連立方程式に関する上の定理を参照すると，次の定理が得られたことになる．

【定理】　複素数 μ が，T の固有値となるための必要十分な条件は

$$|\mu E - A| = 0$$

が成り立つことである．ここで $|\mu E - A|$ は，行列 $\mu E - A$ の行列式を表わす．

　そこで次の定義をおく．

【定義】　$\Phi_A(\lambda) = |\lambda E - A|$ を行列 A の固有多項式という．また方程式

$$\Phi_A(\lambda) = 0$$

を，A の固有方程式という．

　この定義を用いれば，上の定理は次のようにいってもよい．

40　第5講　固有値と固有方程式

$$\mu\ が\ T\ の固有値 \iff \mu\ が固有方程式\ \Phi_A(\lambda) = 0\ の解$$

　代数学の基本定理により，$\Phi_A(\lambda) = 0$ は少なくとも 1 つの解をもつ．一方，$\Phi_A(\lambda)$ は λ について n 次の多項式だから，相異なる解は高々 n 個しかない．したがって線形写像 T につき次の定理が成り立つ．

【定理】　(i)　T は少なくとも 1 つの固有値をもつ．

　(ii)　T の相異なる固有値の個数は高々 n 個である．

固有多項式の不変性

　線形写像 T の固有値を求めることを，固有方程式をとくことに還元する上の定式化をみると，1 つ気になることがある．それは，固有値はもともと線形写像 T に関して定義されているものなのに，固有方程式の方は，T を表わす行列を用いている．V の基底をとりかえれば，当然 T を表わす行列は形を変えてくる．固有方程式はそのときどうなるのだろうか．

　V の基底を $\{e_1, \ldots, e_n\}$ から $\{\tilde{e}_1, \ldots, \tilde{e}_n\}$ に変えると，T を表わす行列は，基底変換の公式 (33 頁) により，A から

$$B = P^{-1}AP$$

へと変わってくる．ここで P は基底変換の行列である．次の命題は，このとき固有多項式，したがってまた固有方程式は変わらないことを示している．

$$\Phi_A(\lambda) = \Phi_B(\lambda)$$

【証明】　$\begin{aligned}\Phi_B(\lambda) &= \Phi_{P^{-1}AP}(\lambda)\\ &= |\lambda E - P^{-1}AP| = |\lambda P^{-1}EP - P^{-1}AP|\\ &= |P^{-1}(\lambda E - A)P| = |P^{-1}||\lambda E - A||P|\\ &= |P|^{-1}|\lambda E - A||P| = |\lambda E - A|\\ &= \Phi_A(\lambda)\end{aligned}$$

この証明の途中で $P^{-1}P = E$ から，行列式をとって $|P^{-1}||P| = 1$．したがって $|P^{-1}| = |P|^{-1}$ となることを用いている．∎

この結果により，固有多項式は T を表わす行列のとり方にはよらないことがわかった．固有多項式は線形写像 T に固有なものなのである！その意味で，T を表わす行列 A を任意に1つとったとき
$$\Phi_T(\lambda) = \Phi_A(\lambda)$$
とおいてもよいことがわかった．そして言葉づかいの方も，線形写像 T の固有多項式，線形写像 T の固有方程式というようないい方をする．

Tea Time

質問 連立方程式の解法で，係数の行列式が 0 になる場合のことはここではじめて聞きました．その説明をまとめてみると，結局解は $n-r$ 個のパラメータ $a_{r+1}, a_{r+2}, \ldots, a_n$ によって
$$x_i = \tilde{d}_{i\ r+1} a_{r+1} + \tilde{d}_{i\ r+2} a_{r+2} + \cdots + \tilde{d}_{i\ n} a_n \qquad (*)$$
$(i = 1, 2, \ldots, r)$ と表わされているといっているようです．この解の形について，もう少しわかりやすく直観的に説明していただけませんか．

答 直観的な説明には，複素数よりは実数の方がよいようである．対応することを実数の場合に説明してみよう．すなわち与えられた n 元 1 次の連立方程式は実係数で，その方程式は $\boldsymbol{R}^n$ の座標 $(x_1, x_2, \ldots, x_n)$ に関するある関係を与えていると考えるのである．もっとも n 次元空間 $\boldsymbol{R}^n$ に対しても，君が漠然とした描像はもっているとして話すことにする．最初の連立方程式における変数の順序は，消去法を行なう過程で適当にとりかえられたから，その結果，最後の $n-r$ 個の座標成分 $\{a_{r+1}, \ldots, a_n\}$ がパラメータとなっている．$(*)$ でいい表わされていることは次のようなことである．$n-r$ 次元の座標平面 $\boldsymbol{R}^{n-r} = \{x = (0, \ldots, 0, x_{r+1}, \ldots, x_n)\}$ を地上と考え，この地上に立って解を見上げてみると，地上の1点 $(0, \ldots, 0, a_{r+1}, \ldots, a_n)$ では，解は，$(*)$ で表わされるような，第 1 座標，$\ldots$，第 r 座標までの高さをもった場所に1点として存在している．解全体は，このような点の集まりとして，地上 $\boldsymbol{R}^{n-r}$ の上全体にわたって，'平面状' の雲としてたなびいている．もちろん，実際は見上げるなどというのはたとえであって，解は $\boldsymbol{R}^n$ の中で '$n-r$ 次元の平面' となっており，$(*)$ は，この '平面' の座標平面 $\boldsymbol{R}^{n-r}$ への射影が $\boldsymbol{R}^{n-r}$ 全体をおおっていることを示している．

第 **6** 講

固 有 空 間

テーマ
- ◆ 固有空間
- ◆ 固有空間の次元
- ◆ 異なる固有値に対する固有空間による直和
- ◆ 対角化可能な線形写像
- ◆ 対角化可能な行列
- ◆ 対角化可能となる条件——固有値の重複度と固有空間の次元の一致

固 有 空 間

T を V 上の線形写像とし，μ を T の固有値とする．このとき μ に属する固有ベクトルの全体を $E(\mu)$ と表わす：

$$E(\mu) = \{x \mid Tx = \mu x\}$$

次のことが成り立つ．

$$\boxed{\quad \alpha, \beta \in \boldsymbol{C}, \quad x, y \in E(\mu) \Longrightarrow \alpha x + \beta y \in E(\mu) \quad}$$

【証明】 $T(\alpha x + \beta y) = \alpha T(x) + \beta T(y) = \alpha \mu x + \beta \mu y = \mu(\alpha x + \beta y)$

この式は $\alpha x + \beta y \in E(\mu)$ を示している． ∎

すなわち $E(\mu)$ 自身ベクトル空間の構造をもっている．$E(\mu)$ は $\boldsymbol{V}$ の部分空間である．

【定義】 $E(\mu)$ を固有値 μ に属する固有空間という．

固 有 空 間 の 次 元

まず固有空間 $E(\mu)$ の次元 $\dim E(\mu)$ について触れておこう．$\dim E(\mu)$ とは，

固有空間 $E(\mu)$ に含まれる，1 次独立な元の最大個数のことである．しかし，こういういい方だけでは少し不親切かもしれない．$\dim E(\mu) = m$ ということは，1 次独立な元 $f_1, \ldots, f_m$ が $E(\mu)$ の中にあって，$E(\mu)$ の任意の元 x はただ 1 通りに

$$x = \alpha_1 f_1 + \cdots + \alpha_m f_m \quad (\alpha_i \in \boldsymbol{C})$$

と表わされることである．$\{f_1, \ldots, f_m\}$ は，ベクトル空間として $E(\mu)$ の基底を与えている．

μ が固有値ならば，μ に属する 0 でない固有ベクトルが存在する．また $\boldsymbol{V}$ の中の 1 次独立な元の個数は高々 $n\ (= \dim \boldsymbol{V})$ であることに注意すると

$$1 \leqq \dim E(\mu) \leqq n$$

が成り立つことがわかる．

固有空間による直和

T を $\boldsymbol{V}$ 上の線形作用素とし，T の異なる固有値を $\mu_1, \mu_2, \ldots, \mu_s$，この固有値に対応する固有空間をそれぞれ $E(\mu_1), E(\mu_2), \ldots, E(\mu_s)$ とする．

このとき次の命題が成り立つ．

$(*)$　$x_1 \in E(\mu_1)$, $x_2 \in E(\mu_2)$, $\ldots$, $x_s \in E(\mu_s)$ とし
$$x_1 + x_2 + \cdots + x_s = 0 \tag{1}$$
とする．このとき $x_1 = x_2 = \cdots = x_s = 0$ となる．

【証明】　まず $x_i \in E(\mu_i)$ から $Tx_i = \mu_i x_i$ であることを注意しよう．(1) の両辺に T を適用して

$$\mu_1 x_1 + \mu_2 x_2 + \cdots + \mu_s x_s = 0 \tag{2}$$

また (1) の両辺に μ_1 をかけて

$$\mu_1 x_1 + \mu_1 x_2 + \cdots + \mu_1 x_s = 0 \tag{3}$$

(2) 式から (3) 式を引いて

$$(\mu_2 - \mu_1) x_2 + (\mu_3 - \mu_1) x_3 + \cdots + (\mu_s - \mu_1) x_s = 0 \tag{4}$$

が得られる．ここで $i = 2, 3, \ldots, s$ に対し

$$x_i{}' = (\mu_i - \mu_1) x_i$$

44   第6講 固 有 空 間

とおくと，$x_i' \in E(\mu_i)$ であって (4) は
$$x_2' + x_3' + \cdots + x_s' = 0 \tag{5}$$
と表わされる．

この (5) に対して，(1) に対して行なったと同様の議論を適用することができる．そうすると今度は
$$x_3'' + \cdots + x_s'' = 0, \quad x_i'' \in E(\mu_i)$$
という関係が得られるだろう．

(1) から出発して $s-1$ 回この操作を繰り返すと結局
$$\tilde{x}_s = 0, \quad \tilde{x}_s \in E(\mu_s)$$
が得られる．ここで
$$\tilde{x}_s = (\mu_s - \mu_1)(\mu_s - \mu_2) \cdots (\mu_s - \mu_{s-1}) x_s$$
である．$\mu_s \neq \mu_1, \ldots, \mu_s \neq \mu_{s-1}$ により，したがって
$$x_s = 0$$
となる．

したがって (1) 式は $x_1 + x_2 + \cdots + x_{s-1} = 0$ となったが，これに対していまと同様の考察を行なうことにより，$x_{s-1} = 0$ が得られる．順次このようにして，結局 $x_s = x_{s-1} = \cdots = x_2 = x_1$ が成り立つことがわかる． ∎

(∗) は直観的には，固有空間 $E(\mu_1), \ldots, E(\mu_s)$ がそれぞれ独立な方向をはっていることを示している．たとえば $E(\mu_1)$ の元 x_1 は，0 でない限り，けっして $E(\mu_2), \ldots, E(\mu_s)$ の元によって $x_1 = y_2 + y_3 + \cdots + y_s$ $(y_i \in E(\mu_i))$ とは表わされないのである $(x_1 = y_2 + \cdots + y_s \Leftrightarrow x_1 + (-y_2) + \cdots + (-y_s) = 0$ に注意)．

したがってまた，$\dim E(\mu_i) = m_i$ $(i = 1, 2, \ldots, s)$ とし
$$E(\mu_1) \text{ の基底}: f_1^{(1)}, f_2^{(1)}, \ldots, f_{m_1}^{(1)}$$
$$E(\mu_2) \text{ の基底}: f_1^{(2)}, f_2^{(2)}, \ldots, f_{m_2}^{(2)}$$
$$\cdots\cdots\cdots$$
$$E(\mu_s) \text{ の基底}: f_1^{(s)}, f_2^{(s)}, \ldots, f_{m_s}^{(s)}$$
とすると，これらの基底全体
$$\{f_1^{(1)}, \ldots, f_{m_1}^{(1)}, \ f_1^{(2)}, \ldots, f_{m_2}^{(2)}, \ \ldots, \ f_1^{(s)}, \ldots, f_{m_s}^{(s)}\} \tag{6}$$
は V の中で 1 次独立な元となっている．

そこで，これらの 1 次独立な元の 1 次結合として表わされる元

$$x = \sum_{i=1}^{m_1} \alpha_i^{(1)} f_i^{(1)} + \sum_{i=1}^{m_2} \alpha_i^{(2)} f_i^{(2)} + \cdots + \sum_{i=1}^{m_s} \alpha_i^{(s)} f_i^{(s)}$$

の全体のつくるベクトル空間を

$$E(\mu_1) \oplus E(\mu_2) \oplus \cdots \oplus E(\mu_s)$$

とおき，T の固有空間による直和という.

$E(\mu_1) \oplus \cdots \oplus E(\mu_s)$ の基底は，明らかに (6) で与えられているから

$$
\begin{aligned}
\dim(E(\mu_1) \oplus \cdots \oplus E(\mu_s)) &= \dim E(\mu_1) + \cdots + \dim E(\mu_s) \\
&= m_1 + \cdots + m_s
\end{aligned}
$$

が成り立つ.

対角化可能な線形写像

【定義】 T を $\boldsymbol{V}$ 上の線形写像とする. T の相異なる固有値 $\mu_1, \mu_2, \ldots, \mu_s$ に対し

$$\boldsymbol{V} = E(\mu_1) \oplus E(\mu_2) \oplus \cdots \oplus E(\mu_s)$$

が成り立つとき，T を対角化可能な線形写像という.

すぐ上に述べたことから明らかなように，

$$T \text{ が対角化可能} \Longleftrightarrow n = \dim E(\mu_1) + \dim E(\mu_2) + \cdots + \dim E(\mu_s)$$

が成り立つ. ここで $n = \dim \boldsymbol{V}$ である.

線形写像が対角化可能であるといういい方は，少し妙に響くかもしれない. 半単純 (semi-simple) といういい方もあるが，この言葉もこの講義の流れの中ではあまりなじまないようである. 対角化可能であるとは次のような理由による.

$\boldsymbol{V}$ に基底 $\{e_1, \ldots, e_n\}$ をとり，$\boldsymbol{V}$ 上の線形写像をこの基底に関し行列表現し，線形写像と行列を同一視することにする. 線形写像 T を行列

$$A = \begin{pmatrix} a_{11} & \cdots & a_{1n} \\ & \cdots\cdots & \\ a_{n1} & \cdots & a_{nn} \end{pmatrix}$$

と同一視する. いま T が対角化可能であったとすると，$\boldsymbol{V}$ の新しい基底として (6) をとることができる. $T f_i^{(l)} = \mu_l f_i^{(l)}$ $(l = 1, \ldots, s;\ i = 1, \ldots, m_l)$ に注意す

46　第6講　固　有　空　間

ると，この基底については，T は '対角行列'

$$B = \begin{pmatrix} \mu_1 & & & & & & & 0 \\ & \ddots & {\scriptstyle m_1} & & & & & \\ & & \mu_1 & & & & & \\ & & & \mu_2 & & {\scriptstyle m_2} & & \\ & & & & \ddots & & & \\ & & & & & \mu_2 & & \\ & & & & & & \ddots & \\ 0 & & & & & & & \mu_s \end{pmatrix}$$

として表わされることになる．すなわち，$\{e_1, \ldots, e_n\}$ から (6) への基底変換の行列を P とすると

$$P^{-1}AP = B = \begin{pmatrix} \mu_1 & & 0 \\ & \ddots & \\ 0 & & \mu_s \end{pmatrix} \tag{7}$$

となる．このとき行列 A は対角化可能であるという．

　この節の冒頭に述べた定義に比べれば，(7) の表記の方は簡明で印象的であって，'対角化可能' という言葉を用いた背景を明らかにしている．

　逆に，行列 A が適当な基底変換 P で，(7) で示した B の形になれば，A の表わす線形写像 T は対角化可能であって，$\boldsymbol{V}$ は T の固有空間の直和となる．このことは次のようにしてわかる．行列が B の形になるということは，とりも直さずこの B を表わす基底は，行列 B (したがって線形写像 T) によって μ_i 倍されることであり，したがってこの基底は T の固有ベクトルからなっているからである．

対角化可能となる条件

　線形写像 T の相異なる固有値を $\mu_1, \ldots, \mu_s$ とする．固有値は固有方程式の解なのだから，このことは T の固有多項式 $\Phi_T(\lambda)$ が因数分解され

$$\Phi_T(\lambda) = (\lambda - \mu_1)^{k_1} (\lambda - \mu_2)^{k_2} \cdots (\lambda - \mu_s)^{k_s} \tag{8}$$

$$k_1 + k_2 + \cdots + k_s = n$$

と表わされていることを意味している．$\Phi_T(\lambda)$ は n 次式であることを注意しておこう．方程式の言葉では，$k_1, \ldots, k_s$ は，$\Phi_A(\lambda) = 0$ の解 $\mu_1, \ldots, \mu_s$ の重複度を表わしている．

　このとき一般的に次の命題が成り立つ．

$$\dim E\left(\mu_i\right) \leqq k_i \quad (i = 1, 2, \ldots, s) \tag{9}$$

【証明】　どの場合も同じだから，$i = 1$ のときを考える．$E(\mu_1)$ の基底を $f_1, \ldots,$ f_{m_1} とする．したがって

$$\dim E\left(\mu_1\right) = m_1$$

である．このとき，第4講の '1次独立' の節で述べておいたように，適当な $n - m_1$ 個の1次独立な元 $e_{m_1+1}, \ldots, e_n$ をつけ加えることにより

$$\{f_1, f_2, \ldots, f_{m_1},\ e_{m_1+1}, \ldots, e_n\}$$

が V の基底となるようにできる．この基底に関して T を表わす行列は

$$
\begin{array}{c}
\overset{\displaystyle m_1}{\overbrace{\qquad\qquad}} \\[2pt]
\begin{pmatrix}
\mu_1 & & 0 & \vdots & \\
 & \ddots & & \vdots & C \\
0 & & \mu_1 & \vdots & \\
\cdots & \cdots & \cdots & \cdots & \cdots \\
 & 0 & & \vdots & \tilde{B}
\end{pmatrix}
\end{array}
$$

の形となる．したがって固有多項式の不変性に注意した上で，この行列を用いて T の固有多項式を求めてみると

$$\Phi_T(\lambda) = \begin{vmatrix}
\lambda - \mu_1 & & 0 & \vdots & \\
 & \ddots & & \vdots & -C \\
0 & & \lambda - \mu & \vdots & \\
\cdots & \cdots & \cdots & \cdots & \cdots \\
 & 0 & & \vdots & \lambda \tilde{E} - \tilde{B}
\end{vmatrix} \quad (\tilde{E}\ は\ n - m_1 次の単位行列)$$

$$= (\lambda - \mu_1)^{m_1}\, F(\lambda)$$

となる（$F(\lambda)$ は $n - m_1$ 次の多項式）．(8) と見比べて $m_1 \leqq k_1$ が成り立つことがわかる．これで命題が証明された．∎

　$\Phi_T(\lambda) = 0$ の解としての固有値 μ の重複度を，単に μ の重複度ということにしよう．上の記号では μ_i の重複度は k_i である．

【定理】　線形写像 T が対角化可能となるための必要かつ十分な条件は，T の各固有値 μ に対し

$$\dim E(\mu) = \mu\ の重複度$$

が成り立つことである．

【証明】　T の相異なる固有値を $\mu_1, \mu_2, \ldots, \mu_s$ とする．このとき (9) と (8) か

ら

$$\dim E(\mu_1) + \dim E(\mu_2) + \cdots + \dim E(\mu_s) \leqq k_1 + k_2 + \cdots + k_s = n$$

が成り立つ．ここで等号が成り立つのは

$$\dim E(\mu_i) = k_i \quad (i=1,2,\ldots,s)$$

のときに限る．一方

$$\dim E(\mu_1) + \dim E(\mu_2) + \cdots + \dim E(\mu_s) = n \iff T \text{ が対角化可能}$$

なのだから，これで定理が証明された． ∎

　この定理は，線形写像 T がいつ対角化可能になるかという，第1講や第2講では非常に幾何学的にみえた問題が，複素数まで考察の範囲を広げると，完全に代数の世界で律せられる問題になったことを示している．問題の所在を明らかにしたという意味で，実に明快な定理であるといってよい．定理の左辺は $E(\mu)$ の次元であり，これは (μ さえわかっていれば) 連立方程式を実際といてみることにより求められる．右辺は，$\Phi_T(\lambda)=0$ の解 μ の重複度だから，これは方程式論の問題となっている．

　　といっても，5次以上の代数方程式には一般的な解の公式は存在しない (アーベルの定理)．$\dim V \geqq 5$ のときには，$\Phi_T(\lambda)$ の次数は5以上となるから，与えられた線形写像 T に対して，固有値の正確な値を求める道は，永遠に閉ざされているといってよいのである．実際上は，固有値の十分よい近似値を求めることになるが，このような眼で定理をみると，定理は数学の完成された形式の方へ向かってひとりごとをいっているようにもみえてくる．

Tea Time

質問　固有空間の次元が，$1,2,\ldots,n$ となるような線形写像の典型的な例をあげていただけませんか．

答　$\mu \neq 0$ としよう．このとき $\dim E(\mu)$ が $1,2,\ldots,n$ となる典型的な線形写像の例は，行列で表わすと次のようなもので与えられる．

$$A_1 = \begin{pmatrix} \mu & * \\ \hline 0 & 0 \end{pmatrix}, \quad A_2 = \begin{pmatrix} \mu & 0 & \\ 0 & \mu & * \\ \hline & 0 & 0 \end{pmatrix}, \quad \ldots, \quad A_n = \begin{pmatrix} \mu & & 0 \\ & \mu & \\ & & \ddots \\ 0 & & \mu \end{pmatrix}$$

(* でかいてあるところには適当な数がはいる). このそれぞれの固有空間は，順に

$$E(\mu)_{A_1} = \{x \mid x = (x_1, 0, \ldots, 0)\}, \ E(\mu)_{A_2} = \{x \mid x = (x_1, x_2, 0, \ldots, 0)\},$$
$$\ldots, \ E(\mu)_{A_n} = \{x \mid x = (x_1, x_2, \ldots, x_n)\}$$

となっている.

質問 ところで固有空間というのは，英語で何というのですか.

答 固有空間は英語で eigenspace(アイゲンスペース) というが，この eigen という単語はもともとドイツ語で，'固有の' とか '特有の' ということを表わす形容詞だから，君が手許の英和辞典を引いてもたぶん出ていないのではないだろうか. どうしてこのようなことになったか詳しい由来は知らない. 固有値も同じようないい方で，eigenvalue というが，こちらの方は proper value ということもある. 固有方程式は characteristic equation である. 英語の方は形容詞が入り乱れているが，日本語は '固有' という言葉で一貫して通すことが多いので，むしろ紛れが少ないようである.

第 **7** 講

対角化可能な線形写像

テーマ

◆ 固有方程式の解がすべて異なるとき——対角化可能

◆ 写像の繰り返し

◆ ハミルトン・ケーリーの定理——対角化可能な場合

◆ 対角化可能なとき，逆写像をもつ条件は各固有値 $\neq 0$

◆ 対角化可能でない線形写像

◆ ジョルダン標準形

◆ 線形写像は一般的な状況では対角化可能

◆ ハミルトン・ケーリーの定理——一般の場合

固有方程式の解がすべて異なるとき

線形写像 T の固有方程式 $\Phi_T(\lambda) = 0$ の解が，すべて異なるときを考えよう．このとき T は n 個の異なる固有値 $\mu_1, \mu_2, \ldots, \mu_n$ をもち，

$$\Phi_T(\lambda) = (\lambda - \mu_1)(\lambda - \mu_2) \cdots (\lambda - \mu_n)$$

となる．前講の言葉づかいでは，T の各固有値の重複度は 1 である．

【定理】 線形写像 T の固有値の重複度がすべて 1 のとき，T は対角化可能である．

【証明】 前講の (9) をいまの場合に適用すると ($k_i = 1$ だから)

$$\dim E(\mu_i) \leqq 1 \quad (i = 1, 2, \ldots, n)$$

となる．固有空間の次元はつねに 1 以上なのだから，これから

$$\dim E(\mu_i) = 1$$

が得られる．したがって，前講の定理の判定条件が成り立ち，T は対角化可能となる．　■

実際は，$\Phi_T(\lambda)=0$ の解にもし重解が現われれば，T をごく少し変えることによって——T を行列で表わしたときには，行列成分をごく少し変えることによって——，$\Phi_T(\lambda)=0$ の解に重解が現われないようにすることができる (読者は，2次関数や 3次関数のグラフを思い浮かべて，y 軸方向にごく少し上下するだけで，グラフが x 軸に接しないようにすることができることを思い出されるとよいだろう)．その意味で，この定理の条件で与えられている状況は，十分一般的な状況であるといってよい．したがってまたこの定理は，少し大胆ないい方をすれば，‘一般的な’ 状況では線形写像は対角化可能であることを示している．このことについては，この講の後半でもう少し詳しく述べることにしよう．

写像の繰り返し

T を対角化可能な線形写像とする．このとき $\boldsymbol{V}$ は，T の相異なる固有値 $\mu_1,\mu_2,\ldots,\mu_s$ に属する固有空間によって

$$\boldsymbol{V}=E(\mu_1)\oplus E(\mu_2)\oplus\cdots\oplus E(\mu_s)$$

と分解される．この分解にしたがって $\boldsymbol{V}$ の元 x は，ただ 1 通りに

$$x=x_1+x_2+\cdots+x_s,\quad x_i\in E(\mu_i) \tag{1}$$

と表わされる．

$$Tx=\mu_1 x_1+\mu_2 x_2+\cdots+\mu_s x_s$$

だから，この両辺にもう一度 T をほどこしてみると

$$T^2 x=\mu_1{}^2 x_1+\mu_2{}^2 x_2+\cdots+\mu_s{}^2 x_s$$

となる．ここで $T^2=T\circ T$ は合成写像である．同じようにして T の k 回の繰り返し

$$T^k:\boldsymbol{V}\xrightarrow{T}\boldsymbol{V}\xrightarrow{T}\cdots\xrightarrow{T}\boldsymbol{V}\quad(k\ 回)$$

を考えると，(1) の分解を用いて T^k は

$$T^k x=\mu_1{}^k x_1+\mu_2{}^k x_2+\cdots+\mu_s{}^k x_s \tag{2}$$

と表わされることがわかる．

より一般に，任意に与えられた複素係数の多項式

52　第7講　対角化可能な線形写像

$$p(\lambda) = \alpha_0 \lambda^k + \alpha_1 \lambda^{k-1} + \alpha_2 \lambda^{k-2} + \cdots + \alpha_{k-1}\lambda + \alpha_k$$

に対して，V 上の線形写像

$$p(T) = \alpha_0 T^k + \alpha_1 T^{k-1} + \alpha_2 T^{k-2} + \cdots + \alpha_{k-1}T + \alpha_k I$$

(I は恒等写像) を考えることができる．(1) の分解を用いて (2) に注意すると，$p(T)$ は

$$
\begin{aligned}
p(T)x &= (\alpha_0 \mu_1{}^k + \alpha_1 \mu_1{}^{k-1} + \cdots + \alpha_{k-1}\mu_1 + \alpha_k)x_1 \\
&\quad + (\alpha_0 \mu_2{}^k + \alpha_1 \mu_2{}^{k-1} + \cdots + \alpha_{k-1}\mu_2 + \alpha_k)x_2 \\
&\quad + \cdots \\
&\quad + (\alpha_0 \mu_s{}^k + \alpha_1 \mu_s{}^{k-1} + \cdots + \alpha_{k-1}\mu_s + \alpha_k)x_s \\
&= p(\mu_1)x_1 + p(\mu_2)x_2 + \cdots + p(\mu_s)x_s
\end{aligned}
$$

と表わされることになる．

特に $p(\lambda)$ として，T の固有多項式 $\Phi_T(\lambda)$ をとると

$$\Phi_T(\mu_1) = \Phi_T(\mu_2) = \cdots = \Phi_T(\mu_s) = 0$$

だから，すべての $x \in V$ に対して $\Phi_T(T)x = 0$ となる．すなわち

(*)　T が対角化可能なとき，T の固有多項式 $\Phi_T(\lambda)$ に対して

$$\Phi_T(T) = 0$$

が成り立つ．

ここで実は，仮定 'T が対角化可能' を除くことができる．それはすぐあとで述べることにしよう．

なお，次のことも注意しておこう．

T が対角化可能のとき，T が1対1写像となるための必要十分条件は，T の各固有値 μ_i ($i = 1, \cdots, s$) が 0 でないことである．このとき (1) の分解を用いると，T^{-1} は

$$T^{-1}x = \frac{1}{\mu_1}x_1 + \frac{1}{\mu_2}x_2 + \cdots + \frac{1}{\mu_s}x_s$$

と表わされる．

【証明】　必要性：もしたとえば $\mu_1 = 0$ とすると，$x \in E(\mu_1)$ に対して $Tx = 0$ が

成り立つ. x として 0 でない元もとれるから, T は 1 対 1 でなくなる.

十分性: $\mu_1 \neq 0, \ldots, \mu_s \neq 0$ ならば, T^{-1} を上の式で定義することができる. このとき確かに $TT^{-1} = T^{-1}T = I$ が成り立つから, T は逆写像をもち, T は 1 対 1 である. ∎

対角化可能でない線形写像

$\boldsymbol{V}$ 上の線形写像 T は必ずしも対角化可能とは限らない. $\boldsymbol{V}$ に 1 つ基底をとり, 線形写像を行列で表示することによって, このことを説明しよう.

たとえば行列

$$
N = \begin{pmatrix} 0 & 1 & & & 0 \\ & 0 & 1 & & \\ & & \ddots & \ddots & \\ & & & \ddots & 1 \\ 0 & & & & 0 \end{pmatrix}
$$

はそのような例を与えている. 実際, N の固有多項式は

$$
|\lambda E - N| = \lambda^n
$$

であって, したがって, N の固有値は 0 だけで, この重複度は n である. 一方,

$$
N \begin{pmatrix} x_1 \\ x_2 \\ \vdots \\ x_n \end{pmatrix} = \begin{pmatrix} x_2 \\ \vdots \\ x_n \\ 0 \end{pmatrix}
$$

より, 固有値 0 に属する固有ベクトル, すなわち $Nx = 0$ をみたす元 x は

$$
x = \begin{pmatrix} x_1 \\ 0 \\ \vdots \\ 0 \end{pmatrix}
$$

の形のものだけである. したがって, $\dim E(0) = 1$ となり, 前講の定理から, ($n \geqq 2$ のときは) N は対角化可能でないことがわかる.

一般に T が対角化可能ということと, $\alpha I + T$ ($\alpha \in \boldsymbol{C}$) が対角化可能ということとは同じことである. それは

$$
(\alpha I + T)x = \tilde{\lambda}x \iff Tx = (\tilde{\lambda} - \alpha)x
$$

の関係から, $\alpha I + T$ の固有値 $\bar{\lambda}$ と, T の固有値 $\tilde{\lambda} - \alpha$ とが 1 対 1 に対応し, 同じ固有空間を共有するからである. したがって, T が対角化可能でなければ, $\alpha I + T$

54　第7講　対角化可能な線形写像

も対角化可能でない.

特に N が対角化可能でないことから，行列

$$\alpha E + N = \begin{pmatrix} \alpha & 1 & & 0 \\ & \ddots & \ddots & \\ & & \ddots & 1 \\ 0 & & & \alpha \end{pmatrix}$$

も対角化可能でないことがわかる．この右辺に現われた行列を，行列の大きさ n もはっきりさせるために，$J_\alpha^{(n)}$ で表わすことにする.

このとき次の結果が知られている.

任意の行列 A は適当に基底をとり直すと

$$P^{-1}AP = \begin{pmatrix} J_{\alpha_1}^{(n_1)} & & & 0 \\ & J_{\alpha_2}^{(n_2)} & & \\ & & \ddots & \\ 0 & & & J_{\alpha_s}^{(ns)} \end{pmatrix}, \quad n_1 + n_2 + \cdots + n_s = n$$

の形に表わされる (P は基底変換の行列).

A が対角化可能となるのは，$n_1 = n_2 = \cdots = n_s = 1$ のときである.

これをジョルダンの標準形という．この主題についてはここではこれ以上触れないことにする.

線形写像は一般的状況では対角化可能

このように，V 上の線形写像 T に対しては2つの場合が生ずる．1つは対角化可能のときであり，他の1つは対角化可能でないときである．ここで誰にでも生ずる疑問は，一体，どちらの方が起きやすいのだろうかということである．結論を先にいえば，対角化可能の場合の方が一般的であって，対角化可能でない方が例外的であるといってよいのである.

一般的とか例外的とかいういい方では，次のことをいっている．対角化可能な線形写像の近くにある線形写像はまた対角化可能だが，対角化可能でない線形写像のどんな近くをとってみても，対角化可能な線形写像が存在している.

このようないい方はわかりにくいので，たとえで説明した方がよいだろう．夏の越後平野を上空から見下ろすと，どこまでも広がる緑の田の中に，細い畦道が定規

で引いた直線のように格子状に走っている．田に入って働く人は，自分の近くはみな田んぼだと思うが，畦道に立つ人は，少しでも足を踏み外せば，田んぼに落ちてしまう．この場合，緑の田の方が一般的であり，畦道の方が例外的である．対角化可能な線形写像を田んぼにたとえ，対角化可能でない線形写像を，畦道の方にたとえてみるとよい．

ここで線形写像を少し変えるとかいたのは，線形写像を行列表示したとき，'行列成分を少し変えると'と読んでおくとよい．2次の行列を例にとって説明してみよう．2次の行列

$$A = \begin{pmatrix} a & b \\ c & d \end{pmatrix}$$

の固有方程式は

$$\Phi_A(\lambda) = \lambda^2 - (a+d)\lambda + ad - bc$$

である．最初に述べた定理によれば，$\Phi_A(\lambda) = 0$ が重解をもたなければ対角化可能である．重解をもたない条件は，2次方程式 $\Phi_A(\lambda) = 0$ の判別式 $D \neq 0$ で与えられる．このことから，A がたとえ対角化可能でなかったとしても (このとき必然的に $D = 0$)，A の行列成分をごく少し変えるだけで対角化可能にすることができることが推論されるだろう．

たとえば

$$\begin{pmatrix} \alpha & 1 \\ 0 & \alpha \end{pmatrix}$$

は対角化可能でないが，正数 ε をどんなに小さくとっても

$$\begin{pmatrix} \alpha & 1 \\ \varepsilon & \alpha \end{pmatrix}$$

の固有方程式の判別式は $(2\alpha)^2 - 4(\alpha^2 - \varepsilon) = 4\varepsilon \neq 0$ となり，対角化可能となる．

一般的な形で述べると次のようになる．2つの n 次の行列

$$A = \begin{pmatrix} a_{11} & \cdots & a_{1n} \\ & \cdots\cdots & \\ a_{n1} & \cdots & a_{nn} \end{pmatrix}, \quad B = \begin{pmatrix} b_{11} & \cdots & b_{1n} \\ & \cdots\cdots & \\ b_{n1} & \cdots & b_{nn} \end{pmatrix}$$

に対し

$$|A - B| = \sum_{i,j} |a_{ij} - b_{ij}|$$

とおく．$|A - B|$ が小さいということは，A と B の対応する成分の差が小さいと

56 第7講 対角化可能な線形写像

いうことである. このとき次のことが成り立つ.

C は対角化可能でない n 次の行列とする. このとき次の性質をもつ n 次の行列の系列 $\{A_i\}$ $(i = 1, 2, \ldots)$ が存在する:

(i) 各 A_i は対角化可能

(ii) $|C - A_i| \longrightarrow 0$ $(i \to \infty)$

前のたとえでは, '畦道に立っている人' C は, '田んぼの方にいる人' A_i によって, いくらでも近づけるのである.

証明の考え方: これは $\Phi_C(\lambda)$ が重解 μ をもつとき, この重解を単解で近似できることによっている. 実際たとえば

$$(\lambda - \mu)^m = \lim (\lambda - \mu_1)(\lambda - \mu_2) \cdots (\lambda - \mu_m)$$

と表わすことができる. ここで $\mu_1, \mu_2, \ldots, \mu_m$ は相異なる数, $\lim$ はこの条件をみたしながら, $\mu_1 \to \mu$, $\mu_2 \to \mu$, $\ldots$, $\mu_m \to \mu$ となることを示す. この事実を $\Phi_C(\lambda)$ の各因数に適用して, 解と係数の関係を用いて行列成分の方におきかえてみるとよい.

この応用として, 次の有名なハミルトン・ケーリーの定理を証明してみよう.

【定理】 線形写像 T に対し
$$\Phi_T(T) = 0$$
が成り立つ.

ここで $\Phi_T(\lambda)$ は T の固有多項式であり,
$$\Phi_T(\lambda) = \lambda^n + a_1 \lambda^{n-1} + \cdots + a_{n-1} \lambda + a_n$$
とおいたとき, $\Phi_T(T)$ は
$$\Phi_T(T) = T^n + a_1 T^{n-1} + \cdots + a_{n-1} T + a_n I$$
によって定義される線形写像である.

【証明】 V に基底をとり, 線形写像を行列に表現した上で証明する. 対角化可能な行列に対して定理が成り立つことは, (*) で示してある. 対角化可能でない行列 C に対しては, C に '近づく' 対角化可能な行列の系列 A_i $(i = 1, 2, \ldots)$ をと

る．このとき，行列 A_i の各成分が C の対応する成分に近づくことから
$$|\Phi_C(C) - \Phi_{A_i}(A_i)| \longrightarrow 0 \quad (i \to \infty)$$
となることがわかるが，$\Phi_{A_i}(A_i) = 0$ だから，$\Phi_C(C) = 0$ が成り立つ． ∎

Tea Time

質問 ハミルトン・ケーリーの定理の証明は，前に別の本で読んだことがありますが，そこでは代数的に証明されていて，どうしてこんなことがいえるのか，納得しにくい気分がしていました．ここで示されたように，対角化可能のときまずこの定理を証明し——この場合は明快です——，あとは連続性で一般の場合に成り立つという道の方が，道のりは少し遠いとしても，わかりやすいと思います．このような原理で示されることは，別にもあるのでしょうか．

答 ハミルトン・ケーリーの定理については，線形代数の教科書では，ここで述べたような証明法はあまり採用していないようである．それは代数の枠の中で証明を済ませた方が，数学的に整っていると考えるからだろう．

質問に対して直接の答にはならないかもしれないが，次のことを注意しておこう．線形写像 T が対角化可能のとき，任意の多項式 $p(\lambda)$ に対して，$p(T)$ をごく自然に定義できた．同様の考えで，収束する無限級数，たとえば e^λ や，$\sin\lambda$, $\cos\lambda$ に対しても，

$$e^T = I + \frac{1}{1!}T + \frac{1}{2!}T^2 + \cdots + \frac{1}{n!}T^n + \cdots$$
$$\sin T = T - \frac{1}{3!}T^3 + \frac{1}{5!}T^5 - \cdots$$
$$\cos T = I - \frac{1}{2!}T^2 + \frac{1}{4!}T^4 - \cdots$$

のように，線形作用素を定義することができる．固有ベクトル x ——$Tx = \mu x$——に対しては，たとえば

$$e^T x = \left(1 + \frac{1}{1!}\mu + \frac{1}{2!}\mu^2 + \cdots + \frac{1}{n!}\mu^n + \cdots\right)x = e^\mu x$$
$$\sin Tx = \left(\mu - \frac{1}{3!}\mu^3 + \frac{1}{5!}\mu^5 - \cdots\right)x$$

となる．このことから各固有ベクトルに対して確かめることにより，対角化可能

58   第 7 講　対角化可能な線形写像

な T に対しては，複素数のときと同様に

$$e^{iT} = \cos T + i \sin T$$

というオイラーの公式が成り立つことがすぐにわかる．ここから，原理的には'連続性'によって，任意の線形作用素に対してもこの関係が成り立つことがわかるのである．

第 **8** 講

内　積

テーマ
◆ 代数的なベクトル空間 V 上に，距離とか直交性の概念を導入することにより，新たに幾何学的観点を得たい．
◆ 内積の定義
◆ ノルム，距離
◆ シュワルツの不等式
◆ ノルムと距離の性質——三角不等式
◆ 内積とノルムの関係
◆ 内積の定義の背景——R^2 と R^3 の場合

は じ め に

　前講の終りで述べたような，対角化可能な線形写像が十分多くあるというような議論に入っていくときに，新しい問題設定が少しずつ生じてきたことに，まず注意を喚起しておこう．

　前講では，V 上の線形写像の系列 $T_i = (i = 1, 2, \ldots)$ が，$i \to \infty$ のとき，ある線形写像 S に近づくという状況を考えたかったのである．そのため私たちは，V に 1 つの基底をとって，各 T_i $(i = 1, 2, \ldots)$ を行列 A_i として表わし，S を行列 B と表わし，$i \to \infty$ のとき，A_i の各成分が，対応する B の成分に近づくならば，T_i は S に近づくと考えたのであった．

　しかし注意することは，私たちはこのとき，V に戻って，V の各元 x に対して

$$T_i x \longrightarrow Sx \quad (i \to \infty)$$

ということは考えられないのである．なぜなら，V は加法とスカラー積の演算しか許さない代数的な対象であって，ここに '近づく' などという概念を導入することはできないからである．実数の場合にたとえてみれば，ベクトル空間の概念

60　第8講　内　　　積

は，実数の中にある算術的性質——加法と乗法——だけをとり出して抽象化した
ようなものであって，数直線のような概念はまだ投入されていないのである．2
点の距離を測れる数直線のような表象がなくて，どうして実数列の収束などとい
うことを考えることができるだろうか．ベクトル空間は，幾何学的な見地に立っ
てみれば，なお空々漠々としている．

　　もちろん私たちは，抽象的なベクトル空間を取り扱うといっても，必要に応じて
　は，基底をとって C^n の方へ移して議論している．それではベクトル空間 V の2
　点間の距離も，C^n の方へ移して考えればよいではないかと考えられる．しかし，基
　底のとり方にしたがって，C^n への移し方が違い，それに応じて2点間の長さが変
　わってくるということでは心許ない．もちろん読者の中には，それでも V の位相
　は決まるだろうといわれる方もおられるかもしれない．確かに，それはそうなのだ
　が，有限次元から無限次元へとしだいに話を広げようとすると，このような考えで
　は道はすぐにいきづまってしまうのである．

　私たちは，ここで述べている固有値問題を，有限次元から無限次元へと上げ，
それによって固有値問題をしだいに解析学をみる1つの視点にまで高めようとし
ている．そのためには，数直線のようなはっきりとした表象は得られないとして
も，まず有限次元のベクトル空間の中に，距離の概念とか，直交性という概念を
投入しておきたい．このような幾何学的概念は，'内積'という概念で与えられる
が，それによって，固有値問題もまた新しい局面を迎えてくるのである．

内　　　積

【定義】　ベクトル空間 V の任意の2元 x, y に対して，次の性質をみたす複素数
(x, y) を対応させる規則が与えられたとき，V に内積が与えられたといい，(x, y)
を x と y の内積という．

　(I1)　$(x, x) \geqq 0$；等号は $x = 0$ のときに限る．

　(I2)　$(\alpha x + \beta y, z) = \alpha(x, z) + \beta(y, z)$　$(\alpha, \beta \in C)$

　(I3)　$(y, x) = \overline{(x, y)}$

　(I3) で $\overline{(x, y)}$ は複素数 (x, y) の共役複素数を表わしている．(I2) と (I3) を使
うと

$(\text{I2})'$ $\quad (x, \alpha y + \beta z) = \bar{\alpha}(x, y) + \bar{\beta}(x, z) \quad (\alpha, \beta \in \boldsymbol{C})$

が得られる．実際

$$(x, \alpha y + \beta z) = \overline{(\alpha y + \beta z, x)} = \bar{\alpha}(\overline{y, x}) + \bar{\beta}(\overline{z, x})$$
$$= \bar{\alpha}(x, y) + \bar{\beta}(x, z)$$

(I1) から (x, x) は負でない実数であり，したがってその平方根を考えることができる．

【定義】 $\|x\| = \sqrt{(x, x)}$ とおき，$\|x\|$ を x の長さ，または x のノルムという．

この概念を用いて，x と y との距離 $\rho(x, y)$ を次のように定義する．

$$\rho(x, y) = \|x - y\|$$

なおここでは $\boldsymbol{R}$ 上のベクトル空間の場合も触れておこう．$\boldsymbol{R}$ 上のベクトル空間のときには，内積は実数値のみとるとする．したがって，(I3) は，単に $(y, x) = (x, y)$ となる．このことをやはり定義として明記しておくことにしよう．

【定義】 $\boldsymbol{R}$ 上のベクトル空間 $\boldsymbol{V}$ の 2 元 x, y に対して，次の性質をみたす実数 (x, y) を対応させる規則が与えられたとき，$\boldsymbol{V}$ に内積が与えられたという．

(I1) $\quad (x, x) \geqq 0$；等号は $x = 0$ のときに限る．

(I2) $\quad (\alpha x + \beta y, z) = \alpha(x, z) + \beta(y, z) \quad (\alpha, \beta \in \boldsymbol{R})$

$(\text{I3})'$ $\quad (y, x) = (x, y)$

シュワルツの不等式

次の不等式を証明しておこう．

[シュワルツの不等式] $\quad x, y \in V$ に対し

$$|(x, y)| \leqq \|x\| \|y\| \tag{1}$$

【証明】 x, y をとめて，実数 t の関数

$$F(t) = (tx + y,\ tx + y)$$

を考える．内積の性質 (I1) から

$$\text{すべての } t \in \boldsymbol{R} \text{ に対し} \quad F(t) \geqq 0 \tag{2}$$

である．一方，(I2), (I3) と $(x, x) = \|x\|^2$ のことなどに注意すると

$$F(t) = t^2(x, x) + t(x, y) + t(y, x) + (y, y)$$

$$= t^2(x,x) + t(x,y) + t(\overline{x,y}) + (y,y)$$
$$= t^2\|x\|^2 + 2t\Re(x,y) + \|y\|^2$$

($\Re(x,y)$ は複素数 (x,y) の実数部分). これは t の 2 次式だから, (2) を参照して判別式を考えると
$$\{\Re(x,y)\}^2 - \|x\|^2\|y\|^2 \leqq 0$$
すなわち
$$|\Re(x,y)| \leqq \|x\|\|y\| \tag{3}$$
が成り立つ.

いま複素数 (x,y) の偏角を θ とする. このとき図 11 を見てもわかるように, 複素平面上で原点を中心として $-\theta$ だけの回転を考えると, (x,y) はこの回転によって実軸の上に乗る. $-\theta$ の回転は, $e^{-i\theta}$ をかけることにより表わされるから, このことは

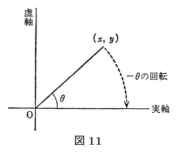

図 11

$e^{-i\theta}(x,y) = (e^{-i\theta}x,y)$ が実数であることを示している. したがって (3) から
$$|e^{-i\theta}(x,y)| = |(e^{-i\theta}x,y)|$$
$$\leqq \|e^{-i\theta}x\|\|y\|$$
この左辺は $|(x,y)|$ に等しく, 右辺は $|e^{-i\theta}|\|x\|\|y\| = \|x\|\|y\|$ に等しいことに注意すると, これで (1) が証明された. ∎

なお $\boldsymbol{R}$ 上のベクトル空間に考察を限るときには, 内積 (x,y) の値は実数値だけをとるものと約束しておいたから, シュワルツの不等式の証明は, (3) を示した段階で終りとなることになる.

ノルムと距離の性質

ノルムと距離は次の性質をもつ.

> **[ノルムの性質]** (i) $\|x\| \geqq 0$; 等号は $x = 0$ のときに限る.
> (ii) $\|\alpha x\| = |\alpha|\|x\|$
> (iii) $\|x + y\| \leqq \|x\| + \|y\|$

$$
\boxed{
\begin{array}{ll}
\textbf{[距離の性質]} & \text{(i)} \quad \rho(x,y) \geqq 0 \,;\ \text{等号は } x = y \text{ のときに限る.} \\
& \text{(ii)} \quad \rho(x,y) = \rho(y,x) \\
& \text{(iii)} \quad \rho(x,z) \leqq \rho(x,y) + \rho(y,z)
\end{array}
}
$$

ノルムの性質にしても，距離の性質にしても，(i) と (ii) は定義からすぐに導かれる．問題は (iii) である．

ノルムの性質 (iii) の証明：

$$
\begin{aligned}
\|x+y\|^2 &= (x+y,\ x+y) = (x,x) + 2\Re(x,y) + (y,y) \\
&\leqq \|x\|^2 + 2\|x\|\|y\| + \|y\|^2 \quad \text{((3) による)} \\
&= (\|x\| + \|y\|)^2
\end{aligned}
$$

これから $\|x+y\| \leqq \|x\| + \|y\|$ が得られる．

距離の性質 (iii) の証明：

$$
\begin{aligned}
\rho(x,z) &= \|x-z\| = \|(x-y) + (y-z)\| \\
&\leqq \|x-y\| + \|y-z\| \quad \text{（ノルムの性質 (iii) による）} \\
&= \rho(x,y) + \rho(y,z)
\end{aligned}
$$

距離の性質 (iii) に現われた不等式を三角不等式という．

内積の与えられたベクトル空間では，この距離を用いて，$\boldsymbol{V}$ の点列 $\{x_i\}$ $(i = 1, 2, \ldots)$ が y に近づくことを

$$
\rho(x_i, y) \longrightarrow 0 \quad (i \to \infty)
$$

によって定義することができる．位相空間論での言葉を用いれば，内積の与えられたベクトル空間は，距離空間となるのである．

内積とノルムの関係

内積の実数部分，虚数部分とノルムの間には次の関係がある．

$$
\boxed{
\begin{aligned}
\Re(x,y) &= \frac{1}{4}(\|x+y\|^2 - \|x-y\|^2) \\
\Im(x,y) &= \frac{-1}{4}(\|ix+y\|^2 - \|ix-y\|^2)
\end{aligned}
}
$$

64   第8講 内   積

上の式は $\|x+y\|^2 = (x+y,\ x+y)$, $\|x-y\|^2 = (x-y,\ x-y)$ を用いて計算するとすぐに確かめられる.

下の式は

$$(x,y) = \Re(x,y) + i\Im(x,y)$$

の両辺に i をかけて

$$i(x,y) = i\Re(x,y) - \Im(x,y)$$

となることに注意するとよい. ここで左辺は (ix,y) であり, 右辺はこの実数部分が $-\Im(x,y)$ に等しいことを示している. すなわち

$$\Im(x,y) = -\Re(ix,y)$$

である. この右辺に上の結果を用いると, 下の式が成り立つことがわかる.

内積の定義の背景

内積の定義の背景にある状況を, 実数の場合ではあるが, 平面 $\boldsymbol{R}^2$ と空間 $\boldsymbol{R}^3$ の場合に述べておこう. $\boldsymbol{R}^2$ のベクトルの長さを, ふつうのように $\boldsymbol{x} = \begin{pmatrix} x_1 \\ x_2 \end{pmatrix}$ に対して

$$\|x\| = \sqrt{x_1{}^2 + x_2{}^2}$$

と表わすことにしよう. $\boldsymbol{R}^2$ の零でない 2 つのベクトル $\boldsymbol{x}$ と $\boldsymbol{y}$ のなす角 θ は, 余弦法則 (図12)

$$\|x-y\|^2 = \|x\|^2 + \|y\|^2 - 2\|x\|\|y\|\cos\theta$$

からすぐに計算ができて

$$\cos\theta = \frac{x_1y_1 + x_2y_2}{\|x\|\|y\|} \qquad (4)$$

となる.

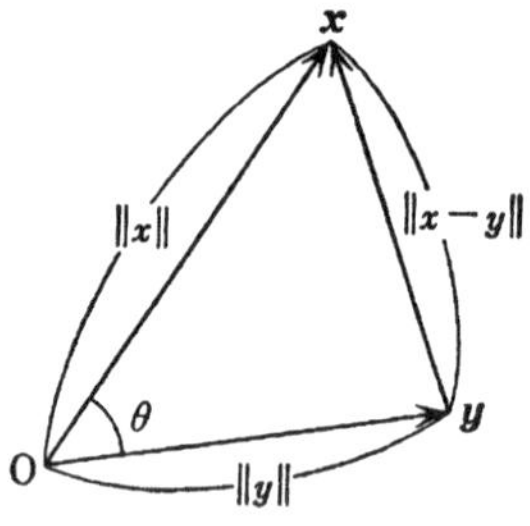

図 12

同じように $\boldsymbol{R}^3$ のときには, 零でない 2 つのベクトル

$$\boldsymbol{x} = \begin{pmatrix} x_1 \\ x_2 \\ x_3 \end{pmatrix}, \quad \boldsymbol{y} = \begin{pmatrix} y_1 \\ y_2 \\ y_3 \end{pmatrix}$$

のなす角を θ とすると

$$\cos\theta = \frac{x_1y_1 + x_2y_2 + x_3y_3}{\|x\|\|y\|} \qquad (5)$$

が成り立つ.

R^2, R^3 の場合, (4), (5) の右辺の分子に現われた式を内積の定義として採用している. すなわち

R^2 のとき： $(\boldsymbol{x}, \boldsymbol{y}) = x_1 y_1 + x_2 y_2$

R^3 のとき： $(\boldsymbol{x}, \boldsymbol{y}) = x_1 y_1 + x_2 y_2 + x_3 y_3$

である. (4), (5) から, いずれの場合でも

$$(\boldsymbol{x}, \boldsymbol{y}) = \|\boldsymbol{x}\| \|\boldsymbol{y}\| \cos\theta$$

となる. したがってこの場合には, シュワルツの不等式は $|\cos\theta| \leqq 1$ という事実と結局は同じことを述べていることになる.

もちろん, R^2 と R^3 のこの内積では, $(\boldsymbol{x}, \boldsymbol{x})$ は, ベクトル $\boldsymbol{x}$ の長さの 2 乗 $\|x\|^2$ となっている. R^2, R^3 の幾何学的取扱いには, 長さや角度が基本的な概念であるが, 線形代数や線形写像の立場からは, 長さ, 角度そのものよりは, 各成分については 1 次式となっている内積の方がはるかに使いやすいし, 理論の枠によく適合するのである. この内積のもつ基本的な性質を抽出して, それを (I1), (I2), (I3) として抽象的なベクトル空間に付与する内積としたものが, 前の定義である.

もっとも, 内積の条件 (I3)：$(y, x) = \overline{(x, y)}$ が少しわかりにくいかもしれない. これは複素数 z の長さは $|z| = \sqrt{z\bar{z}}$ で与えられ, したがってまた $\boldsymbol{C}^2$ のベクトル $\boldsymbol{z} = \begin{pmatrix} z_1 \\ z_2 \end{pmatrix}$ の長さの 2 乗は

$$\|z\|^2 = z_1 \bar{z}_1 + z_2 \bar{z}_2$$

となることによっている. このことから $\boldsymbol{z}$ と $\boldsymbol{w} = \begin{pmatrix} w_1 \\ w_2 \end{pmatrix}$ の内積の式で, $\boldsymbol{z} = \boldsymbol{w}$ とおいたものが上式と等しくなるためには

$$(\boldsymbol{z}, \boldsymbol{w}) = z_1 \bar{w}_1 + z_2 \bar{w}_2$$

とおくことが自然なことになる. このとき $(\boldsymbol{w}, \boldsymbol{z}) = \overline{(\boldsymbol{z}, \boldsymbol{w})}$ が成り立つのである！

Tea Time

質問 R^2, R^3 のここで述べられた内積のことは, 高等学校でも習ったことがあ

りますので，僕もよく知っていることでした．お聞きしたいのは，$\boldsymbol{R}^2$ を 1 つの
ベクトル空間と考えたとき，$(\boldsymbol{x}, \boldsymbol{y}) = x_1 y_1 + x_2 y_2$ 以外にも，内積の条件 (I1)，
(I2)，(I3) をみたす‘内積’があるのですか．もしあるとしたら，それはどんなふ
うにして見つけるのでしょうか．

答 $\boldsymbol{R}^2$ の場合を考えることにしよう．$\boldsymbol{R}^2$ を思い浮かべるとき，私たちは自然に
1 つの直交座標をとって考えるが，そうすると，よく知っている内積以外にはも
う内積はないような気がしてくる．それは直交座標を導入したときに，いつのま
にか長さの測り方とか，直角を指定してしまったことになっているからである．
質問に答えるためには，まず $\boldsymbol{R}^2$ から一切の描像を捨てて，$\boldsymbol{R}^2$ はただ 2 つの実
数の組のつくるベクトル空間と考えなくてはいけない．次に T を $\boldsymbol{R}^2$ 上の任意の
1 対 1 の線形写像とする．$\boldsymbol{x} = \begin{pmatrix} x_1 \\ x_2 \end{pmatrix}$，$\boldsymbol{y} = \begin{pmatrix} y_1 \\ y_2 \end{pmatrix}$ が T によって移された先を

$$T\boldsymbol{x} = \begin{pmatrix} X_1 \\ X_2 \end{pmatrix}, \quad T\boldsymbol{y} = \begin{pmatrix} Y_1 \\ Y_2 \end{pmatrix}$$

と表わすことにしよう．このとき

$$(\boldsymbol{x}, \boldsymbol{y})_T = X_1 Y_1 + X_2 Y_2$$

とおくと，これはベクトル空間 $\boldsymbol{R}^2$ の 1 つの内積となる．だから，異なる内積の
とり方はいくらでもある．実際は，$\boldsymbol{R}^2$ の内積はすべてこのようにして得られる
のである．このことについては次講で触れることにしよう．

第 **9** 講

正規直交基底

テーマ

◆ 直交性

◆ 正規直交基底

◆ 正規直交基底の存在——ヒルベルト・シュミットの直交法

◆ 正規直交基底を用いたときの内積の表示

◆ 正規直交基底による展開

◆ 直交補空間

◆ 直交分解

直 交 性

内積の概念の背景には，R^2 や R^3 でみたように，長さや角の幾何学的観点が横たわっていることを知ることは重要であるが，C 上のベクトル空間に移ると，内積と角とを結ぶ糸は切れてしまう．たとえば C 自身は 1 次元の複素ベクトル空間である．C の 2 元 z, w の内積は $z\bar{w}$ となるが，$z\bar{w}$ は複素数値であり，これに対して幾何学的な概念を直接結びつけることなどはできないだろう．

しかしそれでも私たちは，R^2 や R^3 の中で抱いた内積と角との相関関係から生じてくる 1 つの幾何学的感触は，これからの理論展開の中でも大切に保存しておきたいと思う．それは，R^2, R^3 のとき

$$(\boldsymbol{x}, \boldsymbol{y}) = 0 \Longleftrightarrow \cos\theta = 0 \Longleftrightarrow \boldsymbol{x} \ \text{と} \ \boldsymbol{y} \ \text{が直交している}$$

が成り立つという状況である．

そのため次の定義をおく．

【定義】 内積をもつベクトル空間 V において，$(x, y) = 0$ が成り立つとき，x と y は直交するという．

68   第9講 正規直交基底

正規直交基底

V を n 次元のベクトル空間とする，V には内積が与えられているとする．

【定義】 V の基底 $\{e_1, e_2, \ldots, e_n\}$ が次の性質をもつとき正規直交基底という．

(i) $\|e_i\| = 1$ $(i = 1, 2, \cdots, n)$

(ii) $(e_i, e_j) = 0$ $(i \neq j)$

【定理】 V には正規直交基底が存在する．

【証明】 V の任意の基底を 1 つとり，それを $\{f_1, f_2, \ldots, f_n\}$ とする．まず

$$e_1 = \frac{1}{\|f_1\|} f_1$$

とおく．このとき $\|e_1\| = 1$ である．次に

$$e_2{}' = f_2 - (f_2, e_1)\, e_1$$

とおく．

$$(e_2{}', e_1) = (f_2, e_1) - (f_2, e_1)\,(e_1, e_1)$$
$$= (f_2, e_1) - (f_2, e_1) = 0$$

であり，また f_1 と f_2 が 1 次独立のことから $e_2{}' \neq 0$ のことがわかる．そこで

$$e_2 = \frac{1}{\|e_2{}'\|} e_2{}'$$

とおくと，

$$\|e_2\| = 1, \quad (e_2, e_1) = (e_1, e_2) = 0$$

が成り立つ．

次に

$$e_3{}' = f_3 - (f_3, e_1)\, e_1 - (f_3, e_2)\, e_2$$

とおく．$(e_3{}', e_1) = (e_3{}', e_2) = 0$ である．また f_1, f_2, f_3 が 1 次独立のことから $e_3{}' \neq 0$ もわかる．そこで

$$e_3 = \frac{1}{\|e_3{}'\|} e_3{}'$$

とおくと

$$\|e_3\| = 1, \quad (e_3, e_1) = (e_3, e_2) = 0$$

が成り立つ.

この操作を帰納的に順次繰り返していくと, 長さが 1 で, 互いに直交する n 個の元 $\{e_1, e_2, \ldots, e_n\}$ が得られる. これが基底を与えていることを示すには, (V はもともと n 次元なのだから) 1 次独立のことさえ示せばよい. そのため

$$\alpha_1 e_1 + \alpha_2 e_2 + \cdots + \alpha_n e_n = 0$$

という関係があったとする. この式の両辺に対し, $e_i \ (i = 1, 2, \ldots, n)$ との内積をとると

$$(\alpha_1 e_1 + \cdots + \alpha_i e_i + \cdots + \alpha_n e_n, e_i) = 0$$

となるが, $\{e_1, \ldots, e_n\}$ の正規直交性から, 左辺は α_i となる. これから $\alpha_i = 0$ $(i = 1, 2, \ldots, n)$ が得られる.

したがって $\{e_1, e_2, \ldots, e_n\}$ は V の正規直交基底となる. ∎

この証明で示したような操作で, 与えられた基底 $\{f_1, f_2, \ldots, f_n\}$ から正規直交基底 $\{e_1, e_2 \ldots, e_n\}$ をつくることを, ヒルベルト・シュミットの直交法という.

正規直交基底を用いたときの内積の表示

V の正規直交基底 $\{e_1, e_2, \ldots, e_n\}$ をとる. $x, y \in V$ をこの基底に関して

$$x = \alpha_1 e_1 + \alpha_2 e_2 + \cdots + \alpha_n e_n$$
$$y = \beta_1 e_1 + \beta_2 e_2 + \cdots + \beta_n e_n$$

と表わす. このとき

$$(x, y) = \alpha_1 \bar{\beta}_1 + \alpha_2 \bar{\beta}_2 + \cdots + \alpha_n \bar{\beta}_n$$
$$\|x\|^2 = |\alpha_1|^2 + |\alpha_2|^2 + \cdots + |\alpha_n|^2$$

【証明】

$$(x, y) = \left(\sum_{i=1}^{n} \alpha_i e_i, \ \sum_{j=1}^{n} \beta_j e_j \right)$$
$$= \sum_{i,j=1}^{n} \alpha_i \bar{\beta}_j \, (e_i, e_j) = \sum_{i=1}^{n} \alpha_i \bar{\beta}_i$$
$$\|x\|^2 = (x, x) = \sum_{i=1}^{n} \alpha_i \bar{\alpha}_i = \sum_{i=1}^{n} |\alpha_i|^2$$

∎

特に

70   第9講　正規直交基底

$$(x, y) = 0 \Longleftrightarrow \sum_{i=1}^{n} \alpha_i \bar{\beta}_i = 0$$

となる.

　R 上のベクトル空間の場合には，正規直交基底 $\{e_1, e_2, \ldots, e_n\}$ をとると，対応したことは次のように表わされる.

> **[R 上のベクトル空間のとき]**
>
> $$(x, y) = \alpha_1\beta_1 + \alpha_2\beta_2 + \cdots + \alpha_n\beta_n$$
> $$\|x\|^2 = \alpha_1{}^2 + \alpha_2{}^2 + \cdots + \alpha_n{}^2$$

ここで，$\alpha_1, \ldots, \alpha_n$；$\beta_1, \ldots, \beta_n$ はすべて実数であることを注意しておこう.

　　このことから実は前講の最後に述べたこと，すなわちベクトル空間 R^2 上の任意に与えられた内積は，必ず適当な1対1線形写像 T によって，$(\boldsymbol{x}, \boldsymbol{y})_T$ と表わされることがわかる. それを示すために，R^2 上に与えられた内積を任意に1つとり，それを (,)~ で表わしておこう. この内積に関する正規直交基底を $\{\tilde{\boldsymbol{e}}_1, \tilde{\boldsymbol{e}}_2\}$ とする. そのとき $\boldsymbol{x} = x_1\boldsymbol{e}_1 + x_2\boldsymbol{e}_2 = X_1\tilde{\boldsymbol{e}}_1 + X_2\tilde{\boldsymbol{e}}_2$ と2通りにかける. ここで $\{e_1, e_2\}$ は標準基底である. そこで線形写像 T を $T : \begin{pmatrix} x_1 \\ x_2 \end{pmatrix} \to \begin{pmatrix} X_1 \\ X_2 \end{pmatrix}$ で定義すると，T は1対1で，確かに

$$(\boldsymbol{x}, \boldsymbol{y})^\sim = X_1Y_1 + X_2Y_2 = (T\boldsymbol{x}, T\boldsymbol{y})$$

となっている.

正規直交基底による展開

V の正規直交基底 $\{e_1, e_2, \ldots, e_n\}$ を1つとる. このとき

> V の任意の元 x はただ1通りに
> $$x = (x, e_1)\, e_1 + (x, e_2)\, e_2 + \cdots + (x, e_n)\, e_n \qquad (1)$$
> と表わされる.

これを x の正規直交基底による展開という. 実際，x を $x = \alpha_1 e_1 + \cdots + \alpha_n e_n$ と表わしておいて，(x, e_i) を求めてみると，各係数 α_i は，$\alpha_i = (x, e_i)$ $(i = 1, 2, \ldots, n)$ となっていることがわかる.

直交補空間

V の部分空間 E を考える．すなわち E は V の部分集合であって，性質

$$x, x' \in E \Longrightarrow \alpha x + \beta x' \in E \quad (\alpha, \beta \in \boldsymbol{C})$$

をみたしている．このとき

$$E^\perp = \{y \mid (y, x) = 0, \ x \in E\}$$

とおく．$E^\perp$ は E のすべての元に直交する元からなる集合である．

$E^\perp$ は部分空間となる．実際，$y, y' \in E^\perp$ とすると任意の $x \in E$ に対して

$$(\alpha y + \beta y', x) = \alpha(y, x) + \beta(y', x) = 0 \quad (\alpha, \beta \in \boldsymbol{C})$$

このことは $\alpha y + \beta y' \in E^\perp$ を示している．

【定義】 $E^\perp$ を E の<u>直交補空間</u>という．

次の性質が成り立つ．

(i) $\boldsymbol{V} = E \oplus E^\perp$

(ii) $(E^\perp)^\perp = E$

(iii) $\{0\}^\perp = E, \ E^\perp = \{0\}$

【証明】 (i) E 自身内積をもつベクトル空間だから，E の正規直交基底が存在する．それを $\{e_1, \ldots, e_k\}$ $(k = \dim E)$ とする．$\{e_1, \ldots, e_k\}$ に1次独立な元 $\{f_{k+1}, \ldots, f_n\}$ を適当につけ加えることにより，V の基底 $\{e_1, \ldots, e_k, f_{k+1}, \ldots, f_n\}$ が得られる．

ヒルベルト・シュミットの直交法を，この基底に対して f_{k+1} から適用する：すなわち

$$e_{k+1}' = f_{k+1} - (f_{k+1}, e_1)\, e_1 - \cdots - (f_{k+1}, e_k)\, e_k$$

とし，

$$e_{k+1} = \frac{1}{\|e_{k+1}'\|} e_{k+1}'$$

とおいて，f_{k+1} を e_{k+1} におきかえる．順次この操作を行なっていくことにより V の正規直交基底

$$\{e_1, \ldots, e_k, e_{k+1}, \ldots, e_n\}$$

72　第 9 講　正規直交基底

が得られる.

$e_{k+1}, \ldots, e_n$ のそれぞれは, E の基底 $e_1, \ldots, e_k$ のすべてと直交している. E の元は $\sum_{i=1}^{k} \alpha_i e_i$ と表わされているのだから, $e_{k+1}, \ldots, e_n$ は E のすべての元と直交している. したがって

$$e_{k+1}, \ldots, e_n \in E^\perp$$

がわかり, したがってまたこの 1 次結合も $E^\perp$ に属している:

$$\beta_{k+1} e_{k+1} + \cdots + \beta_n e_n \in E^\perp$$

V の任意の元 x は, ただ 1 通りに

$$x = \alpha_1 e_1 + \cdots + \alpha_k e_k + \beta_{k+1} e_{k+1} + \cdots + \beta_n e_n$$

と表わされるが

$$\alpha_1 e_1 + \cdots + \alpha_k e_k \in E$$

$$\beta_{k+1} e_{k+1} + \cdots + \beta_n e_n \in E^\perp$$

だから, このことは $V = E \oplus E^\perp$ を示している.

(ii)　(i) の証明の記法を使うと, $E^\perp$ に直交する元は $e_1, \ldots, e_k$ ではられる空間であり, それは E にほかならない. すなわち $(E^\perp)^\perp = E$ が成り立つ.

(iii)　これは明らかだろう.　　　　　　　　　　　　　　　　　　　　　　■

直 交 分 解

(i) の性質をもう少し一般的にして

$$V = E_1 \oplus E_2 \oplus \cdots \oplus E_s \tag{2}$$

と, V が s 個の部分空間の直和に分解し, かつ

$$i \neq j \text{ のとき, } E_i \text{ と } E_j \text{ の元は直交する}$$

という性質をみたすとき, (2) を V の直交分解という.

直交分解であることを明記したいときに, (2) を

$$V = E_1 \perp E_2 \perp \cdots \perp E_s \tag{2$'$}$$

と表わすこともある. 記号 $\perp$ は直交していることを示唆しているのである.

直交分解 (2) に対しては

$$E_1{}^\perp = E_2 \oplus \cdots \oplus E_s$$

のような性質が成り立っていることを注意しよう.

特に (2) で
$$\dim E_1 = \dim E_2 = \cdots = \dim E_s = 1$$
のときには，必然的に (次元の関係から) $s = n$ で
$$\boldsymbol{V} = E_1 \oplus E_2 \oplus \cdots \oplus E_n$$
となる．このとき各 E_k $(k = 1, 2, \ldots, n)$ から
$$f_k \in E_h, \quad \|f_k\| = 1 \tag{3}$$
となる元を選んでおくと
$$\{f_1, f_2, \ldots, f_n\}$$
は $\boldsymbol{V}$ の正規直交基底となっている．

このことは明らかであろうが，ついでに (3) のような f_k の選び方にどれだけの任意性があるかについて述べておこう．f_k を 1 つ選べば
$$E_k = \{\alpha f_k \mid \alpha \in \boldsymbol{C}\}$$
と表わされる．αf_k に α を対応させると，E_k は (長さのことまで考えて) 複素平面と思ってよい．このとき f_k には実軸上の 1 が対応している．複素平面上では長さ 1 の複素数は $e^{i\theta}$ $(0 \leqq \theta < 2\pi)$ と表わされる．したがって E_k の方へ戻すと，f_k のほかに
$$e^{i\theta} f_k \quad (0 \leqq \theta < 2\pi)$$
が，E_k に含まれる長さ 1 の元であるということになる．すなわち (2) をみたす元 f_k の選び方には，$e^{i\theta}$ $(0 \leqq \theta < 2\pi)$ をかけるだけの任意性があるのである．

ここで f_k の選び方に $e^{i\theta}$ だけの任意性があったのは，$\boldsymbol{C}$ 上のベクトル空間で考えているからである．$\boldsymbol{R}$ 上のベクトル空間で考えるときには，選び方は f_k か $-f_k$ かのいずれか 1 つである．

Tea Time

質問 この講では，'内積があれば' という前提から話を進められてきたように思います．前講の Tea Time での質問をもう少し一般化したことになるのかもしれ

74   第9講　正規直交基底

ませんが，n 次元ベクトル空間に内積を導入するにはどうしたらよいのですか．また内積の入れ方はいろいろあるのでしょうか．

答　確かにその点については話をしなかったようで，中途半端だったかもしれない．抽象的なベクトル空間 V から出発してみることにしよう．V に内積を入れることを試みるといっても，まったく無目的に内積を入れるわけにもいかないだろう．そこでいま V に１つ基底をとり，それを $\{e_1, e_2, \ldots, e_n\}$ とする．この $\{e_1, e_2, \ldots, e_n\}$ を正規直交基底とするような内積を入れることを試みてみよう．それには V の元 x, y をこの基底を用いて

$$x = \alpha_1 e_1 + \alpha_2 e_2 + \cdots + \alpha_n e_n$$
$$y = \beta_1 e_1 + \beta_2 e_2 + \cdots + \beta_n e_n$$

と表わしたとき，内積を

$$(x, y) = \alpha_1 \bar{\beta}_1 + \alpha_2 \bar{\beta}_2 + \cdots + \alpha_n \bar{\beta}_n$$

と定義するとよいのである．もちろん，V が R 上のベクトル空間のときには

$$(x, y) = \alpha_1 \beta_1 + \alpha_2 \beta_2 + \cdots + \alpha_n \beta_n$$

とおく．このとき確かに

$$(e_i, e_j) = 0 \quad (i \neq j), \quad (e_i, e_i) = 1$$

が成り立つから，$\{e_1, e_2, \ldots, e_n\}$ は正規直交基底となる．

　だから質問に対する答だけからいえば，内積の入れ方はいろいろあって，実際，任意に与えられた基底を正規直交基底とするような内積が存在するということになる．

　もっとも読者の中には，たとえば R^2 の基底として $45°$ で交わる２つのベクトル $\begin{pmatrix} 1 \\ 0 \end{pmatrix}, \begin{pmatrix} 1 \\ 1 \end{pmatrix}$ をとったとき，これが直交していると見るような内積を考えるのはおかしいと思われる人もいるかもしれない．それは R^2 を見るとき，すでにふつうの長さや角を前提とした描像を抱いているからである．$\begin{pmatrix} 1 \\ 0 \end{pmatrix}$ と $\begin{pmatrix} 1 \\ 1 \end{pmatrix}$ が直交するような描像が新しく与えられたのだと考えるとよい．投影図を思い出してみてもわかるように，私たちは視線のとり方で，直交する直線を斜めに交わると見，斜交する直線を直交するようにも描く．内積をとるとは，その意味では，抽象的なベクトル空間をキャンバスに描く，１つの投影の仕方を指示しているともいえるのである．

第 **10** 講

射影作用素，随伴作用素

┌─ テーマ ─────────────────────────┐
◆ 線形作用素という言葉
◆ 射影作用素
◆ 射影を基底を用いて表わす.
◆ 射影作用素と直交分解
◆ 随伴作用素——存在と一意性
◆ 随伴作用素の性質
◆ 射影作用素の特徴づけ
└─────────────────────────────┘

言葉づかい

　いままで，ベクトル空間 V から V への線形性を保つ写像 T を，V 上の線形写像といってきた．しかし理論が進むにつれて，しだいに線形写像を線形作用素といいかえることが多くなってくる．線形写像は英語で linear map であり，線形作用素は linear operator である．この語感の違いをどのように受けとるかは，読者ひとりひとりで違うのだろうと思う．私の感じもそれほどはっきりしたものではないのだが，linear map というと，背景にある V 全体が T でどのように移されるかに関心があり，linear operator というときには，T が主体となってきて，T のもつ固有な性質や，T が V の各元にどのように働くかに関心が移ってくるようである．

　実際，あとで述べる関数空間の場合には，積分作用素や微分作用素が線形作用素として登場してくるが，このようなときには背景にある関数空間は広漠として，いわば視界におさまりにくくなる．むしろこの空間の上の作用素を 1 つとり，そのもつ特徴を捉えて，個々の関数への働きを調べようとするようになってくる．

　私たちは，これからはこのような視点の微妙な変化を示唆するために，線形写

像の代りに,線形作用素という言葉の方を主に使っていくことにしよう.

射影作用素

このような言葉づかいになれる最初の例として,射影作用素を述べることにしよう.

$\boldsymbol{V}$ の部分空間 E が与えられると, $\boldsymbol{V}$ は
$$\boldsymbol{V} = E \perp E^\perp$$
と直交分解される.この分解にしたがって $\boldsymbol{V}$ の元 x はただ 1 通りに
$$x = y + z, \quad y \in E, z \in E^\perp \tag{1}$$
と直交分解される.このとき $\boldsymbol{V}$ の任意の元 x に対して,(1) の右辺の y を対応させる対応を考えることができる.

対応 $x \to y$ は線形写像であって,x の E への直交射影という.

【定義】 $x \in \boldsymbol{V}$ に対し,$Px = y$ とおき,P を E への射影作用素という.

射影作用素 P を用いると,逆に E は
$$E = \{x \mid Px = x\}$$
と特性づけられる.射影作用素 P は次の性質をもつ.

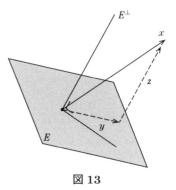

図 13

> (i) $P^2 = P$ (2)
> (ii) $I - P$ は直交補空間 $E^\perp$ への射影作用素となる.

【証明】 (i) $x \in \boldsymbol{V}$ に対し $Px \in E$. したがって $P(Px) = Px$. ゆえに $P^2 = P$ が成り立つ.

(ii) (1) で,$(I-P)x = x - Px = x - y = z \ (\in E^\perp)$ となることからわかる. ∎

(ii) から
$$Q = I - P$$
とおくと,Q もまた射影作用素となるが,このとき

$$\begin{cases} I = P + Q & (3) \\ PQ = QP = 0 & (4) \end{cases}$$

が成り立つ

(3) は明らかである. (4) は $PQ = P(1-P) = P - P^2 = 0$, $QP = (1-P)P = P - P^2 = 0$ からわかる. ∎

射影作用素の基底による表示

V の部分空間 E が与えられると, V の正規直交基底 $\{e_1, e_2, \ldots, e_n\}$ を,

$$\{e_1, e_2, \ldots, e_m\} \text{ は } E \text{ の正規直交基底}$$

$$\{e_{m+1}, e_{m+2}, \ldots, e_n\} \text{ は } E^\perp \text{ の正規直交基底}$$

となるようにとることができる. それには, まず E の任意の基底 $\{e_1', \ldots, e_m'\}$ をとり, 次にこれに 1 次独立な元 $\{e_{m+1}', \ldots, e_n'\}$ をつけ加え, このようにして得られた V の基底 $\{e_1', \ldots, e_m', e_{m+1}', \ldots, e_n'\}$ に対し, ヒルベルト・シュミットの直交法をほどこすとよい.

このような基底をとると, E への射影作用素 P は

$$Px = (x, e_1)\, e_1 + (x, e_2)\, e_2 + \cdots + (x, e_m)\, e_m$$

と表わされる. このことは前講の (1) をみると, すぐにわかるだろう.

射影作用素と直交分解

(3), (4) は直交分解 $V = E \perp E^\perp$ を射影作用素を用いて表現したものとみることができるが, これを一般化すると次のようになる.

直交分解 $V = E_1 \perp E_2 \perp \cdots \perp E_s$ に対し, 各 E_i $(i = 1, 2, \ldots, s)$ への射影作用素を P_i とすると

$$(\sharp) \quad I = P_1 + P_2 + \cdots + P_s$$

$$P_i P_j = 0 \ (i \neq j), \ P_i^2 = P_i$$

が成り立つ.

実際, 与えられた直交分解にしたがって, $x \in V$ を

78　第 10 講　射影作用素, 随伴作用素

$$x = x_1 + x_2 + \cdots + x_s, \quad x_i \in E_i$$

と表わすと, $P_i x = x_i \ (i = 1, 2, \ldots, s)$ が成り立つ. 証明はこのことからすぐに得られる.

随伴作用素

【定義】　線形作用素 A に対し

$$(Ax, y) = (x, A^* y) \quad (x, y \in V) \tag{5}$$

が成り立つ線形作用素 A^* を, A の随伴作用素という.

　　随伴は英語 adjoint の訳である. 随伴作用素は adjoint operator である. この adjoint は数学では慣用の形容詞なので, ごくふつうの形容詞かと思っていたが, 手許にあった英和辞典で adjoint を引いてみたら, 動詞 adjoin (隣接する, 接合する) はあるが, 形容詞 adjoint はないのにかえって驚いてしまった. 改めてもっと大きい英和辞典で adjoint を引いてみたら, 数学用語として, 上の定義に近いようなことが述べられていた.

【定理】　任意の線形作用素 A に対して随伴作用素 A^* が存在し, 一意的に決まる.

【証明】　存在すること：　$\boldsymbol{V}$ の正規直交基底 $\{e_1, \ldots, e_n\}$ をとり, この基底に関する A の行列表現を

$$A = j \begin{pmatrix} a_{11} & \cdots\!\vdots\!\cdots & a_{1n} \\ \cdots\!\vdots\!\cdots & a_{ij} & \vdots \\ a_{n1} & \cdots\cdots\cdots & a_{nn} \end{pmatrix} \overset{i}{}$$

とする (ここでは線形作用素と行列を同一視して同じ記号を用いる). このとき

$$A^* = j \begin{pmatrix} \bar{a}_{11} & \cdots\!\vdots\!\cdots & \bar{a}_{n1} \\ \cdots\!\vdots\!\cdots & \bar{a}_{ji} & \vdots \\ \bar{a}_{1n} & \cdots\cdots\cdots & \bar{a}_{nn} \end{pmatrix} \overset{i}{}$$

とおく. すなわち A^* は行列 A の行と列をとりかえて, さらに各成分の共役複素数をとったものである. 行と列をとりかえたものを, 転置行列といって ${}^t A$ と表わすことにすれば $A^* = \overline{{}^t A}$ である.

このとき，

$$x = \sum_{i=1}^{n} x_i e_i, \quad y = \sum_{i=1}^{n} y_i e_i$$

に対して

$$
\begin{aligned}
(Ax, y) &= \sum_{i=1}^{n} \left(\sum_{j=1}^{n} a_{ij} x_j \bar{y}_i \right) \\
&= \sum_{i=1}^{n} \left(x_j \sum_{i=1}^{n} a_{ij} \bar{y}_i \right) \quad (\text{和の順序の交換}) \\
&= \sum_{j=1}^{n} \left(x_j \overline{\sum_{i=1}^{n} \bar{a}_{ij} y_i} \right) \quad (\text{共役複素数の性質}) \\
&= (x, A^* y)
\end{aligned}
$$

したがって，行列 A^* で表わされる線形作用素は，A の随伴作用素となっている．

一意的に決まること：　A に対して (5) の関係をみたす線形作用素が 2 つあったとして，それを $A^*, \tilde{A}^*$ と表わすと，すべての $x, y \in \boldsymbol{V}$ に対して

$$(Ax, y) = (x, A^* y) = (x, \tilde{A}^* y)$$

が成り立つ．したがって

$$(x, (A^* - \tilde{A}^*)y) = 0$$

が得られるが，ここで y をひとまずとめて，x として $(A^* - \tilde{A}^*)y$ をとってみると，$(A^* - \tilde{A}^*)y = 0$ が成り立つことがわかる．y は任意でよかったのだから，これから $A^* = \bar{A}^*$ がいえて，一意性が示された． ∎

随伴作用素の性質

随伴作用素については，次の性質が基本的である．

(i) 　$(\alpha A + \beta B)^* = \bar{\alpha} A^* + \bar{\beta} B^* \quad (\alpha, \beta \in \boldsymbol{C})$

(ii) 　$(AB)^* = B^* A^*$

(iii) 　$A^{**} = A$

(iv) 　A が 1 対 1 ならば，A^* も 1 対 1 であり

$$(A^{-1})^* = (A^*)^{-1}$$

【証明】　(i) 　$((\alpha A + \beta B)x, y) = \alpha(Ax, y) + \beta(Bx, y)$
$$= \alpha(x, A^* y) + \beta(x, B^* y)$$

80   第 10 講　射影作用素，随伴作用素

$$= (x, \bar{\alpha} A^* y) + (x, \bar{\beta} B^* y)$$
$$= (x, (\bar{\alpha} A^* + \bar{\beta} B^*) y)$$

したがって $(\alpha A + \beta B)^* = \bar{\alpha} A^* + \bar{\beta} B^*$ が成り立つ.

(ii)　$(ABx, y) = (Bx, A^* y) = (x, B^* A^* y)$

したがって $(AB)^* = B^* A^*$ が成り立つ.

(iii)　定義から $(A^* x, y) = (x, A^{**} y)$ であるが，一方，

$$(A^* x, y) = \overline{(y, A^* x)} = \overline{(Ay, x)} = (x, Ay)$$

したがって $A^{**} = A$ が成り立つ.

(iv)　まず A が 1 対 1 ならば，A^* もまた 1 対 1 であることを示そう．A が 1
対 1 ならば，(1 次独立な元を 1 次独立な元へと移すから) A は $\boldsymbol{V}$ から $\boldsymbol{V}$ の上へ
の写像となっている．実際，以下の証明に使うのはこの事実である.

いま $A^* y_1 = A^* y_2$ が成り立ったとする．このとき $A^*(y_1 - y_2) = 0$. したがっ
て任意の $x \in \boldsymbol{V}$ に対して

$$0 = (x, A^*(y_1 - y_2)) = (Ax, y_1 - y_2)$$

となる．x を適当にとれば Ax は任意の元，たとえば $y_1 - y_2$ になるのだから，こ
れから $y_1 - y_2 = 0$ が得られる．したがって $y_1 = y_2$ となり，A^* は 1 対 1 である.

このとき，$x = A A^{-1} x$ を用いて

$$(x, (A^*)^{-1} y) = (A A^{-1} x, (A^*)^{-1} y)$$
$$= (A^{-1} x, A^* (A^*)^{-1} y)$$
$$= (A^{-1} x, y) = (x, (A^{-1})^* y)$$

したがって $(A^*)^{-1} = (A^{-1})^*$ が成り立つ. ∎

射影作用素の特徴づけ

随伴作用素の概念を使うと，射影作用素は次のように特徴づけることができる.

$\boldsymbol{V}$ 上の線形作用素 P が，ある部分空間 E への射影作用素となるた
めの必要十分条件は，P が次の 2 つの条件をみたすことである.

(i)　$P^2 = P$

(ii)　$P^* = P$

【証明】 必要性：　(i) はすでに (2) で示してある.

(ii)　P を部分空間 E への射影作用素とする.

$$\boldsymbol{V} = E \perp E^\perp \tag{6}$$

と直交分解し, $x, y \in \boldsymbol{V}$ をこの分解にしたがって

$$x = x_1 + x_2, \quad y = y_1 + y_2$$

と表わす. このとき $Px = x_1$ である. したがって

$$(Px, y) = (x_1, y_1 + y_2) = (x_1, y_1) \quad ((x_1, y_2) = 0 \text{ による})$$

$$= (x_1 + x_2, y_1) = (x, y_1)$$

一方, 左辺は (x, P^*y) に等しい. 右辺と見比べて, これから $P^*y = y_1$ が得られるが, $Py = y_1$ だから, これで $P = P^*$ が示された.

十分性：　P を (i), (ii) をみたす線形作用素とする. $P(\boldsymbol{V}) = E$ とおく. E は P による $\boldsymbol{V}$ の像であって, したがって部分空間となっている. 条件 (ii) から一般に

$$(Px, y) = 0 \iff (x, Py) = 0$$

が成り立つ. $y \in E^\perp$ とすると, 任意の x に対して左辺の式が成り立つ. このとき右辺の式で $x = Py$ とおいてみると, $Py = 0$ となり, したがって

$$y \in E^\perp \implies y \in \operatorname{Ker} P$$

が得られる. 同様にして $\Leftarrow$ も示される. すなわち

$$E^\perp = \operatorname{Ker} P$$

が成り立つことがわかる (なお, $\operatorname{Ker} P$ は P の核であって, $\operatorname{Ker} P = \{y \mid Py = 0\}$ である).

いま, $\boldsymbol{V}$ を (6) のように分解し, これにしたがって $y \in \boldsymbol{V}$ を $y = y_1 + y_2$ と表わすと

$$Py_1 = P(y_1 + y_2) \quad (y_2 \in \operatorname{Ker} P \text{ による})$$

$$= Py = P(Py) \quad (\text{条件 (i) による})$$

したがって $P(Py - y_1) = 0$ となる. ゆえに

$$Py - y_1 \in \operatorname{Ker} P = E^\perp$$

一方, $Py - y_1 \in E$. したがって

$$Py - y_1 \in E \cap E^\perp = \{0\}$$

となって，$Py = y_1$．このことは，P が E への射影作用素であることを示している．

読者はこの証明で，$P = P^*$ というような条件が，部分空間の直交性という性質にごく自然におきかえられていくことに注意されるとよい．内積はもともとは，ベクトル空間 V に幾何学的性質を付与したのであったが，随伴作用素という概念の導入は，線形作用素の中にこの幾何学的性質——特に直交性——を反映させていく契機を与えることになったのである．

Tea Time

質問 抽象的な，内積など定義されていないベクトル空間 V に対しても，部分空間 E への射影作用素は考えられないのですか．なぜそう考えたかというと，E に対して $V = E \oplus E'$ となる部分空間 E' をとって，この分解にしたがって $x \in V$ を $x = y + z$ ($y \in E$, $z \in E'$) と表わし，$Px = y$ とおくとよいと思うからです．E' には任意性はありますが，E は決まっているのですから，これで射影作用素 P は決まるのではないでしょうか．

答 そのようにしても P は E によって一意的には決まらないのである．君のかき方にしたがえば，P は y のとり方だけでなく，E' のとり方にもよっているからである．これは式で説明するよりは，図で見てもらった方が早い．図 14 では，V として $\mathbf{R}^2$ をとってある．E としては x 軸をとってある．E' のとり方で，同じ x に対しても y のとり方がいろいろに変わることがわかるだろう．

内積を入れることにより，E に対して $E \oplus E^\perp = V$ となる特定の部分空間 $E^\perp$ ——直交補空間——が決まってくる．これによって E への射影作用素 P が決ま

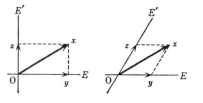

図 14

るのである．だから射影作用素は，隠れた立役者‘内積’の存在によってはじめ
て決まるといってよい．これから線形作用素の固有空間への分解を，射影作用素
を用いて表わすことが主題となってくるが，この基盤には‘内積’が横たわって
いることは，よく覚えておいた方がよいだろう．

第 **11** 講

正 規 作 用 素

テーマ

◆ 1つの問題設定：固有空間による分解が直交分解となるのは，作用素 A がどのような性質をもつときか．

◆ 問題に対する必要条件 $A^*A = AA^*$

◆ この条件はまた十分条件となる——正規作用素

◆ 正規作用素 A に対し，A^* と A^{-1} の表示

◆ エルミート作用素 $H = H^*$——正規作用素で固有値が実数

◆ 射影作用素——正規作用素で固有値が 0 または 1

◆ ユニタリー作用素——正規作用素で固有値が絶対値 1 の複素数

◆ 正規作用素とエルミート作用素の関係

固有値問題の新しい設定

A を V 上の対角化可能な線形作用素とする．A の固有値を $\lambda_1, \lambda_2, \ldots, \lambda_s$ とし，固有値 λ_i に対する固有空間を E_i とすると，V は固有空間の直和として

$$V = E_1 \oplus E_2 \oplus \cdots \oplus E_s \tag{1}$$

と表わされる．この分解にしたがって V の元 x を

$$x = x_1 + x_2 + \cdots + x_s \tag{2}$$

と表わしておくと，もちろん

$$Ax = \lambda_1 x_1 + \lambda_2 x_2 + \cdots + \lambda_s x_s \tag{3}$$

となる．

[問題]　(1) が直交分解となるのは，A がどのような作用素のときか？

[問題] に対する必要条件

いまこのような線形作用素 A があったとしよう．このとき，A の固有値 λ_1,

$\lambda_2, \ldots, \lambda_s$ に対する固有空間 $E_1, E_2, \ldots, E_s$ について，(1) はもっと '幾何学的' になって

$$V = E_1 \perp E_2 \perp \cdots \perp E_s$$

が成り立つことになる．

各 E_i に対する射影作用素を P_i とすると，前講の ($\sharp$) で示したように

$$I = P_1 + P_2 + \cdots + P_s, \quad P_i P_j = 0 \quad (i \neq j)$$

が成り立つ．このとき

$$A = \lambda_1 P_1 + \lambda_2 P_2 + \cdots + \lambda_s P_s \tag{4}$$

となる．実際，(2) と (3) により

$$\begin{aligned}
Ax &= \lambda_1 x_1 + \lambda_2 x_2 + \cdots + \lambda_s x_s \\
&= \lambda_1 P_1 x + \lambda_2 P_2 x + \cdots + \lambda_s P_s x \\
&= (\lambda_1 P_1 + \lambda_2 P_2 + \cdots + \lambda_s P_s) x
\end{aligned}$$

となるからである．

(4) の随伴作用素をとってみると

$$\begin{aligned}
A^* &= \bar{\lambda}_1 P_1{}^* + \bar{\lambda}_2 P_2{}^* + \cdots + \bar{\lambda}_s P_s{}^* \\
&= \bar{\lambda}_1 P_1 + \bar{\lambda}_2 P_2 + \cdots + \bar{\lambda}_s P_s \quad (P_i{}^* = P_i \text{ による}) \tag{5}
\end{aligned}$$

となる．(4) と見比べてみると，A と A^* の違いは，固有値が λ_i から $\bar{\lambda}_i$ に変わっただけにすぎないことがわかる．

このとき

$$A^* A = \sum_{j=1}^{s} \sum_{i=1}^{s} \bar{\lambda}_j P_j \lambda_i P_i = \sum_{i=1}^{s} |\lambda_i|^2 P_i$$

$$A A^* = \sum_{i=1}^{s} \sum_{j=1}^{s} \bar{\lambda}_i P_i \bar{\lambda}_j P_j = \sum_{i=1}^{s} |\lambda_i|^2 P_i$$

となる．ここで $P_i{}^2 = P_i$，$P_i P_j = 0 \ (i \neq j)$ に注意．したがって $A^* A = A A^*$ となる．すなわち次のことがわかった．

[問題] の解を与える線形写像 A は，条件

$$A^* A = A A^*$$

をみたしていなければならない．

---

86   第 11 講 正 規 作 用 素

正規作用素

この関係に注目して次の定義をおく.

【定義】 線形作用素 A が

$$A^*A = AA^*$$

をみたすとき，正規作用素という.

この定義を用いると，上に述べた問題の解は次のような完全な形で与えることができる.

【定理】 線形作用素 A の固有空間によって，$\boldsymbol{V}$ が直交分解するための必要十分な条件は，A が正規作用素となることである.

【証明】 必要性はすでに示してある．十分性を示そう．そのため A を正規作用素とする．このとき証明の鍵となるのは次の事実である.

> ($*$) ある零でない元 $z \in \boldsymbol{V}$ が存在して
>
> $$Az = \mu z, \quad A^*z = \nu z \quad (\mu, \nu \text{ は適当な複素数})$$
>
> が成り立つ.

実際，A の固有値の 1 つを μ として，μ に対する固有空間を E_μ とする．このとき $x \in E_\mu$ に対し

$$A^*Ax = A^*(\mu x) = \mu A^*x$$

となるが，この左辺は仮定から，AA^*x に等しい．すなわち $AA^*x = \mu A^*x$ となるが，この式は $A^*x \in E_\mu$ を示している：$x \in E_\mu \Rightarrow A^*x \in E_\mu$. したがって，$E_\mu$ を 1 つのベクトル空間と考えると，A^* は E_μ 上の線形作用素となっている．このように考えたときの A^* の固有値の 1 つを ν とし，ν に対する零でない固有ベクトルを z とすると，$z \in E_\mu$ だから，明らかに ($*$) が成り立つ.

さて，そこで ($*$) の成り立つような $z\ (\neq 0)$ を 1 つとり，z のはる 1 次元の部分空間を F_1 とする：

$$F_1 = \{\alpha z \mid \alpha \in \boldsymbol{C}\}$$

また F_1 の直交補空間を V_1 とする：

$$V_1 = \{y \mid (y, z) = 0\}$$

$$V = F_1 \perp V_1$$

F_1 の元は固有値 μ に属する固有ベクトルとなっていることを注意しておこう.

このとき

$$A(V_1) \subset V_1, \quad A^*(V_1) \subset V_1 \tag{6}$$

が成り立つことを示そう.

$y \in V_1$ とすると

$$(Ay, z) = (y, A^*z) = (y, \nu z) = \bar{\nu}(y, z) = 0$$

この式は, $Ay \in V_1$ を示している. 同様に

$$(A^*y, z) = (y, Az) = (y, \mu z) = \bar{\mu}(y, z) = 0$$

から, $A^*y \in V_1$ も得られた. これで (6) が示された.

したがって, A も A^* も V_1 上の線形作用素を与えている. V_1 上の線形作用素と考えても, もちろん $A^*A = AA^*$ という関係は成り立っている. したがって, V_1 上で, A, A^* を考えていまと同じ論法が適用できる. その結果 V_1 は

$$V_1 = F_2 \perp V_2$$

と直交分解することがわかる. F_2 は A の固有ベクトルからはられる 1 次元の部分空間であり, $A(V_2) \subset V_2$, $A^*(V_2) \subset V_2$ である.

このことを繰り返していくと結局

$$V = F_1 \perp F_2 \perp \cdots \perp F_n$$

と表わされることがわかる. $F_1, F_2, \ldots, F_n$ の中で同じ固有値に属するものをひとまとめにして, それらのはる部分空間を $E_1, E_2, \ldots, E_s$ とする (たとえば $F_{i_1}, \ldots F_{i_k}$ がちょうど 1 つの固有値 λ_1 に属する固有ベクトルからはられているとすれば, $E_1 = F_{i_1} \perp \cdots \perp F_{i_k}$ とおくのである). このとき

$$V = E_1 \perp E_2 \perp \cdots \perp E_s$$

は, A の固有空間による V の直交分解となっている. ∎

正規作用素 A の A^*, A^{-1}

一般に正規作用素 A を固有空間に分解した形で

88　第 11 講　正 規 作 用 素

$$A = \lambda_1 P_1 + \lambda_2 P_2 + \cdots + \lambda_s P_s \tag{4}$$

と表わすと，前に述べたことを再記することになるが

$$A^* = \bar{\lambda}_1 P_1 + \bar{\lambda}_2 P_2 + \cdots + \bar{\lambda}_s P_s \tag{5}$$

となる.

　また A が逆写像をもつ条件は $\lambda_i \neq 0$ $(i = 1, 2, \ldots, s)$ で与えられ，このとき

$$A^{-1} = \frac{1}{\lambda_1} P_1 + \frac{1}{\lambda_2} P_2 + \cdots + \frac{1}{\lambda_s} P_s \tag{7}$$

となる.

　すなわち，A も A^* も，また (存在すれば) A^{-1} も同じ固有空間を共有している．ただそれぞれの場合に応じて $E_i = P_i(\boldsymbol{V})$ 上の固有値が $\lambda_i, \bar{\lambda}_i, \dfrac{1}{\lambda_i}$ となるのである.

正規作用素の例

(I)　エルミート作用素

【定義】　$H = H^*$ をみたす線形作用素を<u>エルミート作用素</u>という.

　　エルミートは，フランスの数学者シャルル・エルミート (Charles Hermite, 1822–1901) の名前から由来している．エルミートの主要な関心は解析学にあったが，最初に e の超越性を証明したことで有名である.

　H をエルミート作用素とすると，$H^*H = HH^* = H^2$ だから，H は正規作用素となる．一般に正規作用素 A に対しては，(4), (5) で示したように

$$A = \lambda_1 P_1 + \lambda_2 P_2 + \cdots + \lambda_s P_s, \quad A^* = \bar{\lambda}_1 P_1 + \bar{\lambda}_2 P_2 + \cdots + \bar{\lambda}_s P_s$$

と固有空間に分解される．この 2 つを見比べると，$A = A^*$ となる条件，すなわちエルミート作用素となる条件が次のように述べられることがわかる.

> H がエルミート作用素 $\Longleftrightarrow$ H が正規作用素で固有値がすべて実数

エルミート作用素については，次講でもう少し詳しく述べることにしよう.

(II)　射影作用素

エルミート作用素の中で，最も簡単な構造をもつものは射影作用素である．前

講の‘射影作用素の特徴づけ’からもわかるように，射影作用素 P はエルミート作用素である．P の固有値を λ とし，λ に属する固有ベクトルを $x\,(\neq 0)$ とすると，$Px = \lambda x$ であるが，$P^2 = P$ により，$\lambda^2 x = \lambda x$．したがって $\lambda^2 = \lambda$ となり，λ は 0 か 1 かである．固有値 1 に属する固有空間を E とすると，P はちょうど E への射影作用素となっている．

射影作用素は，正規作用素で固有値が 0 かまたは 1 として特性づけられるわけである．

(III) ユニタリー作用素

【定義】 $U^*U = I$ をみたす線形作用素をユニタリー作用素という．

> ユニタリー (unitary) は，英語の形容詞で，辞書を引くと，‘単位の’，‘統一の’，‘分割できない’などとかいてある．数学者はこの言葉を使いなれているから，あまり異和感などをもったことはないが，改めて考えると，どのような契機からユニタリーという言葉を使うようになったのだろうか．私もよく知らないのである．

U がユニタリーとなる条件は，U^* が U の逆作用素であること，すなわち

$$U^{-1} = U^* \tag{8}$$

が成り立つことと同値である．したがって

$$U^*U = U^{-1}U = UU^{-1} = UU^* = 1$$

となり，U は正規作用素である．

ユニタリー作用素を (4) のように分解して，(8) を (5) と (7) が等しくなる条件とみると，

$$\frac{1}{\lambda_i} = \overline{\lambda_i},\ \text{すなわち}\ |\lambda_i|^2 = 1$$

$(i = 1, 2, \ldots, s)$ が得られる．すなわち次のことが示された．

U がユニタリー作用素 $\Longleftrightarrow$ U が正規作用素で，固有値が絶対値 1

絶対値 1 の複素数は，$e^{i\theta} = \cos\theta + i\sin\theta$ と表わされることに注意しよう．したがってユニタリー作用素の固有値は $e^{i\theta_1}, e^{i\theta_2}, \ldots, e^{i\theta_s}$ の形に表わされ

$$U = e^{i\theta_1}P_1 + e^{i\theta_2}P_2 + \cdots + e^{i\theta_s}P_s$$

90　第 11 講　正 規 作 用 素

となる．ここで P_k は固有値 $e^{i\theta k}$ に属する固有空間への射影作用素である．

正規作用素とエルミート作用素

　正規作用素の固有値は一般に複素数であるが，エルミート作用素の固有値は実数である．このことはエルミート作用素の占めるきわ立って特殊な位置を示しているといえる．しかし，任意の複素数 z が $z = a + ib\ (a, b \in \mathbf{R})$ と実数の組 (a, b) を用いて表わされるように，正規作用素もまた 2 つのエルミート作用素の和として表わすことができる．より正確に次の命題が成り立つ．

> A が正規作用素 $\Longleftrightarrow A = H_1 + iH_2$ と表わせる．
> 　　　　　ここで，H_1, H_2 はエルミート作用素で，
> $$H_1 H_2 = H_2 H_1$$
> 　　　　　をみたしている．

【証明】　$\Longrightarrow$：　A を正規作用素とする．このとき
$$H_1 = \frac{A + A^*}{2}, \quad H_2 = \frac{A - A^*}{2i}$$
とおくと，H_1, H_2 はエルミート作用素で，$A = H_1 + iH_2$，$H_1 H_2 = H_2 H_1$ をみたしている．

　$\Longleftarrow$：　線形作用素 A が，$H_1 H_2 = H_2 H_1$ をみたすエルミート作用素によって $A = H_1 + iH_2$ と表わされているとする．このとき $A^* = H_1 - iH_2$ となる．したがって
$$\begin{aligned}
A^* A &= (H_1 - iH_2)(H_1 + iH_2) \\
&= H_1{}^2 + H_2{}^2 + i(H_1 H_2 - H_2 H_1) \\
&= H_1{}^2 + H_2{}^2
\end{aligned}$$
同様の計算で $AA^* = H_1{}^2 + H_2{}^2$ となる．したがって $A^* A = AA^*$ が成り立ち，A は正規作用素である．　∎

Tea Time

質問 正規作用素は対角化可能であって，さらに固有空間が V の直交分解を与えているという証明で，僕はてっきりいままでのように A の固有方程式を考察するのだろうと思っていました．しかしいまの場合，固有方程式のことなど少しも考えないで，このような結果が得られたのはなぜでしょうか．

答 なるほど質問されてみると，確かに証明には，そのような疑問をひき起こさせるものが含まれているようである．第7講あたりまでの議論の仕方を振り返ってみると，この定理を示すには，まず $A^*A = AA^*$ という条件から，固有方程式の解の重複度が固有空間の次元に等しいことを導き，次にもう一度 $A^*A = AA^*$ という条件を用いて，固有空間による直和分解が，実は直交分解であるという筋道で進むのだろうと思ってしまう．しかし実はこのような証明法があるのかどうかさえ，私は知らないのである．なぜこのような証明法がないかと問われても困るのだが，幾何学的な直交分解性を完全に代数的な立場で捉えることは難しいことによっているのかもしれない．

ここで与えた証明では，固有多項式のことなど1つも触れていない．ベクトル空間 V が，正規作用素 A の固有方向のベクトルにしたがいながら，ちょうど結晶のかたまりが形を保ちながら分解していくように，A^* という'くさび'によって，見事に直交方向に分解していくさまだけが述べられている．A と A^* の可換性は，結晶 A と，打ちこまれる'くさび' A^* が，互いによくなじんでいることを示しているようである．証明の中から，代数的なものは，固有値が存在するという以外は，一切消えてしまった．内積の導入と，直交分解という概念の投入によって，固有値問題は，いままで隠されていた幾何学的な側面をしだいに明らかにしてきたともいえる．これは固有値問題の不思議な変容である．

だが，この変容がやがて有限次元の固有値問題を，無限次元の固有値問題へと，いかに移行するかの道を指し示すことになったのである．もし固有方程式を固有値問題の中心においていたならば，この道はまったく霧に包まれていたことだろう．

$$第 \mathbf{12} 講$$

エルミート作用素

テーマ

◆ エルミート作用素に関する 1 つの評価式
◆ 最小の固有値と最大の固有値
◆ H の最小 (最大) の固有値は，単位球面上の関数 (Hy, y) の最小 (最大) 値と一致
◆ エルミート作用素の固有値問題——解析的方法
◆ 正値作用素
◆ エルミート行列とエルミート形式 (挿記)
◆ エルミート作用素の関数

エルミート作用素に関する 1 つの評価式

H をエルミート作用素とする．H の固有値はすべて実数である．H の異なる固有値を大きさの順に並べて

$$\lambda_1 < \lambda_2 < \cdots < \lambda_s$$

とする．前のように，各 λ_i に属する固有空間への射影作用素を P_i とすると $H = \lambda_1 P_1 + \lambda_2 P_2 + \cdots + \lambda_s P_s$ と表わされる．

任意の元 x に対し，$x_i = P_i x$ とおく．このとき H は次のように表わされる：

$$
\begin{array}{cccccc}
x = & x_1 & + & x_2 & + \cdots + & x_s \quad (直交分解) \\
{\scriptstyle H}\downarrow & \downarrow & & \downarrow & & \downarrow \\
Hx = & \lambda_1 x_1 & + & \lambda_2 x_2 & + \cdots + & \lambda_s x_s \quad (直交分解)
\end{array}
\tag{1}
$$

このことから，(Hx, x) の値は，最小の固有値 λ_1 と最大の固有値 λ_s を用いて，次のように評価されることがわかる．

$$\lambda_1 \|x\|^2 \leqq (Hx, x) \leqq \lambda_s \|x\|^2 \tag{2}$$

【証明】 (1) の右辺が直交分解であることに注意すると

$$(x, x) = \left(\sum_{i=1}^{s} x_i, \sum_{i=1}^{s} x_i \right) = \sum_{i,j=1}^{s} (x_i, x_j)$$
$$= \sum_{i=1}^{s} (x_i, x_i)$$

同様にして

$$(Hx, x) = \sum_{i=1}^{s} (\lambda_i x_i, x_i) = \sum_{i=1}^{s} \lambda_i (x_i, x_i)$$

したがって

$$\lambda_1 \|x\|^2 = \lambda_1(x, x) = \sum_{i=1}^{s} \lambda_1 (x_i, x_i) \leqq \sum_{i=1}^{s} \lambda_i (x_i, x_i) \quad (\lambda_1 \leqq \lambda_i \text{ による})$$
$$= \left(\sum_{i=1}^{s} \lambda_i x_i, \sum_{i=1}^{s} x_i \right)$$
$$= (Hx, x) \quad ((1) \text{ による})$$

これで (2) の左側の不等式が証明された. (2) の右側の不等式も同様にして証明される. ∎

この証明をみると, (2) の左辺で等号が成り立つのは $x = x_1$ のとき, すなわち x が λ_1 の固有空間に属しているときに限ることがわかる. 同様に (2) の右辺で等号が成り立つのは x が λ_s の固有空間に属しているときに限る.

最小の固有値と最大の固有値

(2) はかき直すと, すべての $x \, (\neq 0)$ に対して

$$\lambda_1 \leqq \frac{(Hx, x)}{\|x\|^2} \leqq \lambda_s$$

が成り立つことを示している. 一方, すぐ上に述べた注意から, x を適当にとると, 左辺および右辺で, 実際等号が成り立つ場合がある. このことは $x \, (\neq 0)$ をいろいろに動かしたとき

$$\frac{(Hx, x)}{\|x\|^2}$$

の最小値が λ_1 であり, 最大値が λ_s であることを示している. すなわち次の結果が成り立つ.

94　第 12 講　エルミート作用素

$$\lambda_1 = \underset{x \neq 0}{\mathrm{Min}}\, \frac{(Hx, x)}{\|x\|^2}, \quad \lambda_s = \underset{x \neq 0}{\mathrm{Max}}\, \frac{(Hx, x)}{\|x\|^2} \tag{3}$$

この結果は次のようにいい直すこともある. 一般に内積の与えられた n 次元ベクトル空間で, 長さが 1 の元全体のつくる集合を単位球面という. 単位球面を S で表わせば

$$S = \{y \mid \|y\| = 1\}$$

である.

さて, 任意の $x\,(\neq 0)$ に対して $y = \frac{x}{\|x\|}$ は単位球面 S 上にあることを注意しよう. 実際, $\|y\| = \frac{1}{\|x\|}\|x\| = 1$ である. x が 0 でない元全体を動けば, y は S の上全体を動く. そこで

$$\frac{(Hx, x)}{\|x\|^2} = \frac{(Hx, x)}{\|x\|\|x\|} = \left(H\left(\frac{x}{\|x\|} \right), \frac{x}{\|x\|} \right)$$

とかき直し, $y = \frac{x}{\|x\|}$ とおいてみると, (3) は次のようにも表わされることがわかる.

$$\lambda_1 = \underset{y \in S}{\mathrm{Min}}\, (Hy, y), \quad \lambda_s = \underset{y \in S}{\mathrm{Max}}\, (Hy, y)$$

この結果は次のことを示している. エルミート作用素 H の最小, 最大の固有値を求める問題は, 単位球面 S 上で関数

$$h(y) = (Hy, y)$$

の最小値, 最大値を求める問題に帰着されてきたのである. ところが, このような最大, 最小の問題は, 本来解析学——微分法——の領域にある問題といってもよいだろう.

逆に関数 $h(y)$ の S 上での最小, 最大を求める問題は, H の最小, 最大の固有値を求めること, すなわち H の固有方程式をとくという代数的な問題に帰着されたことになる.

このようにして, エルミート作用素まで到達すると, 代数的であった固有値問題は解析学と交叉してくるのである.

固有値問題に対する 1 つの方法

エルミート作用素 H が与えられたとき，(Hy, y) の単位球面 S 上での最小値に注目して，H の固有値問題をとくことができる．それを次に説明しよう．

第1段階： 関数 $h(y) = (Hy, y)$ の S 上の最小値 λ_1 を求める．次に連立方程式

$$Hx = \lambda_1 x$$

をとくことにより，λ_1 に属する固有空間 E_{λ_1} を求める．

第2段階： $\boldsymbol{V}_2 = E_{\lambda_1}{}^{\perp}$ とおく．H は $\boldsymbol{V}_2$ を $\boldsymbol{V}_2$ へ移している．このことをみるには，(1) で $\boldsymbol{V}_2$ の元は $x_2 + \cdots + x_s$ と表わされているものからなっていることに注意するとよい．H は $\boldsymbol{V}_2$ 上の作用素と考えてもエルミート作用素である．$\boldsymbol{V}_2$ の単位球面を S_2 とし，

$$h_2(y) = (Hy, y) \quad (y \in S_2)$$

の S_2 上での最小値 λ_2 を求める．次に連立方程式

$$Hx = \lambda_2 x$$

をとくことにより，λ_2 に属する固有空間 E_{λ_2} を求める．

第3段階： $\boldsymbol{V}_3 = (E_{\lambda_1} \oplus E_{\lambda_2})^{\perp}$ とおき，H を $\boldsymbol{V}_3$ 上のエルミート作用と考えて同様のことを行なう．

この操作を順次繰り返していくことにより，H の固有値を小さい方から順に求めていくことができ，同時に H による固有空間の分解も求められる．各段階で (Hy, y) の最小値を求めるのに微分を用いることにすれば，H の固有値問題から，ひとまず固有方程式は消えてしまうのである！

正値作用素

【定義】 すべての固有値が正であるようなエルミート作用素を，正値作用素という．

'固有値が正である' というようないい方をしないで正値作用素を定義することもできる．それは次の命題による．

96　第 12 講　エルミート作用素

> H が正値作用素となるための必要十分条件は，次の 2 条件が同時に成り立つことである：
>
> (i)　H は正規作用素
>
> (ii)　すべての $x\,(\neq 0)$ に対し $(Hx, x) > 0$

【証明】　必要性：　H を正値作用素とする．H はエルミートだから (i) は明らかである．(ii) は (3) から出る．実際 H の最小の固有値 λ_1 も正であり，したがって (3) から

$$0 < \lambda_1 = \mathop{\mathrm{Min}}_{x \neq 0} \frac{(Hx, x)}{\|x\|^2}$$

したがってまた $x \neq 0$ に対し $(Hx, x) > 0$ となる．

　十分性：　正規作用素 H が (ii) の条件をみたしているとする．特に (ii) を H の固有値 λ に属する固有ベクトル $x\,(\neq 0)$ に適用すると

$$(Hx, x) = \lambda(x, x) > 0$$

これから $\lambda > 0$ が得られて，H が正値作用素のことがわかる．　∎

　　正値は英語の positive-definite の訳である．'positive-definite' は日本語に直訳しにくい術語の 1 つで，正値定符号などと訳すこともある．もともと 2 次形式から出た言葉で，たとえば $\frac{x^2}{a^2} + \frac{y^2}{b^2}$ は，$(x, y) \neq (0, 0)$ のときにはつねに正の値をとることに決まっているという意味で，positive-definite であり，$\frac{x^2}{a^2} - \frac{y^2}{b^2}$ はそうではない．
　　なお固有値がすべて負であるエルミート作用素のことを負値 (negative-definite) 作用素という．

エルミート行列とエルミート形式 (挿記)

　ついでだが，エルミート行列とエルミート形式に触れておこう．エルミート作用素を，正規直交基底をとって行列として表現したものがエルミート行列であって，それは

$$\begin{pmatrix} h_{11} & \cdots & h_{1n} \\ \cdots & h_{ij} & \cdots \\ h_{n1} & \cdots & h_{nn} \end{pmatrix}, \quad h_{ij} = \bar{h}_{ji}$$

の形の行列となる．また $\{z_1, z_2, \ldots, z_n\}$ を n 個の複素変数とするとき

$$\sum_{i,j=1}^{n} h_{ij} z_i \bar{z}_j, \quad h_{ij} = \bar{h}_{ji}$$

の形の式を，エルミート形式という．エルミート作用素 H を行列によって $H = (h_{ij})$ と定義し，$x = \begin{pmatrix} z_1 \\ \vdots \\ z_n \end{pmatrix}$ とおくと，エルミート形式は (Hx, x) と表わせる．したがって H が正値ということは，対応するこのエルミート形式が $(z_1, \ldots, z_n) \neq (0, \ldots, 0)$ でつねに正の値をとることを意味している．

エルミート作用素の関数

エルミート作用素 H の固有空間への分解を，射影作用素を用いて

$$H = \lambda_1 P_1 + \lambda_2 P_2 + \cdots + \lambda_s P_s \tag{4}$$

と表わしておく．$\lambda_1, \lambda_2, \ldots, \lambda_s$ は H の相異なる固有値である．各固有値 λ_i に属する固有空間を E_i とすると $E_i = P_i(\boldsymbol{V})$ である．

数直線上で定義された実数値関数 $\varphi(t)$ が与えられたとき，

$$\varphi(H) = \varphi(\lambda_1) P_1 + \varphi(\lambda_2) P_2 + \cdots + \varphi(\lambda_s) P_s$$

とおく．

たとえば $\varphi(t) = t^2$ のときは

$$\varphi(H) = \lambda_1{}^2 P_1 + \lambda_2{}^2 P_2 + \cdots + \lambda_s{}^2 P_s$$

であり，$\varphi(t) = e^t$ のときは

$$\varphi(H) = e^{\lambda_1} P_1 + e^{\lambda_2} P_2 + \cdots + e^{\lambda_s} P_s$$

である．

$\varphi(H)$ もまたエルミート作用素である．$\varphi(H)$ の固有値は $\varphi(\lambda_1), \varphi(\lambda_2), \ldots, \varphi(\lambda_s)$ であるが，この中には等しいものもあるかもしれない．

H を変数のようにみると，$\varphi(H)$ は‘H を変数としてエルミート作用素に値をとる関数’のように考えることができる．このとき次のことが成り立つ．

φ, ψ を数直線上で定義された実数値関数とする．

(i) $\alpha, \beta \in \boldsymbol{R}$ に対し
$$(\alpha\varphi + \beta\psi)(H) = \alpha\varphi(H) + \beta\psi(H)$$

(ii) $(\varphi\psi)(H) = \varphi(H)\psi(H)$

ここで, (ii) の左辺の $\varphi\psi$ は, 2つの関数 $\varphi(t), \psi(t)$ の積をとって $(\varphi\psi)(t) = \varphi(t)\psi(t)$ として得られる関数である.

【証明】 (ii) だけを示しておこう.
$$\varphi(H) = \sum_{i=1}^{s} \varphi(\lambda_i) P_i, \quad \psi(H) = \sum_{j=1}^{s} \psi(\lambda_j) P_j$$
したがって
$$\varphi(H)\psi(H) = \sum_{i=1}^{s} \varphi(\lambda_i) P_i \sum_{j=1}^{s} \psi(\lambda_j) P_j$$
$$= \sum_{i,j=1}^{s} \varphi(\lambda_i) \psi(\lambda_j) P_i P_j$$
$$= \sum_{i=1}^{s} \varphi(\lambda_i) \psi(\lambda_i) P_i = (\varphi\psi)(H)$$
ここで, $i \neq j \Rightarrow P_i P_j = 0$；$P_i^2 = P_i$ を用いた. ∎

特に H が正値作用素のときには, $t \geqq 0$ で定義された関数 $\varphi(t)$ を用いて, 同様に $\varphi(H)$ を定義することができる.

【定義】 H が正値作用素のとき, $\varphi(t) = \sqrt{t}$ を用いて得られる $\varphi(H)$ を $\sqrt{H}$ で表わし, H の<u>ルート</u>という.

正値作用素 H の固有値分解が (4) の形で与えられているときには
$$\sqrt{H} = \sqrt{\lambda_1} P_1 + \sqrt{\lambda_2} P_2 + \cdots + \sqrt{\lambda_s} P_s$$
である. (ii) を用いると,
$$\sqrt{H}\sqrt{H} = H$$
のことがわかる. すなわち正値作用素 $\sqrt{H}$ を二度繰り返して適用すると, H になる.

Tea Time

質問 エルミートというのは数学者の名前であるということは, 前講ではじめて知りました. エルミート行列とかエルミート形式という言葉も聞いたことがありましたが, そのときもエルミートが人名であるとは想像しませんでした. ところ

で日本人の数学者の名前で，このように広く数学の概念に冠して用いられている例はあるのでしょうか．

答 私の知る限りでは，数学を少し学べばすぐ出てくるような普遍的な概念に日本人の数学者の名前がつけられているのはまだないようである．もちろん専門分野に立ち入った高度の概念にはいくらかそのような例はある．たとえば代数幾何では，小平次元というのが定着している．この名前は小平邦彦先生から由来している．またリー群では，岩沢健吉先生の名前を冠した岩沢分解が有名である．

第13講

ユニタリー作用素と直交作用素

```
─ テーマ ────────────────────────
◆ユニタリー作用素となるための同値な条件
◆ユニタリー作用素は，正規直交基底を正規直交基底へ移す作用素
  として特性づけられる.
◆ユニタリー行列──列ベクトル，行ベクトルが正規直交基底をつ
  くる.
◆正規行列
◆実ベクトル空間
◆対称作用素，直交作用素
```

ユニタリー作用素となる条件

ユニタリー作用素の定義は，正規作用素の1つの例として第11講で与えておいた．それによれば線形作用素 U がユニタリーとは，条件

$$U^*U = I \tag{1}$$

をみたすことであった．

線形作用素 U がユニタリーとなる条件は，次のいずれか1つの条件が成り立つことと同値である．

(i) $U^{-1} = U^*$

(ii) $UU^* = I$

(iii) すべての x, y に対し
$$(Ux, Uy) = (x, y)$$

(iv) すべての x に対し
$$\|Ux\| = \|x\|$$

【証明】 (1) と (i), (ii) の同値性は，(1) が $U^* = U^{-1}$ と同値であり，したがって
またこの式の左から U を乗じたものと同値であることからわかる.

(1)⇒(iii)：(1) が成り立つとすると，$(x, y) = (U^*Ux, y) = (Ux, Uy)$ と
なる.

(iii)⇒(1)：(iii) が成り立つとしよう. このときすべての x, y に対して
$(x, y) = (U^*Ux, y)$ のとなり，したがって $(x - U^*Ux, y) = 0$ が成り立つ. x
をとめて，y として $x - U^*Ux$ をとると，これから

$$x - U^*Ux = 0$$

が得られる. x は任意でよかったから，この式は $U^*U = I$ を示している.

(iii)⇒(iv)：(iii) で $x = y$ とおくと (iv) が得られる.

(iv)⇒(iii)：これは第 8 講，'内積とノルムの関係' をみるとよい. そこでの
関係式をみると，ノルムを変えない線形作用素は，内積の実数部分と虚数部分を
不変とし，したがってまた内積自身を変えないことがわかる.

これで (i) から (iv) までのそれぞれの条件が，(1) と同値であることが示され
た. (iii) と (iv) により，ユニタリー作用素 U は，$\boldsymbol{V}$ の元の長さも内積も保つこ
とがわかる. したがって

$$\{e_1, e_2, \ldots, e_n\}$$

を $\boldsymbol{V}$ の正規直交基底とすると

$$\{Ue_1, Ue_2, \ldots, Ue_n\}$$

もまた $\boldsymbol{V}$ の正規直交基底となる.

逆に，ある線形作用素 $\tilde{U}$ があって，$\tilde{U}$ はある正規直交基底 $\{e_1, e_2, \ldots, e_n\}$ を
別の正規直交基底へ移しているとする. すなわち $\{\tilde{U}e_1, \tilde{U}e_2, \ldots, \tilde{U}e_n\}$ も正規直
交基底であるとする. このとき $\tilde{U}$ はユニタリー作用素である.

なぜなら，$x \in \boldsymbol{V}$ に対し

$$x = x_1e_1 + x_2e_2 + \cdots + x_ne_n$$

$$\tilde{U}x = \tilde{U}(x_1e_1 + x_2e_2 + \cdots + x_ne_n) = x_1\tilde{U}e_1 + x_2\tilde{U}e_2 + \cdots + x_n\tilde{U}e_n$$

と表わし，ノルムを求めてみると，

$$\|x\|^2 = \|\tilde{U}x\|^2 = |x_1|^2 + |x_2|^2 + \cdots + |x_n|^2$$

が成り立つことがわかるからである.

102　第 13 講　ユニタリー作用素と直交作用素

このことを簡単に次のようにいい表わしておこう．

U がユニタリー作用素 $\Longleftrightarrow$ U は正規直交基底を正規直交基底へ移す.

ユニタリー行列

V に正規直交基底を 1 つとり，それを $\{e_1, e_2, \ldots, e_n\}$ とする．この基底に関し，ユニタリー作用素 U を行列で表現したものを<u>ユニタリー行列</u>という．線形作用素と行列を同一視することにし，ユニタリー行列を

$$U = \begin{pmatrix} u_{11} & \cdots & u_{1n} \\ \cdots & u_{ij} & \cdots \\ u_{n1} & \cdots & u_{nn} \end{pmatrix}$$

と表わそう．このとき各列ベクトル

$$\begin{pmatrix} u_{11} \\ \vdots \\ u_{n1} \end{pmatrix}, \quad \cdots, \quad \begin{pmatrix} u_{1n} \\ \vdots \\ u_{nn} \end{pmatrix}$$

は，上の記号では $Ue_1, \ldots, Ue_n$ と表わされているものだから，正規直交基底をつくっている．

また (1) と，これと同値な条件 (ii) をみると，U がユニタリーであることと，U^* がユニタリーであることは同値なことがわかる．行列では

$$U^* = \overline{{}^t U} \quad (\text{${}^t U$ は U の転置行列})$$

と表わされるから，このことから U^* の列ベクトル——したがって U の行ベクトルも正規直交基底をつくっていることがわかる (注意：n 個のベクトルが正規直交基底をつくっていれば，その成分の共役複素数をとったものもまた正規直交基底をつくっている)．

正 規 行 列

正規作用素 A を，$\{e_1, \ldots, e_n\}$ によって行列で表現したものを<u>正規行列</u>という．V は正規作用素 A の固有値 $\lambda_1, \lambda_2, \ldots, \lambda_s$ に属する固有空間 $E_{\lambda_1}, E_{\lambda_2}, \ldots, E_{\lambda_s}$ により

$$V = E_{\lambda_1} \perp E_{\lambda_2} \perp \cdots \perp E_{\lambda_s}$$

と直交分解される．そこで

$$E_{\lambda_1} \text{の正規直交基底：} \quad e_1{}^{(1)}, \ldots, e_{k_1}{}^{(1)}, \quad k_1 = \dim E_{\lambda_1}$$

$$E_{\lambda_2} \text{の正規直交基底：} \quad e_1{}^{(2)}, \ldots, e_{k_2}{}^{(2)}, \quad k_2 = \dim E_{\lambda_2}$$

$$\cdots\cdots\cdots$$

$$E_{\lambda_s} \text{の正規直交基底：} \quad e_1{}^{(s)}, \ldots, e_{k_s}{}^{(s)}, \quad k_s = \dim E_{\lambda_s}$$

とすると，これら全体 $\{e_1{}^{(1)}, \ldots, e_{k_1}{}^{(1)}, \ldots, e_1{}^{(s)} \ldots, e_{k_s}{}^{(s)}\}$ は，$\boldsymbol{V}$ の正規直交基底をつくる．最初にとった正規直交基底 $\{e_1, e_2, \ldots, e_n\}$ を，この正規直交基底へ移す基底変換を U とすると，U はユニタリー行列である．新しい基底は A の固有ベクトルであることに注意すると，このことは次のことを示したことになる．

正規行列 (a_{ij}) をとる．このとき，適当なユニタリー行列 U をとると

$$U^{-1}\begin{pmatrix} a_{11} & \cdots & a_{1n} \\ \cdots & a_{ij} & \cdots \\ a_{n1} & \cdots & a_{nn} \end{pmatrix}U = \begin{pmatrix} \lambda_1 & & & & & & & 0 \\ & \ddots & & & & & & \\ & & \lambda_1 & & & & & \\ & & & \lambda_2 & & & & \\ & & & & \ddots & & & \\ & & & & & \lambda_s & & \\ & & & & & & \ddots & \\ 0 & & & & & & & \lambda_s \end{pmatrix}$$

が成り立つ．

実ベクトル空間

有限次元のベクトル空間の話は，ひとまず本講までと思っているので，最後にここで $\boldsymbol{R}$ 上のベクトル空間のことについて少し述べておこう．

そのため，$\boldsymbol{V_R}$ を $\boldsymbol{R}$ 上の n 次元ベクトル空間とし，$\boldsymbol{V_R}$ には内積 $(\ ,\ )$ が導入されているとする．いままで述べてきた $\boldsymbol{C}$ 上のベクトル空間と比べて事情が少し簡単になるのは，内積の性質が

$$(y, x) = (\overline{x, y}) \quad (\boldsymbol{C} \text{ 上のベクトル空間のとき})$$

から

$$(y, x) = (x, y) \quad (\boldsymbol{R} \text{ 上のベクトル空間のとき})$$

と変わる点にある．

A を $\boldsymbol{V_R}$ 上の線形作用素とする．このとき

$$(Ax, y) = (x, {}^t\!Ay) \quad x, y \in \boldsymbol{V_R}$$

をみたす線形作用素 ${}^t\!A$ を，A の転置作用素という．A を正規直交基底に関して

行列で表わしておくと，^tA は，A の転置行列となっている．なお実数 α に対し，$^t(\alpha A) = \alpha\,^tA$ となることを注意しておこう．

V_R の部分空間 E に対して，E への射影作用素 P を考えることができるが，このとき

$$P = {}^tP$$

が成り立つ．この証明は C 上のベクトル空間のとき，$P = P^*$ を示したのと同様にできる．

対称作用素

V_R 上の線形作用素 A が実数の固有値 $\mu_1, \mu_2, \ldots, \mu_s$ だけをもち，これらの固有値に属する固有空間 E_{μ_i} $(i = 1, 2, \ldots, s)$ によって，V が直交分解するときを考えよう．このとき E_{μ_i} への射影作用素を P_i とすると，A は

$$A = \mu_1 P_1 + \mu_2 P_2 + \cdots + \mu_s P_s \quad (P_i P_j = 0 \ (i \neq j))$$

と表わされる．この表わし方で

$$
\begin{aligned}
{}^tA &= \mu_1\,{}^tP_1 + \mu_2\,{}^tP_2 + \cdots + \mu_s\,{}^tP_s \\
&= \mu_1 P_1 + \mu_2 P_2 + \cdots + \mu_s P_s = A
\end{aligned}
$$

となる．

すなわち，固有値がすべて実数で，かつ固有空間によって直和分解が可能となるような V_R 上の線形作用素 A は，条件

$$A = {}^tA$$

をみたしていなければならない．この条件をみたす線形作用素を対称作用素という．実は次の定理が成り立つ．

【定理】　線形作用素 A の固有値がすべて実数で，V_R が A の固有空間によって直交分解するための必要十分条件は，A が対称作用素であることで与えられる．

十分性だけを示せばよいが，読者はここで，複素ベクトル空間の場合，対応する定理を，第 11 講で正規作用素に対して示したことを思い起こされるとよい．証明はその場合とまったく同様の考えでできるので，ここでは省略することにし

よう.

このことは，複素数の世界から実数の世界へ移ると，正規作用素の概念に相当するものは消えてしまって，エルミート作用素 $(H = H^*)$ に対応する概念だけが，対称作用素 $(A = {}^tA)$ として残ったようにみえる．その事情は固有値がすべて実数であるという条件が強かったからである．

直交作用素

ユニタリー作用素に対応する概念は直交作用素で与えられる．V_R 上の線形作用素 O が直交作用素であるとは

$$^tOO = I$$

をみたすことである．ユニタリー作用素の場合と同様に，この定義から，直交作用素は V_R の内積と長さを保つことを示すことができる．したがって，直交作用素は，V_R を R^n と同一視したとき，R^n の中にある図形の長さと角を保つ．その意味では，直交作用素は原点を動かさない合同変換であると考えてよい．

直交作用素は対称作用素とは限らない．そのことはすでに第 2 講で注意したように，平面 R^2 上の原点中心の角 θ だけの回転 $R(\theta)$ は，$0 < \theta < \pi$ のとき，固有値として複素数 $\cos\theta \pm i\sin\theta$ をもつことからもわかる．

したがって，直交作用素の固有値問題を実数の中だけに限って論ずるわけにはいかなくなる．そのため，V_R を同じ次元の複素ベクトル空間 V にうめこんで，V_R 上の直交作用素 O を，V 上のユニタリー作用素とみるのである．

結果だけを行列の形で述べると次のようになる．V_R 上の直交作用素を直交行列で表わした場合，適当に正規直交基底をとると，この直交行列は次の形になる：

$$\begin{pmatrix} 1 & & & & & & & & \\ & \ddots & & & & & & & 0 \\ & & 1 & & & & & & \\ & & & -1 & & & & & \\ & & & & \ddots & & & & \\ & & & & & -1 & & & \\ & & & & & & R(\theta_1) & & \\ & 0 & & & & & & \ddots & \\ & & & & & & & & R(\theta_t) \end{pmatrix}$$

ここで

$$R(\theta_i) = \begin{pmatrix} \cos\theta_i & -\sin\theta_i \\ \sin\theta_i & \cos\theta_i \end{pmatrix}$$

である．

Tea Time

質問 いままでのお話を振り返ってみますと，正規作用素の例として登場したのは，エルミート作用素とユニタリー作用素の2種類だけでしたが，一般の作用素の中でみたとき，この2種類の作用素の位置づけというべきものはあるのでしょうか．

答 質問に対する答にはなってないのかもしれないが，次の事実が成り立つことを述べておこう．V 上の，1対1の任意の作用素 A は，必ずあるユニタリー作用素 U と正値作用素 H によって，$A = UH$ と表わすことができる．すなわち，任意の1対1の作用素 A は，正値作用素 H をユニタリー作用素 U で'回転'して得られるといってよいのである．

こうかくと妙な気がするかもしれないので，簡単に証明の考え方を述べておこう．まず A^*A は正値作用素となる．このことは $(A^*Ax, x) = (Ax, Ax) = \|Ax\|^2 \geq 0$（等号は $x = 0$ のとき）からわかる．したがって正値作用素 H で $A^*A = H^2$ となるものがある——$H = \sqrt{A^*A}$ とおくとよい．そうすると

$$\|Ax\|^2 = (A^*Ax, x) = (H^2x, x)$$
$$= (Hx, Hx) = \|Hx\|^2$$

が成り立って，対応 $Hx \to Ax$ は長さを変えない．したがってこの対応はユニタリー作用素 U で与えられている．これで $A = UH$ と表わされることがわかった．

V が1次元のとき，すなわち複素数 C のときを考えてみると，事情ははっきりする．このとき，1対1の作用素 A は，零でない複素数 α をかけること（$z \to \alpha z$）で与えられる．このとき A^*A に相当するものは，$\bar{\alpha}\alpha = |\alpha|^2$ となる．したがって $H = \sqrt{A^*A}$ に相当するものは $\sqrt{|\alpha|^2} = |\alpha|$ となる．したがって，$\alpha = e^{i\theta}|\alpha|$ という極表示が，ちょうど上に述べたことの'1次元版'となっている．

第 **14** 講

積 分 方 程 式

テーマ

◆ フレードホルム

◆ 積分方程式の発端——アーベルの論文

◆ 糸の振動の問題

◆ 微分方程式の境界値問題

◆ 微分方程式の境界値問題から積分方程式へ——グリーン関数

◆ 積分作用素と固有値

は じ め に

　1903 年, *Acta Mathematica* という北欧の数学誌に載せられた 25 頁ほどの論文 'Sur une classe d'equations fonctionnelles' (関数方程式のあるクラスについて) は, その後の解析学の流れを変えるほどの大論文であって, 著者の名前を数学史の中に深く刻むことになった. 著者の名前はイヴァル・フレードホルム (Ivar Fredholm) であった. フレードホルムのこの論文は, 積分方程式を取り扱ったものであったが, 彼は積分方程式をとくのに, 有限次元の連立方程式の解法——クラーメルの解法——を, 積分概念を通す極限移行によって, 無限次元へと上げて, 解の具体的な形を与えるのに成功したのである. この論文が提示したものは, 新しい方法というよりは, むしろ新しい数学へ向けての眺望であった. ヒルベルトは, ただちにこの新しい眺望を与える高い視点へと駆け上り, そこから積分方程式を通して固有関数展開の一般論を得たのである. この中心にあったのは, 無限次元空間——ヒルベルト空間——上の作用素の固有値問題であった.

　これから第 16 講までは, あまり深い内容には触れずに, この数学史の流れと, そこに醸成されてきたアイディアを追ってみることにしよう. 窓外に流れる景色

を眺めるようなつもりで，気楽に読んでいただきたい．

　フレードホルム (1866-1927) はスウェーデンの数学者で，1888 年から 1890 年の間，当時解析学者として有名であったミッタク-レフラーの下で学んだ．その後パリに留学し，そこでフランスの解析学者と親交を深め，またポアンカレの熱伝導の冷却問題に関する仕事にも触れることができた．このポアンカレの仕事は，ヘルムホルツ方程式の境界値問題に関係しており，そこには固有値や固有関数を通して，無限次元の方向への萌芽があった．1899 年 8 月に，フレードホルムはミッタク-レフラーに，彼の積分方程式に関する結果を最初に報告したが，その後 3 年の歳月を経て，1903 年に前述の大論文を発表したのである．しかしフレードホルムは，生涯を通して寡作であった．フレードホルムの深いアイディアはこの一篇の論文に凝集しているようにみえる．

積分方程式の発端

　微分方程式の方は微積分の教科課程中に盛りこまれており，また力学の問題をとくときにもすぐ登場するから，よく知られているが，それに比べれば積分方程式の方は一般の人にはなじみが薄いかもしれない．

　積分方程式が数学史上最初に明らかな形をとって登場したのは，1823 年と 1826 年に発表されたアーベルの論文においてであったとされている．アーベルはノルウェーの数学者であった．

　アーベルは次のような力学の問題を考えた．いま，水平面と垂直な方向に座標平面を立てる．ただし便宜上垂直方向を x 軸に，水平方向を y 軸にとる．この平面内に，図 15 のように原点 O を通る曲線 C が与えられているとする．最初 C 上の点 $P = P(y, x)$ に静止している質点が，この曲線に沿って落下しはじめたとする．この質点が P から O まで落下するに要する時間は，点 P の，したがって x の関数となる．この関数を $\varphi(x)$ とおく．このときアーベルの設定した問題は

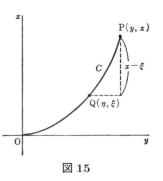

図 15

　　　　$\varphi(x)$ が最初に与えられたとき，曲線 C を求めよ

であった．すなわち，曲線上の各点からの落下時間がわかっているとき，もとの曲線を求めよ，というのである．

いま求める曲線 C の式を $\eta = \eta(\xi)$ とし，

$$u(\xi) = \sqrt{1 + \left(\frac{d\eta}{d\xi}\right)^2} \tag{1}$$

とおくと，次の関係が成り立つことが示される．

$$\varphi(x) = \frac{1}{\sqrt{2g}} \int_0^x \frac{u(\xi)}{\sqrt{x-\xi}} d\xi \tag{2}$$

ここで g は重力定数である．ここで既知関数は $\varphi(x)$ であり，未知関数は積分記号の中にある $u(\xi)$ である．もしこの関係から $u(\xi)$ が求められれば，(1) を微分方程式としてとくことにより，曲線 C の式 $\eta = \eta(\xi)$ が求められるだろう．この (2) のように，未知関数が積分記号の中に入っているような関数方程式を，積分方程式というのである．

なお (2) の解は，(2) の両辺に $\frac{1}{\sqrt{z-x}}$ をかけて x につき 0 から z まで積分し，右辺の二重積分の順序を交換することにより求めることができる．解は

$$u(\xi) = \frac{\sqrt{2g}}{\pi} \frac{d}{d\xi} \int_0^\xi \frac{\varphi(x)}{\sqrt{\xi-x}} dx \tag{3}$$

と表わされる．

これから有名な等時問題 (problem of tautochrone) をとくことができる．等時問題とは，曲線上のどの点 P から出発しても，O に到達する時間が等しくなるような曲線である．この答は (3) で $\varphi(x) = c$ (定数) とおくことにより求めることができ，結果はサイクロイドである．この事実は振子時計の発明者ホイヘンスにより見出されたものである．

糸の振動の問題

糸の振動の問題は，18 世紀にダランベール，オイラー，D. ベルヌーイ等によりとり上げられた．この問題自身は積分方程式とは無関係であるが，このとき得られた糸の固有振動が，数学の形式の中でしだいに形を変えて，最後には，積分作用素の固有値と固有関数というところにたどりつく過程を追ってみたい．

いま一様な密度と完全な弾性をもつ糸を，xy 平面上に，一方の端点 A を原点 O に，他

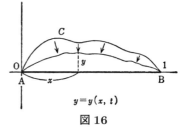

図 16

110　第 14 講　積 分 方 程 式

の端点 B を点 (1, 0) に固定し，まっすぐに張っておく．この糸を図 16 で示した
ように曲線 $C:y=g(x)$ までもち上げてそこで手を離す (曲線 C は x 軸に十分近
く，張力も密度も一定の均質な状況が保たれているとする)．このとき糸は振動を
はじめる．t 時間後の糸のつくる曲線の式を $y=y(x,t)$ とおくと，この振動は偏
微分方程式

$$\frac{\partial^2 y}{\partial t^2} = c^2 \frac{\partial^2 y}{\partial x^2} \quad \left(c^2 = \frac{張力}{密度} \right) \tag{4}$$

をみたすことが，ダランベールにより 1747 年にはじめて証明された．y はさらに

境界条件：　$y(0,t)=0,\ y(1,t)=0$　　(両端が固定されている)

初期条件：　$y(x,0)=g(x)$

$$\frac{\partial y}{\partial t}(x,0)=0 \quad (t=0 \text{ のとき，特に速度は与えない})$$

をみたしている．

　この境界条件と初期条件の下で，(4) をまず変数分離でとくことを試みる．そ
のため

$$y(x,t)=u(x)\varphi(t)$$

とおく．これを (4) に代入すると

$$u\frac{d^2\varphi}{dt^2} = c^2\varphi\frac{d^2u}{dx^2}$$

すなわち

$$\frac{1}{c^2\varphi}\frac{d^2\varphi}{dt^2} = \frac{1}{u}\frac{d^2u}{dx^2}$$

となる．この左辺は t だけの関数，右辺は x だけの関数だから，この式は定数と
なる．この定数を $-\lambda$ とおくと

$$\frac{d^2u}{dx^2} + \lambda u = 0 \tag{5}$$

$$\frac{d^2\varphi}{dt^2} + \lambda c^2\varphi = 0 \tag{6}$$

という 2 階の定数係数の線形微分方程式が得られる．

　(5) も (6) も同じ形をしているから，(5) の方について説明しよう．(5) の解は，
A,B を任意定数として

$$\lambda > 0 \Longrightarrow u(x) = A\cos\sqrt{\lambda}x + B\sin\sqrt{\lambda}x \tag{7}$$

$$\lambda = 0 \Longrightarrow u(x) = Ax + B$$

$$\lambda < 0 \Longrightarrow u(x) = Ae^{\mu x} + Be^{-\mu x} \quad (\mu^2 = -\lambda)$$

で与えられるが，境界条件に対応する条件 $u(0) = u(1) = 0$ を代入すると，この条件をみたす $u(x) = 0$ 以外の解は，(7) の場合で

$$A = 0, \quad \sqrt{\lambda} = n\pi \quad (n = 1, 2, \ldots)$$

のときに限って得られることがわかる．すなわち $\lambda = n^2\pi^2$ $(n = 1, 2, \ldots)$ であって，λ はとびとびの値をとる．このとき，解は

$$u(x) = B\sin n\pi x \quad (n = 1, 2, \ldots)$$

となる．

そこで $\lambda = n^2\pi^2$ のとき，(6) をとくことにすると，今度は初期条件 $\varphi'(0) = 0$ を代入して

$$\varphi(t) = \tilde{B}\cos n\pi ct \quad (n = 1, 2, \ldots)$$

が得られる．したがって，変数分離の形で得られる解 (ただし $y(x, 0) = g(x)$ は一般にみたしていない) は

$$C\sin n\pi x\cos n\pi ct \quad (n = 1, 2, \ldots)$$

の形となることがわかった．

さらに初期条件 $y(x, 0) = g(x)$ をみたす解を求めるには，変数分離の解の一次結合として得られる一般的な解 (重ね合わせの原理)

$$y(x, t) = \sum_{n=0}^{\infty} A_n \sin n\pi x \cos n\pi ct \tag{8}$$

を考察しなくてはいけない．ここで $y(x, 0) = g(x)$ をみたすようにするためには，係数 A_n $(n = 0, 1, 2, \ldots)$ は

$$\sum_{n=0}^{\infty} A_n \sin n\pi x = g(x) \tag{9}$$

すなわち，$g(x)$ のフーリエ級数の係数として定めておかなくてはならない．

このように A_n $(n = 0, 1, 2, \ldots)$ を求めておくと，糸の振動の解は (8) で与えられるのである．

112   第 14 講 積 分 方 程 式

コ メ ン ト

もちろん，最後の部分では収束の問題がつきまとう．まず，(9) で $g(x)$ にどの
ような条件を課したとき，$g(x)$ はフーリエ級数として表わされるか．このときの
収束はどのような意味での収束を考えているのか．係数 A_n を (9) から決めたと
き，(8) は収束するか．また (8) はある意味ですべての解をつくしているのか．こ
れらは解析学の難しい問題であって，ここではこれ以上触れるわけにはいかない．
ただ最後に述べた問題は，固有関数系の完全性とよばれる問題に結びつくことだ
けを注意しておこう．

微分方程式の境界値問題

糸の振動の問題で現われた 2 階線形微分方程式の境界値問題は，そこから '固
有振動' が現われてくるということで特徴的である．

この境界値問題は，実は積分方程式へと変換されるのである．これからそのこ
とを述べてみよう．そのためここでは (5) の境界値問題 $u(0) = u(1) = 0$ をもう
一度考察することにする．

(5) をかき直して

$$\frac{d^2 u}{dx^2} = -\lambda u$$

とし，この両辺を 2 度積分すると

$$u(x) = -\lambda \int_0^x \left(\int_0^x u(x)dx \right) dx + c_1 x + c_0 \tag{10}$$

が得られる．$u(0) = 0$ から，まず $c_0 = 0$ がわかる．

また部分積分を適用すると

$$\int_0^x \left(\int_0^x u(x)dx \right) dx = \int_0^x 1 \left(\int_0^x u(t)dt \right) dx$$

$$= x \int_0^x u(t)dt - \int_0^x tu(t)dt$$

$$= \int_0^x (x - t)u(t)dt$$

したがって (10) は

$$u(x) = -\lambda \int_0^x (x-t)u(t)dt + c_1 x$$

となる．$u(1) = 0$ から

$$c_1 = \lambda \int_0^1 (1-t)u(t)dt$$

が得られる．結局 (10) は

$$\begin{aligned}u(x) &= -\lambda \int_0^x (x-t)u(t)dt + \lambda \int_0^1 x(1-t)u(t)dt \\ &= \lambda \left(\int_0^x \{x(1-t) - (x-t)\}u(t)dt + \int_x^1 x(1-t)u(t)dt \right) \\ &= \lambda \left(\int_0^x t(1-x)u(t)dt + \int_x^1 x(1-t)u(t)dt \right)\end{aligned}$$

となる．そこでいま 2 変数の関数

$$G(x,t) = \begin{cases} x(1-t), & 0 \leq x \leq t \text{ のとき} \\ t(1-x), & t \leq x \leq 1 \text{ のとき} \end{cases}$$

を導入することにすると，関係式

$$u(x) = \lambda \int_0^1 G(x,t)u(t)dt \tag{11}$$

が成り立つことがわかった．

$G(x,t)$ はいま考えている境界値問題のグリーン関数とよばれているものである．その 2 変数関数としてのグラフ (曲面！) は図 17 で示しておいた．

積分作用素と固有値

(10) を，未知関数 u に対する関係を与えているとみると，未知関数が積分記号の中に入っているという意味で，これも積分方程式となっている．

私たちは，境界値問題

$$\frac{d^2 u}{dx^2} + \lambda u = 0, \quad u(0) = u(1) = 0 \tag{12}$$

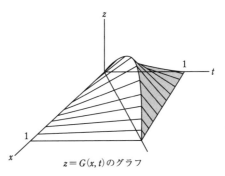

$z = G(x,t)$ のグラフ

図 17

114   第 14 講 積 分 方 程 式

から出発して，(11) にたどりついた．しかし実は逆に，(11) をみたす関数 $u(x)$ は，必然的に境界値問題 (12) をみたしているのである．その意味で (11) と (12) は同値である：

$$\boxed{\text{積分方程式 (11)} \Longleftrightarrow \text{境界値問題 (12)}}$$

したがって前に示したことから，次のことがわかる．積分方程式 (11) は

$$\lambda = n^2\pi^2 \quad (n = 1, 2, \ldots)$$

のときに限って，0 でない解 $u(x)$ をもち，この解は

$$u(x) = B \sin n\pi x \quad (B \text{ は任意定数})$$

で考えられる．

読者は，(11) が特別の‘とびとび’の λ の値に対してしか解をもたないことにまず注意を向けられるとよい．この現象をどのような視点で捉えたらよいのだろうか．いま任意の連続関数 $v(x)$ に対して，関数 $\tilde{G}v$ を

$$\tilde{G}v(x) = \int_0^1 G(x,t)v(t)dt$$

で定義する．$\tilde{G}v$ もまた連続関数であって，対応 $v \to \tilde{G}v$ は線形性

$$\tilde{G}(\alpha v + \beta w) = \alpha\tilde{G}v + \beta\tilde{G}w$$

をみたしている (積分の線形性！)．このとき (11) は (左辺と右辺を入れかえると)

$$\tilde{G}u = \frac{1}{\lambda}u$$

と表わされる．この式の形は，いままで線形写像の議論の中で何度も現われた見なれた形をしているのではないだろうか．$\frac{1}{\lambda}$ は，‘積分作用素’ $\tilde{G}$ の固有値とみえてこないだろうか．線形写像の場合，固有値はごく特別な有限個の値しかとらなかった．λ の値が‘ばらばら’の特別な値 $n^2\pi^2$ であるということはこのことに対応しているのではなかろうか．私たちは，固有値問題に対するまったく新しい局面に近づきつつあるのである．ただし背景にある空間は有限次元のベクトル空間から，関数空間へと変わりつつある．

Tea Time

質問 本筋から少し離れる質問になるかもしれませんが，糸の振動の問題はダランベールにより1740年代にとかれたとありましたが，これはフーリエがフーリエ級数の仕事を発表する70〜80年も前のことです．ここで述べられた解法を見ると，フーリエ以前にこのような考えがあったことは不思議な気がします．数学史的なことを少し教えてください．

答 多少比喩的にいえば，糸の振動の問題は，18世紀数学を糸の振動のように揺れ動かし続けたのである．糸の振動の問題は1724年にJ.ベルヌーイによって部分的な解答は得られていた．J.ベルヌーイは，糸の上に等間隔におかれたn個の質点のみたす差分方程式を得ていた．しかし完全な解答は講義の中でも述べたように1747年にダランベールにより得られた．もっともダランベールは，解を

$$y = \frac{1}{2}\{g(x+t) + g(t-x)\} \qquad (*)$$

の形で提示していた．1750年になって，オイラーも同様な論法でこの解を示した．しかしここから，関数概念に関するダランベールとオイラーの論争がはじまって，やがてそこに，J.ベルヌーイの息子のD.ベルヌーイも加わることになり厄介な事態となったのである．

このことについて少し述べておこう．論争のポイントは次の点にあった．ダランベールは，$(*)$が偏微分方程式の解である以上，ここで示された'関数'$g(x)$は解析的なものでなければならないとした．それに反してオイラーは，物理的に考えれば，糸を引っぱり上げて得られる初期条件の曲線$y = g(x)$は，解析的でなくとも，つながっていさえすればよいのではないか——(オイラーは)区分的に滑らかでありさえすればよいのではないか——と考えた．当時はまだ関数概念が確定せず，関数は，解析的に表示されるものであるという考えが強かったから，偏微分方程式の解として，物理的見地から，解析的でないものまで認めようとするオイラーの立場を，ダランベールは容認しがたかったのである．

1755年になって，音の振動の研究からこの問題に関心をもったD.ベルヌーイは，解は講義の中で述べたような三角級数で表わされると主張し，確信していたが，それを論文として表わすことはなかった．

116 第 14 講 積 分 方 程 式

　論争は結局，関数概念は純粋に数学内部の形式として捉えるべきものなのか，それとも広く自然現象の数学的な表現形式として捉えるべきものかにかかってきたようである．D. ベルヌーイが1750年にオイラーにあてた書簡はそのことを物語っている．「私は，ダランベール氏を‘抽象的には’偉大な数学者であると思っております．しかし氏が，応用数学の方へ介入してこられるときには，私はそのように評価することは，とてもできなくなってしまいます．… 実際のところ，数学など何もなかった方が，本当の物理学にとってはよかったのかもしれません．」

　この論争にはやがてラグランジュも加わるようになる．関数方程式の解とは何か，関数概念とは何かを問うこの難しい問題に，ひとまず終止符が打たれるのは，19世紀になって，フーリエが出現してからのちのことである．

第 **15** 講

フレードホルムの理論

テーマ

◆ 境界値問題と積分方程式
◆ フレードホルムの考え
◆ 積分方程式を連立方程式の極限とみる.
◆ フレードホルムの行列式 $\Delta(\lambda)$
◆ フレードホルムの小行列式
◆ $\Delta(\lambda) \neq 0$ のとき, 積分方程式の解の表示

境界値問題と積分方程式

　前講で述べた境界値問題と積分方程式との関係は, かなり一般に成り立つ状況であって, 1830 年代から 19 世紀後半にかけて, 解析学の 1 つの流れを形成したのである. 微分方程式の境界値問題は, 境界条件が, 一種の大域的な制約条件となっているから, 微分の立場だけではなかなか見通しがきかないのだが, それがグリーン関数を媒介して, 積分の問題として定式化してみると, 問題の中に含まれている大域的様相が, 積分の中に内在している表現力によって, かなりはっきりとした姿をとってくるのである.

　この流れの中に, シュトルム・リューヴィユの境界値問題や, ポテンシャル論, ディリクレ問題, ノイマン問題等があり, これらを通して関数の積分表示や積分方程式は数理物理学の方にも多く登場するようになった.

　前講の話からも察知されるように, 解析学の問題が積分方程式として表現されると, 積分は単に大域的な様相を示すだけではなく, 不思議なことかもしれないが, しだいに背景にスポットライトをあてるように関数空間という考えを浮上させ, 関数空間上の作用素という考えを育ててくるのである. 19 世紀後半には, ボ

118　第15講　フレードホルムの理論

ルテラやポアンカレ等が，しだいにこの方向にしたがって，解析学の中に無限次元空間の思想を醸成しつつあった．

　しかし，19世紀後半になっても，なお積分方程式の理論に対して見通しが立てられるような状況ではなかったようである．このことについて，デュードネの『関数解析の歴史』から引用しよう．

　"'積分方程式'という名前は，1888年になって最初にデュ・ボワ・レイモンにより，ディリクレ問題に関する論文の中で用いられた．デュ・ボワ・レイモンは，ビーア・ノイマン型 (現在では第2種フレードホルム型とよばれているもの) を念頭においていたようであったが，このような方程式の一般理論をつくることは，'克服しがたいような困難さ'に出会うだろうと考えていた．彼はまたこのような理論が達成された暁には，多くの進歩がもたらされるだろうと確信していたが，一方では'この問題についてはほとんど何も知られていない'ことも認めていた．少しあとに行なわれたポアンカレの仕事も，またポアンカレのあとを追う人たちも，このような印象をぬぐいさることはできなかった．彼らの結果は，ポテンシャル論の微妙な評価の問題と積分方程式論を結びつけるような道を指し示しているようであった．"

　したがってこの直後，1900年に前講の最初に述べたフレードホルムの決定的ともいうべき新鮮な考えが現われたことは，まことに驚くべきことだったのである．

フレードホルムの考え

　ここは積分方程式そのものを取り扱うことが目的ではないので，フレードホルムの考えの方に中心をおいて，話していくことにしよう．

　私たちは

$$f(x) + \lambda \int_a^b K(x,t) f(t) dt = \varphi(x) \tag{1}$$

の形の積分方程式を考えることにする (ヒルベルトは第2種のフレードホルム型と名づけた)．ここで $\varphi(x)$ は区間 $[a, b]$ で連続，$K(x, t)$ は $[a, b] \times [a, b]$ で連続な関数であって，この2つはあらかじめ与えられている．このとき (1) から未知関

数 $f(x)$ を求めるのである. $K(x, t)$ をこの積分方程式の核という.

フレードホルムは, (1) の左辺に現われる積分をリーマン積分として, 部分和で近似することを考えた. そのため区間 $[a, b]$ を n 等分し, その分点を

$$x_k = \frac{b-a}{n} k \quad (k = 1, 2, \ldots, n)$$

とおき, (1) の代りに (1) の左辺の近似和から得られる n 元 1 次連立方程式

$$f(x_j) + \frac{\lambda(b-a)}{n} \sum_{k=1}^{n} K(x_j, x_k) f(x_k) = \varphi(x_j) \quad (j = 1, 2, \ldots, n) \tag{2}$$

を考える. ここで未知数は $f(x_1), f(x_2), \ldots, f(x_n)$ である. (1) との関係が見やすいように (2) のように表わしたが, $f(x)$ は未知関数なのだから, この連立方程式は, 未知数を $y_1, y_2, \ldots, y_n$ として

$$y_j + \frac{\lambda(b-a)}{n} \sum_{k=1}^{n} K(x_j, x_k) y_k = \varphi(x_j) \quad (j = 1, 2, \ldots, n) \tag{2$'$}$$

とかいておいた方が誤解がないかもしれない. (2)$'$ の関係式で $n \to \infty$ とするならば, 座標平面上の点

$$(x_1, y_1), \quad (x_2, y_2), \quad \ldots, \quad (x_n, y_n)$$

はしだいに (1) の解曲線 $(x, f(x))$ へ近づいていくのではないだろうか.

しかしそれを確かめるには, (2)$'$ を実際といて, まず $y_1, y_2, \ldots, y_n$ を求めてみなくてはならないだろう. 行列式の理論でよく知られているように, (2)$'$ の解 $y_1, y_2, \ldots, y_n$ はクラーメルの公式で与えられる. そこには分母, 分子に n 次の行列式が現われてくる. 分母は (2)$'$ の係数のつくる行列式である. その公式で $n \to \infty$ とするとき, 解は適当な定式化の下では, 未知関数 $f(x)$ へと収束していくのだろうか? 収束するとしてもその証明は? また $n \to \infty$ のとき, 分母に現われる行列式が 0 へ近づくようなときはどうなるのか?

このようなことを考えると, (1) を (2) で近似するという考え方が生じたとしても, 実は困難はそこからはじまるのであって, (2) で $n \to \infty$ とするには, 実はフレードホルムの深い天才的なアイディアが必要であったのである.

フレードホルムの行列式

連立方程式 (2)$'$ の係数のつくる n 次の行列式がまず問題となる. $b - a = h$ と

120　第 15 講　フレードホルムの理論

おくと，この行列式は

$$
\begin{vmatrix}
1+\frac{\lambda h}{n}K\left(x_1,x_1\right) & \cdots & \frac{\lambda h}{n}K\left(x_1,x_j\right) & \cdots & \frac{\lambda h}{n}K\left(x_1,x_k\right) & \cdots \\
& \ddots & & & & \\
\frac{\lambda h}{n}K\left(x_j,x_1\right) & \cdots & 1+\frac{\lambda h}{n}K\left(x_j,x_j\right) & \cdots & \frac{\lambda h}{n}K\left(x_j,x_k\right) & \cdots \\
& & \cdots\cdots\cdots & & & \\
\frac{\lambda h}{n}K\left(x_l,x_1\right) & \cdots & \frac{\lambda h}{n}K\left(x_l,x_j\right) & \cdots\cdots\cdots & & \\
& & \cdots\cdots\cdots & & &
\end{vmatrix}
$$

である．ここでこの行列式を λ について展開し，$n \to \infty$ とすると，この行列式の収束性が確かめられるというのが，フレードホルムのアイディアであった．

　　もっとも，n 次の行列式で $n \to \infty$ とするときの挙動を調べることは，無限変数の連立方程式に関係して，フーリエにまでさかのぼることができる．しかしもっとはっきりとした形では，1877 年にアメリカの天文学者であり，また数学者でもあったヒルが，月の運行に関する微分方程式を取り扱ったことからはじまり，その後ポアンカレがこの問題を無限次行列式を用いるクラーメルの解法という立場で見直したことからはじまるのである．実際，フレードホルムが上の行列式を λ で展開すると考えたのは，フレードホルムの最初の論文が現われる 4 年前，コッホが‘無限次行列式の収束について’という論文の中で明らかにしたものであった．コッホはそこではある収束条件を課していた．フレードホルムはこの論文に触発されたという．

　実際，上の行列式を λ で展開してみると，

$$
1+\frac{\lambda h}{n}\sum_k K\left(x_k,x_k\right)+\frac{\lambda^2 h^2}{2!n^2}\sum_{k_1,k_2}\begin{vmatrix}K\left(x_{k_1},x_{k_1}\right) & K\left(x_{k_1},x_{k_2}\right) \\ K\left(x_{k_2},x_{k_1}\right) & K\left(x_{k_2},x_{k_2}\right)\end{vmatrix}+\cdots
$$

となる．ここで $\frac{h}{n}=\frac{b-a}{n}$ を積分の部分和の中にとりこみ，$n \to \infty$ とすると，形式的な λ のベキ級数

$$
\Delta(\lambda)=1+\lambda\int_a^b K(s,s)ds+\frac{\lambda^2}{2!}\int_a^b\int_a^b K\begin{pmatrix}s_1 & s_2 \\ s_1 & s_2\end{pmatrix}ds_1 ds_2
$$

$$
+\cdots+\frac{\lambda^m}{m!}\int_a^b\cdots\int_a^b K\begin{pmatrix}s_1 & \cdots & s_m \\ s_1 & \cdots & s_m\end{pmatrix}ds_1\cdots ds_m+\cdots
$$

が得られる．ここで

$$
K\begin{pmatrix}x_1 & x_2 & \cdots & x_m \\ y_1 & y_2 & \cdots & y_m\end{pmatrix}=\begin{vmatrix}K\left(x_1,y_1\right) & K\left(x_1,y_2\right) & \cdots & K\left(x_1,y_m\right) \\ K\left(x_2,y_1\right) & \cdots\cdots & & K\left(x_2,y_m\right) \\ & \cdots\cdots\cdots & & \\ K\left(x_m,y_1\right) & \cdots\cdots & & K\left(x_m,y_m\right)\end{vmatrix}
$$

である．フレードホルムは，アダマールによる行列式の評価式

$$|\det(A)|^2 \leqq \prod_{i=1}^{n} \left(\sum_{j=1}^{n} |a_{ij}|^2 \right), \quad A = (a_{ij})$$

を用いることにより

$\Delta(\lambda)$ はすべての複素数 λ について収束する

ことを示した．$\Delta(\lambda)$ は確定した値をもつのである．$\Delta(\lambda)$ をフレードホルムの行列式という．

フレードホルムの小行列式

フレードホルムは $(2)'$ の解をクラーメルの解法にしたがってかき表わし，次に $n \to \infty$ とする道をとるより，はるかに巧妙な道を選んだ．

フレードホルムは，現在フレードホルムの小行列式とよばれるものを次の式で定義した．

$$\Delta(s,t;\lambda) = K(s,t) + \lambda \int_a^b K \begin{pmatrix} s & x_1 \\ t & x_1 \end{pmatrix} dx_1 + \cdots$$

$$+ \frac{\lambda^m}{m!} \int_a^b \cdots \int_a^b K \begin{pmatrix} s & x_1 & \cdots & x_m \\ t & x_1 & \cdots & x_m \end{pmatrix} dx_1 \cdots dx_m + \cdots \quad (3)$$

この右辺もすべて λ について収束する．このベキ級数は $K \begin{pmatrix} s & x_1 & \cdots & x_m \\ t & x_1 & \cdots & x_m \end{pmatrix}$ の 1 行目に関する展開式

$$K \begin{pmatrix} s & x_1 & \cdots & x_m \\ t & x_1 & \cdots & x_m \end{pmatrix} = K(s,t) K \begin{pmatrix} x_1 & \cdots & x_m \\ x_1 & \cdots & x_m \end{pmatrix} - K(s,x_1) K \begin{pmatrix} x_1 & x_2 & \cdots & x_m \\ t & x_2 & \cdots & x_m \end{pmatrix}$$

$$+ K(s,x_2) K \begin{pmatrix} x_1 & x_2 & x_3 & \cdots & x_m \\ t & x_1 & x_3 & \cdots & x_m \end{pmatrix} -$$

$$\cdots + (-1)^m K(s,x_m) K \begin{pmatrix} x_1 & x_2 & \cdots & x_m \\ t & x_1 & \cdots & x_{m-1} \end{pmatrix} \quad (4)$$

と密接に関係している．実際，$m = 1, 2, \ldots$ に対して，(4) を (3) の右辺の積分記号の中に代入し，整理すると (この計算は表わし方が繁雑となるので省略する)

$$\Delta(s,t;\lambda) = K(s,t)\Delta(\lambda) - \lambda \int_a^b K(s,\xi)\Delta(\xi,t;\lambda)d\xi \quad (5)$$

という一種の再帰的な関係式が得られる．

そこでフレードホルムは

122　第 15 講　フレードホルムの理論

$$\Phi(s) = \varphi(s)\Delta(\lambda) - \lambda \int_a^b \Delta(s, \xi; \lambda)\varphi(\xi)d\xi \tag{6}$$

という関数を導入した．$\Delta(\lambda)$, $\Delta(s, \xi; \lambda)$ は，$K(x, t)$ によって表わされ，φ は既知関数だから，$\Phi(s)$ は積分方程式の既知データから決まる関数である．

ここで (5) を (6) に代入すると

$$\Phi(s) + \lambda \int_a^b K(s, t)\Phi(t)dt = \varphi(s)\Delta(\lambda) \tag{7}$$

が得られる．

この計算はわずらわしいかもしれない．念のため左辺第 2 項だけ計算してみよう．

$$\lambda \int_a^b K(s, t)\Phi(t)dt$$

$$= \lambda \left(\int_a^b K(s, t)\varphi(t)dt \right) \Delta(\lambda) - \lambda^2 \int_a^b K(s, t) \left(\int_a^b \Delta(t, \xi; \lambda)\varphi(\xi)d\xi \right) dt$$

$$= \lambda \left(\int_a^b K(s, t)\varphi(t)dt \right) \Delta(\lambda) - \lambda \int_a^b \lambda \left(\int_a^b K(s, t)\Delta(t, \xi; \lambda)dt \right) \varphi(\xi)d\xi$$

$$= \lambda \left(\int_a^b K(s, t)\varphi(t)dt \right) \Delta(\lambda) - \lambda \left(\int_a^b K(s, \xi)\varphi(\xi)d\xi \right) \Delta(\lambda)$$

$$\qquad\qquad + \lambda \int_a^b \Delta(s, \xi; \lambda)\varphi(\xi)d\xi$$

$$= \lambda \int_a^b \Delta(s, \xi; \lambda)\varphi(\xi)d\xi$$

ここから (6) を参照すると，(7) の成り立つことがすぐにわかるだろう．

したがって

$$\Delta(\lambda) \neq 0$$

ならば，(7) の両辺を $\Delta(\lambda)$ で割って

$$\frac{1}{\Delta(\lambda)}\Phi(s) + \lambda \int_a^b K(s, t)\frac{1}{\Delta(\lambda)}\Phi(t)dt = \varphi(s)$$

となる．このことは，$\Delta(\lambda) \neq 0$ のときには

$$f(s) = \frac{1}{\Delta(\lambda)}\Phi(s)$$

が最初の積分方程式 (1) の解となることを示している．

フレードホルムは，この場合，解はこれ以外には存在しないことも示した．さらに，$\Delta(\lambda) = 0$ のときも詳しく調べ，やがてこれが理論の中核となるのであるが，これについての理論は積分方程式の本を参照していただくことにしよう．

Tea Time

質問 フレードホルムの理論とはどんなものか，少しわかりましたが，最後の部分はあまりにも解析的に整備されていて，どうしてこれが n 元 1 次連立方程式のクラーメルの解法の '$n \to \infty$ 版' と考えられるのか，よくわかりませんでした．積分方程式の本を少し見てみたくなったのですが，どんな本があるのですか．

答 日本語でかかれた積分方程式の本は比較的少ないのであって，いま本屋さんへ行って見つけられる本は，吉田耕作『積分方程式論』(岩波全書) くらいではないかと思う．この本でも (少なくとも改訂された 2 版では) ここに述べたような形でフレードホルムの理論は述べられていない．したがって，フレードホルムの理論は有名な割には一般の人の目に触れる機会は少ないのである．フレードホルムの考えを丁寧に解説した本としては，古いが竹内端三『積分方程式論』(共立出版) がある．これはすでに古典であろうが，すぐれた解説書と思われるので，現代的な言葉づかいに直してもう一度世に出されてもよいのではないかと思う．この中には，クラーメルの解法との関係も説明されている．

質問 ブレードホルムの理論と固有値問題はどうかかわってくるのですか．

答 前講の終りで述べたように
$$\tilde{K}f = \int_a^b K(x,t)f(t)dt$$
を積分作用素と考えると，フレードホルムの積分方程式は $(I + \lambda\tilde{K})f = \varphi$ (I は恒等写像) と表わされる．ごく大ざっぱにいえば，$I + \lambda\tilde{K}$ が 1 対 1 ならば解は $f = (I + \lambda\tilde{K})^{-1}\varphi$ と表わされるだろう．ここでは述べなかったが，1 対 1 となる条件は

'$(I + \lambda\tilde{K})f = 0$ となる解は $f = 0$ に限る'

で与えられる．かき直すと $\tilde{K}f = -\frac{1}{\lambda}f$ をみたす f は 0 に限る，といってもよい．このことは $-\frac{1}{\lambda}$ が $\tilde{K}$ の固有値ではないといっていると考えられるだろう．その条件が $\Delta(\lambda) \neq 0$ で与えられている．したがって，固有値問題の立場でさらに踏みこんでいくことは，$\Delta(\lambda) = 0$ の場合を詳しく述べることになる．そのとき積分作用素 $\tilde{K}$ のもつ姿がはっきりと浮かび上ってくるのである．

第 **16** 講

ヒルベルトの登場

テーマ
- ◆ ヒルベルトの積分方程式論
- ◆ 対称核の積分作用素
- ◆ 積分方程式の固有値と固有関数
- ◆ 固有値の存在
- ◆ 固有関数と正規直交系
- ◆ ヒルベルト空間の誕生
- ◆ (Tea Time) ヒルベルト

ヒルベルトの積分方程式論

　フレードホルムの結果を聞くと，当時数学の最高峰にあったゲッチンゲン大学のヒルベルトは，直ちに積分方程式の研究に入り，1904 年から 1906 年までの間に 6 つの論文を著わし，それらを 1912 年になって，『線形積分方程式の一般論概要』と題する 280 頁ほどの本にまとめた．この理論へのヒルベルトの貢献は，その後展開した 20 世紀数学の大きな流れの中でみれば，ヒルベルト空間の誕生を意味したのである．

　ヒルベルトは，フレードホルムの積分方程式で，核 $K(x,t)$ を特に対称なもの，すなわち

$$K(x,t) = K(t,x)$$

をみたすものに限って研究を進めた．この研究はさらにヒルベルトの優秀な学生であったシュミットにより補足され，最終的には，フレードホルムの拠って立っていた行列式という堅固で動かしがたい基盤をとり除き，はるかに展望の広い概念的なものの中に，積分方程式論をおくことに成功したのである．

ヒルベルトが，積分方程式の研究を対称核の場合に限ったのは，1つには，グリーン関数を通してさまざまな微分方程式の境界値問題に積分方程式を応用しようとしたからであり，他方では，無限変数の2次形式論という構想があったからだと思われる．いずれにせよそれはヒルベルトの深い学殖に支えられていた．

ヒルベルトが，'行列式なし'の積分方程式論を築くことに成功したのは，積分作用素の固有値と固有関数，さらに固有関数展開という考えを理論の中心に据えたからである．フレードホルムの理論の中では，$n \to \infty$ とする過程の中で，完全に積分の中に吸収されて消えてしまった'基底'という考えを，ヒルベルトは再び拾い上げたのである．

フレードホルムとヒルベルトの立場の違いを，有限次元の場合に限ってたとえて述べてみれば，次のようなことになるだろう．$A = (a_{ij})$ $(i, j = 1, \ldots, n)$ を対称行列とし，n 元1次の連立方程式 $Ax = c$，すなわち

$$\sum_{j=1}^{n} a_{ij} x_j = c_i \quad (i = 1, \ldots, n)$$

をとくことを考える．フレードホルムの立場は，これをクラーメルの解法でとくことにあり，その際は係数のつくる行列式 Δ が0でないときに限ってただ1つの解をもつ．

ヒルベルトの立場は，A の固有値 $\lambda_1, \ldots, \lambda_s$ を考察することにある．

$$A = \lambda_1 P_1 + \lambda_2 P_2 + \cdots + \lambda_s P_s \quad (P_i \text{ は射影作用素})$$

を，A の固有空間による直交分解を表わすとする；このとき

$$Ax = \lambda_1 P_1 x + \lambda_2 P_2 x + \cdots + \lambda_s P_s x$$
$$c = P_1 c + P_2 c + \cdots + P_s c$$

を見比べて，$\lambda_1 \neq 0,\ \lambda_2 \neq 0,\ \ldots,\ \lambda_s \neq 0$ のときに限り，連立方程式 $Ax = c$ は，任意の c に対して解をもち，解は

$$x = \frac{1}{\lambda_1} P_1 c + \frac{1}{\lambda_2} P_2 c + \cdots + \frac{1}{\lambda_n} P_n c$$

で与えられる．

対称核の積分方程式

ヒルベルトは

$$f(x) - \lambda \int_a^b K(x, t) f(t) dt = \varphi(x) \tag{1}$$

の形の積分方程式を考えた．ここで核 $K(x, t)$ は，対称性

$$K(x, t) = K(t, x)$$

126   第16講　ヒルベルトの登場

をみたす $[a,b] \times [a,b]$ 上で定義された実数値連続関数である．$f(x)$, $\varphi(x)$ は $[a,b]$ 上で定義された連続関数とする．$K(x,t)$, $\varphi(x)$ が既知関数で，$f(x)$ が未知関数である (前講で取り扱ったものと比べると，左辺の積分の前の符号が異なっているが，これはもちろん本質的なことではない)．

ヒルベルトはこの積分方程式のフレードホルム行列式を $\Delta(\lambda)$ とするとき，まず

$$(*) \quad \Delta(\lambda) = 0 \text{ をみたす } \lambda \text{ は必ず実数となる}$$

を示し，そしてこのような λ を固有値とよぶことからスタートした．前講の Tea Time でも触れたように，フレードホルムの示したところによると，

$$\Delta(\lambda) = 0 \iff f(x) - \lambda \int_a^b K(x,t)f(t) = 0$$
$$\text{が } 0 \text{ でない解をもつ．}$$

したがって固有値の定義としては，フレードホルム行列式を用いなくても，次のような述べ方もできる．

【定義】
$$\lambda \int_a^b K(x,t)f(t)dt = f(x) \tag{2}$$

をみたす $f(x) \neq 0$ が存在するとき，λ を積分方程式 (1) の固有値という．λ が固有値のとき，(2) の解 $f(x)$ を，固有値 λ に属する固有関数という．

　　この部分は，数学史の流れの影響もあって，積分方程式の理論の枠内で述べるときと，ヒルベルト空間上の作用素とみるときとで，固有値の定義にくい違いが生じている．$\tilde{K}f = \int_a^b K(x,t)f(t)dt$ を積分作用素とみれば，$\tilde{K}f = \frac{1}{\lambda}f$ となり，$\frac{1}{\lambda}$ を固有値という方が整合性がある．ただし，$\tilde{K}$ が 0 固有値をもつとき，すなわち，$\tilde{K}f = 0$ となる場合は，積分方程式の方では，対応する考察が欠けてしまう．

そのとき，$(*)$ は次のように述べることができる．

対称核の積分方程式の固有値は実数である．

【証明】　便宜上，考える関数の範囲を複素数値の関数にまで広げ，内積の記号に

ならって，$[a, b]$ 上の連続関数 φ, ψ に対して

$$(\varphi, \psi) = \int_a^b \varphi(x)\overline{\psi(x)}dx$$

という記号を導入する．また $K\varphi = \int_a^b K(x,t)\varphi(t)dt$ とおく．このとき

$$\begin{aligned}
(K\varphi, \varphi) &= \int_a^b \left(\int_a^b K(x,t)\varphi(t)dt \right) \overline{\varphi(x)}dx \\
&= \int_a^b \int_a^b K(t,x)\varphi(t)\overline{\varphi(x)}dtdx \\
&= \int_a^b \varphi(t)\overline{\left(\int_a^b K(t,x)\varphi(x)dx \right)}dt \\
&= (\varphi, K\varphi)
\end{aligned}$$

が成り立つ．ここで K の対称性と，K が実数値関数のことを用いた．

この式で特に φ として固有値 λ に属する固有関数 $f\ (\neq 0)$ をとると

$$(Kf, f) = (f, Kf), \quad \text{すなわち} \quad \lambda(f, f) = \bar{\lambda}(f, f)$$

が得られる．$(f, f) = \int_a^b |f(x)|^2 dx \neq 0$ に注意すると，これから，$\lambda = \bar{\lambda}$，すなわち λ が実数のことがわかる．∎

固有値の存在

次の定理が成り立つ．

【定理 A】 対称な積分方程式は少なくとも 1 つの固有値をもつ．

ヒルベルトの最初の定義に戻れば，λ のベキ級数 $\Delta(\lambda)$ が少なくとも 1 つの零点をもつということである．しかし多項式の場合と違って，たとえばベキ級数で表わされる関数 $w = e^z$ は，複素平面上でけっして 0 とならないから，この定理 A の事実はベキ級数の一般論から導かれるものではなくて，対称な積分作用素の性質に深く根ざしているものに違いない．

【定理 B】 対称な積分方程式の固有値は高々可算個であって，$\pm\infty$ 以外には集積しない．

128　第16講　ヒルベルトの登場

すなわち，固有値の集合は有限個からなるか，あるいは，絶対値の小さい順に
番号をつけて $\{\lambda_1, \lambda_2, \ldots, \lambda_n, \ldots\}$ とすると

$$|\lambda_1| \leqq |\lambda_2| \leqq \cdots \leqq |\lambda_n| \leqq \cdots \longrightarrow \infty$$

となるというのである．

この2つの定理の証明は，(それはヒルベルトの原証明ではないけれど) もっと
一般的な立場から，第22講で与える (ただし，第22講で述べる固有値は，積分
方程式の場合の固有値の逆数となっていることに注意する必要がある)．

　　一般に対称な積分方程式の核が

$$K(x, t) = \sum_{i=1}^{n} a_i(x)\overline{a_i(t)}$$

の形に表わされるときには，固有値は有限個となる．

固有関数と正規直交系

【定理 C】　各固有値に属する固有関数の中で，1次独立なものは有限個である．

ここでいっていることは，(ベクトル空間のときの言葉づかいを用いれば) 各
固有値に属する固有空間は有限次元であるということである．この次元のことを
固有値の重複度という．

いま $\{\mu_1, \mu_2, \ldots, \mu_n, \ldots\}$ を重複度も数えた固有値全体の集合とする．すなわ
ち固有値 λ_1 が重複度 s_1，固有値 λ_2 が重複度 s_2，$\ldots$ をもつとき

$$\underbrace{\mu_1, \ldots, \mu_{s_1}}_{=\lambda_1}, \quad \underbrace{\mu_{s_1+1}, \ldots, \mu_{s_1+s_2}}_{=\lambda_2}, \quad \cdots$$

とおいてあるのである．このとき各 μ_i $(i = 1, 2, \ldots)$ に属する実数値の固有関数
$e_i(x)$ を，

$$\int_a^b e_i(x)^2 dx = 1, \quad \int_a^b e_i(x)e_j(x)dx = 0 \quad (i \neq j)$$

をみたすように選ぶことができる．$\{e_1(x), e_2(x), \ldots\}$ は，固有関数のつくる正規
直交系である．

このとき，ヒルベルトは次の定理を示した．

【定理 D】 $[a, b]$ 上で定義された任意の実数値連続関数 φ, ψ に対し

$$\int_a^b \int_a^b K(x, t)\varphi(x)\psi(t)dxdt = \sum \frac{1}{\mu_n} (\varphi, e_\mu) (\psi, e_\mu)$$

が成り立つ. ここで右辺は絶対収束する級数である.

　この定理は何をいっているかわかりにくいかもしれない. 有限次元ベクトル空間 $\boldsymbol{V}$ 上の対称作用素 A を考える. A を対称行列 (a_{ij}) $(i, j = 1, 2, \ldots, n)$ で表わしておくと

$$(Ax, y) = \sum_{i,j} a_{ij} x_i y_j \qquad (*)$$

は 2 次形式である (x_i, y_j は実数として考えている). A の固有値を重複度も数えて, $\nu_1, \nu_2, \ldots, \nu_n$ とし, $\{e_1, e_2, \ldots, e_n\}$ を対応する固有ベクトルからなる正規直交基底とする. このとき

$$x = \sum (x, e_i) e_i, \quad y = \sum (y, e_i) e_i$$

となり (第 9 講参照),

$$Ax = \sum{}' \nu_i (x, e_i) e_i$$

となる. ここで $\sum{}'$ は, 0 でない ν_i だけに注目して加えることを示している. したがって

$$(Ax, y) = \sum{}' \nu_i (x, e_i) (y, e_i) \qquad (**)$$

となる. $(*)$ から $(**)$ へ移ることを, 2 次形式の'主軸変換'という. 定理と $(**)$ を見比べると, 定理が何を述べているかがわかるだろう. ν_i に対応するところが, $\frac{1}{\mu_n}$ と逆数になっているのは, 積分方程式としての固有値が, 積分作用素としての固有値の逆数として定義されていることを反映している.

ヒルベルト空間の誕生

　ヒルベルトは, フレードホルムの理論を, 2 次形式 $\sum K(x_j, x_k)\xi_j\xi_k$ の $n \to \infty$ のときの状況を示すものとして理解しようとした. ヒルベルトはフレードホルムの理論を再構成しながら, まず定理 D を示し, そこからさかのぼる形で定理 A, B, C を示したのである.

　しかしヒルベルトの前述の著書の第 4 章'無限変数をもつ 2 次形式の理論'は, 積分方程式論がまったく別の様相を示すに至る, 驚くべき局面の転換を指し示していた.

　簡単のため, 考える区間として $[0, 2\pi]$ をとり, この上の実数値連続関数を考察の対象としよう. このとき, 内積として

130 第 16 講 ヒルベルトの登場

$$(f, g) = \int_0^{2\pi} f(x)g(x)dx$$

を導入すると，フーリエ展開の理論から

$$\frac{1}{\sqrt{2\pi}}, \quad \frac{\cos x}{\sqrt{\pi}}, \quad \frac{\sin x}{\sqrt{\pi}}, \quad \frac{\cos 2x}{\sqrt{\pi}}, \quad \frac{\sin 2x}{\sqrt{\pi}}, \quad \cdots \tag{3}$$

は，$[0, 2\pi]$ 上の連続関数の空間の中で完全正規直交系をつくっている (この厳密
な定義はあとで述べる). 要するに，平均 2 乗収束の意味で，任意の連続関数は
フーリエ級数として展開されるのである. 簡単のため，上の関数列 (3) を

$$e_1(x), \quad e_2(x), \quad e_3(x), \quad \cdots$$

と表わそう.

ここでヒルベルトは $(a = 0, \ b = 2\pi$ の場合における$)(1)$ の積分方程式に対し

$$k_{p,q} = \int_0^{2\pi} \int_0^{2\pi} K(s,t)e_p(s)e_q(t)dsdt$$
$$b_p = \int_0^{2\pi} \varphi(s)e_p(s)ds$$
$$x_p = \int_0^{2\pi} f(s)e_p(s)ds$$

とおいた. このとき，積分方程式 (1) をとくことは，対応するフーリエ級数の係
数でみることにすると，無限個の変数 $x_1, x_2, \ldots, x_n, \ldots$ に関する連立方程式

$$x_p - \lambda \sum_{q=1}^{\infty} k_{pq}x_q = b_p \quad (p = 1, 2, \ldots)$$

をとくことに帰着する. ただしフーリエ級数におけるベッセルの不等式により

$$\sum_{p,q} k_{p,q}{}^2 < +\infty, \quad \sum_p b_p{}^2 < +\infty, \quad \sum_p x_p{}^2 < +\infty$$

はみたしていなくてはならない.

このようにしてヒルベルトは，積分方程式を，2 乗の和が収束するような数列
のつくる無限次元空間上の '主軸変換' の問題として捉えるに至った. ヒルベル
ト自身は，この無限次元空間の直交変換の理論を中心課題としたのだが，背景に
脈打つ無限次元空間に対する幾何学的観点は誰にも看取できるものであって，こ
れが有限次元ベクトル空間の延長上に，ヒルベルト空間を誕生させる道を拓くこ
とになったのである.

Tea Time

質問 ヒルベルトは僕でも名前を知っているくらい有名な数学者ですが，どういう人だったかについてはあまり聞いたことがありません．簡単に話していただけませんか．

答 ダヴィド・ヒルベルトは，1862年にドイツのケーニヒスベルクの近くで生まれた．彼はケーニヒスベルク大学で学び，そのときそこでミンコフスキーと友人になった．ケーニヒスベルク大学には，当時ウェーバーが正教授としており，ヒルベルトはここで整数論と関数論と不変式論を学んだ．やがてフルヴィツもこの大学に助教授として赴任した．1890年に，当時混迷の度合を深めていた不変式論に対し，斬新な立場に立った基本定理を証明し，一躍有名になった．続いて整数論の研究に没頭し，代数的整数論の基礎を築いた．1895年，ゲッチンゲン大学の教授となり，その後終生この地位にあった．ヒルベルトの名声は年とともに高まり，それとともにゲッチンゲン大学は，世界の数学のメッカの観を呈するに至ったのである．ガウスもリーマンもかつてはゲッチンゲン大学の教授であったが，ヒルベルトに至って，ゲッチンゲン大学は世界に向かって大きく花を開いたといってよいだろう．

1900年，パリの国際数学者会議で，有名な23の数学の問題を提起したが，この問題はその後の数学の発展の中で，絶えざる刺激と影響を与え続けてきた．ヒルベルトは，幾何学基礎論，積分方程式，変分学，数学基礎論等の分野を開拓し，次々と独創的な研究を発表していった．

1943年，ヒルベルトは世を去った．82歳であった．最晩年はナチズムの吹き荒れるドイツにあって，ともに語り合った多くの数学者が，迫害されたり，追放されたり，アメリカへ渡っていくさまを目のあたりにすることになった．ヒルベルトをとりまく環境は，必ずしも幸福なものとはいえなくなっていった．1900年当時，数学の理想を掲げて数学の最前線に立っていたヒルベルトの姿は，ヨーロッパ，とりわけドイツの栄光をそのまま示しているようであった．しかし，ヒルベルトの死は老いた巨木の倒れるごとくであって，ヨーロッパを中心とした数学の終焉を象徴的に示しているようであった．ヒルベルトの数学は，やがて到来した第2次大戦後の活力あふれる数学の新しい生命となって，引き継がれたのである．

第 **17** 講

ヒルベルト空間

テーマ

◆ 有限次元から無限次元へ
◆ ヒルベルト空間の定義——完備な内積をもつベクトル空間
◆ 直交性
◆ 正規直交系
◆ ベッセルの不等式
◆ 完全正規直交系の存在

は じ め に

前講からの話を続けるならば，$\sum x_n{}^2 < +\infty$ をみたす実数列 $\{x_n\}$ $(n = 1, 2, \ldots)$ 全体のつくるベクトル空間の構造と，その上の線形作用素の取扱いを述べていくことになるだろう．実際，ヒルベルトの継承者シュミットは 1908 年の論文で，この空間を l^2-空間と定義して，数学の檜舞台へ乗せたのである (複素数列を問題とするときには，$\sum |z_n|^2 < +\infty$ をみたす複素数列 $\{z_n\}$ を考えることになる)．シュミットはこの論文の中で，この空間の幾何学的様相，特に閉部分空間への射影作用素の存在を論じている．中心となるテーマは，積分方程式から移りつつあった．局面は動き出したのである．

この局面は，さらにルベーグ積分をこの理論体系の中に組みこむことによって加速された．1907 年から 1908 年にかけて，当時少壮の数学者であった，F. リースとフィシャーは，数直線上の区間 $I = [a, b]$ 上の，2 乗がルベーグ可積である関数のつくる空間 $L^2(I)$ を導入し，この空間と l^2-空間との関係——同型性——を示したのである．

しかしここまでくれば，現在完全に完成した，総合的な理論体系 'ヒルベルト

空間'の立場に立って，この講義を進めていった方がよいと思われる．これから
の主題はヒルベルト空間と，その上の線形作用素の理論である．

　なお，いままでは有限次元のベクトル空間を単にベクトル空間として引用して
きたが，いまは対象とすべき世界が広がって，私たちの前にあるのは無限次元のベ
クトル空間となってきた．そのため，これからベクトル空間というときには，有
限次元性の条件をはずし，最初の定義 (第 4 講で与えた定義) に戻って，加法 $x + y$
と，スカラー積 αx の演算をもつ集合を指すことにする．ここでスカラー α とし
ては，複素数をとるものとする．したがって正確には $\boldsymbol{C}$ 上のベクトル空間という
べきものである．

ヒルベルト空間の定義

　第 8 講ですでに述べた内積の性質を再記しておこう：

(I1)　$(x, x) \geqq 0$；等号は $x = 0$ のときに限る．

(I2)　$(\alpha x + \beta y, z) = \alpha(x, z) + \beta(y, z) \quad (\alpha, \beta \in \boldsymbol{C})$

(I3)　$(y, x) = (\overline{x, y})$

　次の定義も第 8 講で与えたものである．

【定義】　ベクトル空間に，内積 (x, y) が与えられたとき，内積をもつベクトル空間
という．

　内積をもつベクトル空間では x のノルム $\|x\|$ が

$$\|x\| = \sqrt{(x, x)}$$

で定義される．また第 8 講ですでに証明したように (そこでは有限次元の仮定は
用いていなかった)，シュワルツの不等式

$$|(x, y)| \leqq \|x\|\|y\|$$

と，これから導かれる次のノルムの不等式が成り立つ．

$$\|x + y\| \leqq \|x\| + \|y\|$$

　これも第 8 講で注意したことであるが，

$$\rho(x, y) = \|x - y\|$$

とおくと，ρ は，内積をもつベクトル空間に距離を与えている．これからこの距離か
ら導入される極限概念を積極的に用いることにする．特に系列 $\{x_n\}$ $(n = 1, 2, \ldots)$

134　第 17 講　ヒルベルト空間

が $\rho(x_n, y) = \|x_n - y\| \to 0 \ (n \to \infty)$ をみたすとき

$$\lim_{n \to \infty} x_n = y$$

と表わす.

　また,実数のときと同様に,系列 $\{x_n\} \ (n = 1, 2, \ldots)$ が

$$\|x_m - x_n\| \longrightarrow 0 \quad (m, n \to \infty)$$

をみたすときコーシー列という.

【定義】　内積をもつベクトル空間 $\mathscr{H}$ が,さらに次の性質 (II), (III) をもつとき,ヒルベルト空間という.

　(II) (完備性)　コーシー列は必ず収束する.

　(III) (可分性)　$\mathscr{H}$ の中に,可算個の元からなる稠密な集合が存在する.

　(II) で述べていることは,任意にコーシー列 $\{x_n\}$ が与えられれば,$\mathscr{H}$ の中に必ず収束する先 y が存在しているということである:$\lim x_n = y$.

　(III) で述べていることは,$\mathscr{H}$ の中の可算無限個の元 $\{u_1, u_2, \ldots, u_n \ldots\}$ が存在して,$\mathscr{H}$ の任意の元 x は,この中から適当にとった部分列 $\{u_{n_1}, u_{n_2}, \ldots, u_{n_k}, \ldots\}$ によって $\lim_{k \to \infty} u_{n_k} = x$ と表わされる,ということである.

　　このような抽象的なヒルベルト空間の定義は,1929 年にフォン・ノイマンによってはじめて与えられた.積分方程式の解法から徐々に育ってきた思想が,ついにこのような抽象的な概念として結晶してとり出されたのである.なお (III) の可分性の条件は,ヒルベルト空間の次元が,有限次元かあるいは $\aleph_0$ 次元であることを保証するものだが,この条件を除くことも最近ではむしろ慣例化してきた.

　n 次元複素ベクトル空間は,第 8 講で与えたような標準的な内積によってヒルベルト空間になっている.実際,完備性の条件 (II) は,各座標成分で確かめればよく,それは複素数の完備性によって成り立っている.また,(III) の可分性が成り立つことは,$z = (r_1 + i\tilde{r}_1, \ldots, r_n + i\tilde{r}_n) \ (r_1, \tilde{r}_1, \ldots, r_n, \tilde{r}_n$ は有理数) の形の元が,稠密な可算集合をつくることからわかる.

直 交 性

第 9 講で与えた定義と同様に次の定義をおく.

【定義】 ヒルベルト空間 $\mathscr{H}$ の 2 元 x, y が，$(x, y) = 0$ をみたすとき，x と y は直交するという.

すべての元に直交する元は 0 しかない．なぜなら内積の条件 (I1) により，$x \neq 0$ ならば $(x, x) \neq 0$ となっているからである.

また次のことも注意しておこう．$\{h_n\}$ $(n = 1, 2, \ldots)$ を $\mathscr{H}$ の中の稠密な系列とする．このとき

$$(x, h_n) = (y, h_n) \quad (n = 1, 2, \ldots) \Longrightarrow x = y$$

【証明】 $(x, h_n) = (y, h_n)$ から $(x - y, h_n) = 0$ が成り立つ．特に $\{h_n\}$ の中から $x - y$ に近づく部分系列 $\{h_{n_k}\}$ をとると，$n_k \to \infty$ のとき

$$0 = (x - y, h_{n_k}) \longrightarrow (x - y, x - y)$$

となる．したがって $(x - y, x - y) = 0$ から，$x = y$ となる. ■

正規直交系

【定義】 $\mathscr{H}$ の元の集まり S があって

  (i) $u \in S \Longrightarrow \|u\| = 1$

  (ii) $u, v \in S,\ u \neq v \Longrightarrow (u, v) = 0$

をみたすとき，S を正規直交系という.

S を正規直交系とし，$u_1, u_2, \ldots, u_m \in S$ とする．このとき，任意の元 $x \in \mathscr{H}$ に対して，次の不等式が成り立つ.

[ベッセルの不等式]
$$\|x\|^2 \geqq \sum_{i=1}^{m} |(x, u_i)|^2$$

【証明】
$$0 \leqq \|x - \sum_{i=1}^{m} (x, u_i)\, u_i\|^2$$
$$= \left(x - \sum_{i=1}^{m} (x, u_i)\, u_i,\ x - \sum_{i=1}^{m} (x, u_i)\, u_i \right)$$
$$= (x, x) - \sum_{i=1}^{m} (x, (x, u_i)\, u_i) - \sum_{i=1}^{m} ((x, u_i)\, u_i, x)$$
$$+ \sum_{i,j=1}^{m} (x, u_i)\, \overline{(x, u_j)}\, (u_i, u_j)$$

$$= \|x\|^2 - 2 \sum_{i=1}^{m} |(x, u_i)|^2 + \sum_{i=1}^{m} |(x, u_i)|^2$$

$$= \|x\|^2 - \sum_{i=1}^{m} |(x, u_i)|^2$$

したがって $\|x\|^2 \geqq \sum_{i=1}^{m} |(x, u_i)|^2$ が成り立つ. ∎

このベッセルの不等式から次の命題が証明できる.

> $\{u_1, u_2, \ldots, u_n, \ldots\}$ を無限個の元からなる正規直交系とする. このとき任意の $x \in \mathscr{H}$ に対して
> $$\sum_{n=1}^{\infty} (x, u_n) u_n$$
> は収束する.

【証明】 まずベッセルの不等式から, x を 1 つとめたとき, 正項級数 $\sum_{k=1}^{\infty} |(x, u_k)|^2$ は有界であって, したがって収束していることがわかる. したがってまた $m, n \to \infty$ のとき

$$\sum_{k=n+1}^{m} |(x, u_k)|^2 \longrightarrow 0$$

が成り立つ. そこでいま $s_m = \sum_{k=1}^{m} (x, u_k) u_k$ とおくと, $m > n$ に対して

$$\|s_m - s_n\|^2 = \|\sum_{k=n+1}^{m} (x, u_k) u_k\|^2 = \sum_{k=n+1}^{m} |(x, u_k)|^2 \longrightarrow 0$$

$(m, n \to \infty)$ となり, $\{s_m\}$ はコーシー列となる. したがって完備性から $\lim_{m \to \infty} s_m = \sum_{n=1}^{\infty} (x, u_n) u_n$ は存在する. ∎

完全正規直交系

私たちはこれから有限次元でないヒルベルト空間だけを取り扱うことにする. したがって $\mathscr{H}$ の中には, どんなに大きな自然数 n をとっても, 1 次独立であるような元 $\{x_1, x_2, \ldots, x_n\}$ が存在することになる.

【定義】 正規直交系 $\{e_1, e_2, \ldots, e_n, \ldots\}$ が次の条件をみたすとき, 完全正規直交系という.

任意の元 x は

$$(\sharp) \quad x = \sum_{n=1}^{\infty} (x, e_n) e_n$$

と表わされる.

ここで右辺は, もちろん $\lim_{k \to \infty} \sum_{n=1}^{k} (x, e_n) e_n$ の意味である.

【定理】 ヒルベルト空間 $\mathcal{H}$ には, 完全正規直交系が存在する.

【証明】 ヒルベルト空間の条件 (III) で与えた稠密な集合 $\{u_1, u_2, \ldots, u_n, \ldots\}$ に注目する. $\{u_1, u_2, \ldots, u_n, \ldots\}$ から次のような規則で, 新しい系列 $\{v_1, v_2, \ldots, v_n, \ldots\}$ をとり出す.

まず $\{u_1, u_2, \ldots, u_n, \ldots\}$ の中で最初に 0 でない元を u_{n_1} とし, $v_1 = u_{n_1}$ とおく.

次に $\{u_{n_1+1}, u_{n_1+2}, \ldots\}$ の中で最初に u_{n_1} と 1 次独立になる元を u_{n_2} とし, $v_2 = u_{n_2}$ とおく.

次に同様に, $\{u_{n_2+1}, u_{n_2+2}, \ldots\}$ の中で最初に u_{n_2} と 1 次独立になる元を u_{n_3} とし, $v_3 = u_{n_3}$ とおく.

この操作を順次帰納的に行なっていけば, 系列 $\{v_1, v_2, \ldots, v_n, \ldots\}$ が得られる. 操作が有限回で終ってしまって, 有限系列となる可能性もある. しかしこのときは実は $\mathcal{H}$ は有限次元となってしまう. このことは定理の証明のあとで注意することにしよう. 私たちは, $\{v_1, v_2, \ldots, v_n, \ldots\}$ が無限系列であったとして話を進めていくことにする.

まず, $\{v_1, v_2, \ldots\}$ の中から任意にとり出した有限個の元は, 必ず 1 次独立となっていることを注意しておこう. このことは, つくり方から明らかであろう.

また任意の u_n は, $\{v_1, v_2, \ldots\}$ の中から適当にとった有限個の元の 1 次結合として表わされる. 実際, u_n はある v_m と一致しているか, あるいは $\{u_1, u_2, \ldots, u_{n-1}\}$ からとった $v_1, v_2, \ldots, v_m$ の 1 次結合として表わされている.

第 8 講で述べたヒルベルト・シュミットの直交法は, そのままこの $\{v_1, v_2, \ldots\}$ に対して順次適用していくことができる. このようにして, 無限個の元からなる正規直交系 $\{e_1, e_2, \ldots, e_n, \ldots\}$ が得られる.

この $\{e_1, e_2, \ldots, e_n, \ldots\}$ は求める完全正規直交系となっている. それを示すために, 任意に $x \in \mathcal{H}$ をとり

$$y = x - \sum_{n=1}^{\infty} (x, e_n) e_n$$

とおく．このとき $k = 1, 2, \ldots$ に対し

$$\begin{aligned}(y, e_k) &= (x, e_k) - \sum_{n=1}^{\infty} (x, e_n)(e_n, e_k) \\ &= (x, e_k) - (x, e_k) \quad (n \neq k \Rightarrow (e_n, e_k) = 0) \\ &= 0\end{aligned}$$

が成り立つ．したがって，v_n は $\{e_1, \ldots, e_n\}$ の 1 次結合で表わされることに注意して

$$\begin{aligned}y \text{ はすべての } e_k \text{ と直交} &\implies y \text{ はすべての } \sum \alpha_k e_k \text{ (有限和) と直交} \\ &\implies y \text{ はすべての } v_n \text{ と直交} \\ &\implies y \text{ はすべての } \sum \alpha_n v_n \text{ (有限和) と直交} \\ &\implies y \text{ はすべての } u_n \text{ と直交}\end{aligned}$$

このようにして，$(y, u_n) = 0 \ (n = 1, 2, \ldots)$ が示されたが，$\{u_n\}$ は稠密な集合なのだから，これから $y = 0$ が得られる．したがって $x = \sum (x, e_n) e_n$ が成り立つ．■

注意 もし $\{u_1, u_2, \ldots\}$ から $v_1, v_2, \ldots$ をとり出す操作が N 回で終ってしまうならば，$\{v_1, v_2, \ldots, v_N\}$ に対して上と同様の議論を行なうと，任意の元 $x \in \mathscr{H}$ は

$$x = \sum_{n=1}^{N} (x, e_n) e_n$$

と表わされることがわかる．したがって $\mathscr{H}$ は N 次元となる．私たちは無限次元のヒルベルト空間だけ考察することにしたのだから，この場合は除外してよかったのである．

Tea Time

質問 有限次元の場合のアナロジーをたどってみると，完全正規直交系 $\{e_1, e_2, \ldots, e_n, \ldots\}$ は，$\mathscr{H}$ の正規直交基底といった方がよいように思いますが，基底という言葉は使わないのですか．

答 確かに任意の $x \in \mathscr{H}$ が，$x = \sum_{n=1}^{\infty} (x, e_n) e_n$ と表わされているだけでは

なく，x をこのように表わす表わし方はただ 1 通りしかないのだから $\{e_1, e_2, \ldots\}$ を $\mathscr{H}$ の基底といった方がよさそうにも思える（表わし方が 1 通りのことは，もし $x = \sum \alpha_n e_n$ と表わされると，両辺でそれぞれ e_k と内積をとってみると，$\alpha_k = (x, e_k)$ となり，係数 α_k は x により一意的に決まることからわかる）．

　しかし一般にベクトル空間 $\boldsymbol{V}$ の基底は，ふつうはもっと代数的に次のように定義されている．$\boldsymbol{V}$ の元の集合 $\{f_\alpha\}_{\alpha \in A}$ が基底であるとは，(i) $\{f_\alpha\}_{\alpha \in A}$ から任意にとった有限個の元は 1 次独立であり，(ii) 任意の $x \in \boldsymbol{V}$ は，$x = \alpha_1 f_{i_1} + \alpha_2 f_{i_2} + \cdots + \alpha_s f_{i_s}$（有限和）の形に表わされる，をみたしていることである．その意味では，完全正規直交系 $\{e_1, e_2, \ldots\}$ は基底ではない．なぜならそこには極限概念を経由して，表示に無限和 $\sum_{n=1}^{\infty}$ が現われているからである．この無限和は $\mathscr{H}$ の完備性によって存在が保証されていた．これはもはや単なる代数概念によってだけでは律しきれないものである．そのため‘基底’という言葉は使いにくく，代って‘系’という言葉を用い，また‘完備’という位相的用語に対応するかのように，‘完全’正規直交系といっている．もっとも英語では完備は complete，完全正規直交系は complete orthonormal system であって，ともに complete を用いている．要するに，complete とは，必要なものは十分備わっていることを示しているのである．

第 **18** 講

l^2-空　　　間

――テーマ――
◆ パーセバルの等式
◆ 問題――ヒルベルト空間に対する座標空間の設定
◆ l^2-空間
◆ l^2-空間の完備性
◆ フィッシャー・リースの定理：すべてのヒルベルト空間は l^2-空間
　と同型である．
◆ 2 乗可積な関数のつくる空間 $L^2(I)$

パーセバルの等式

　ヒルベルト空間 $\mathscr{H}$ の完全正規直交系を $\{e_1, e_2, \ldots\}$ とする．このとき $x, y \in \mathscr{H}$ に対して次のことが成り立つ．

$$
\begin{aligned}
&\text{(I)}\quad \text{〔パーセバルの等式〕}\\
&\qquad \|x\|^2 = \sum_{n=1}^{\infty} |(x, e_n)|^2 \\
&\text{(II)}\quad (x, y) = \sum_{n=1}^{\infty} (x, e_n)\,\overline{(y, e_n)}
\end{aligned}
$$

【証明】　(I)　$x = \sum_n (x, e_n)\, e_n$ だから

$$
\begin{aligned}
\|x\|^2 &= \left(\sum_{m=1}^{\infty} (x, e_m)\, e_m,\ \sum_{n=1}^{\infty} (x, e_n)\, e_n \right) \\
&= \sum_{m,n=1}^{\infty} (x, e_m)\, \overline{(x, e_n)}\, (e_m, e_n) \\
&= \sum_{n=1}^{\infty} |(x, e_n)|^2
\end{aligned}
$$

(II) $x = \sum_m (x, e_m) e_m,\ y = \sum_n (y, e_n) e_n$ に対し

$$(x, y) = \Big(\sum_{m=1}^{\infty} (x, e_m) e_m,\ \sum_{n=1}^{\infty} (y, e_n) e_n \Big)$$
$$= \sum_{m,n=1}^{\infty} (x, e_m) \overline{(y, e_n)} (e_m, e_n)$$
$$= \sum_{n=1}^{\infty} (x, e_n) \overline{(y, e_n)}$$

∎

1 つの問題——座標空間の設定

このパーセバルの等式から，次のような問題が生じてくる．複素数の数列 $\{z_n\}$ を

$$z_n = (x, e_n) \quad (n = 1, 2, \ldots) \tag{1}$$

で定義すると，パーセバルの等式は

$$\|x\|^2 = \sum_{n=1}^{\infty} |z_n|^2$$

が成り立つことを示している．この式から特に

$$\sum_{n=1}^{\infty} |z_n|^2 < +\infty \tag{2}$$

が成り立っている．それではこの逆の問題は成り立つだろうか．すなわち

(♯) (2) をみたす複素数列 $\{z_1, z_2, \ldots, z_n, \ldots\}$ が与えられたとき，

$\mathscr{H}$ の元 x で (1) の関係をみたすものが存在するだろうか？

抽象的なヒルベルト空間の理論にとって，この問題は基本的なので少し説明することにしよう．有限次元の場合，たとえば内積をもつ n 次元ベクトル空間を $\boldsymbol{V}$ とし，$\boldsymbol{V}$ に正規直交基底 $\{e_1, e_2, \ldots, e_n\}$ をとってみよう．このとき $x \in \boldsymbol{V}$ は

$$x = (x, e_1) e_1 + (x, e_2) e_2 + \cdots + (x, e_n) e_n$$

と表わされる．

$$x_i = (x, e_i) \quad (i = 1, 2, \ldots, n)$$

とおくと，対応

$$x \longrightarrow (x_1, x_2, \ldots, x_n) \tag{3}$$

は，$\boldsymbol{V}$ を座標空間 $\boldsymbol{C}^n$ 上へ実現するものとなっている．このときには，$\boldsymbol{C}^n$ の任意の元 $(a_1, a_2, \ldots, a_n)$ に対し，$y = a_1 e_1 + a_2 e_2 + \cdots + a_n e_n$ とおくと，$y \in \boldsymbol{V}$ となる．

142　第 18 講　l^2-空　　　間

　同じようなことは，ヒルベルト空間に対しても成り立つだろうか，という問い
が，上に述べた問題 (♯) の意味である．すなわち (1) の関係によって，(3) と同様
な対応

$$x \longrightarrow \{z_1, z_2, \ldots, z_n, \ldots\}, \quad \sum_{n=1}^{\infty} |z_n|^2 < +\infty$$

が決まる．だが，有限次元の場合と違うのは，この段階では $\mathscr{H}$ の移った先がま
だ確定していないということである．$\boldsymbol{C}^n$ に対応するような，ヒルベルト空間 $\mathscr{H}$
に対する'座標空間'として，私たちは (2) をみたす複素数列全体のつくる空間
をとってよいのか，あるいはその部分空間を考えるべきなのか．パーセバルの等
式からくる条件 (2) だけが，実現のために課すべき条件なのか．

　実は，最初に述べた問題 (♯) は肯定的にとける．このことは，$\mathscr{H}$ に対する'座
標空間'として，(2) をみたす複素数列全体のつくる空間をとってよいということ
を示している．実際，この結果を最初に示したのは (必ずしもこの形ではなかっ
たが)，フィッシャーと F. リースであった．証明の基本にある考えは，有限次元
の場合 (3) で示される対応を，完備性によって $\mathscr{H}$ まで拡大するということであ
る．この講の主題は，このテーマを追うことにあるが，それを述べる前に，まず
l^2-空間の定義を与えておこう．

l^2-空　　　間

　最初に，複素数列 $\{z_n\}$，$\{w_n\}$ で

$$\sum_{n=1}^{\infty} |z_n|^2 < +\infty, \quad \sum_{n=1}^{\infty} |w_n|^2 < +\infty$$

をみたすものが与えられていれば，必ず

$$\sum_{n=1}^{\infty} |z_n + w_n|^2 < +\infty \tag{4}$$

が成り立つことを注意しておこう．実際，N 項までとって

$$z^{(N)} = (z_1, z_2, \ldots, z_N), \quad w^{(N)} = (w_1, w_2, \ldots, w_N)$$

とし，これを $\boldsymbol{C}^{(N)}$ の元と考えてノルムの性質 (第 8 講参照) を使うと

$$\|z^{(N)} + w^{(N)}\|^2 \leqq (\|z^{(N)}\| + \|w^{(N)}\|)^2$$

すなわち

$$\sum_{n=1}^{N} |z_n + w_n|^2 \leqq \left(\left(\sum_{n=1}^{N} |z_n|^2 \right)^{\frac{1}{2}} + \left(\sum_{n=1}^{N} |w_n|^2 \right)^{\frac{1}{2}} \right)^2$$

が得られる. $N \to \infty$ のとき, 仮定により右辺は有限の値に近づくから, これで (4) が示された.

同様の考えで, $\boldsymbol{C}^N$ の場合のシュワルツの不等式を用いて $N \to \infty$ とすることにより, 級数

$$\sum_{n=1}^{\infty} z_n \bar{w}_n \text{ は収束する}$$

こともわかる.

【定義】 $\sum_{n=1}^{\infty} |z_n|^2 < +\infty$ をみたす複素数列 $z = \{z_n\}$ 全体のつくる集合に

和: $\quad \{z_n\} + \{w_n\} = \{z_n + w_n\}$

スカラー積: $\quad \alpha \{z_n\} = \{\alpha z_n\}$

としてベクトル空間の構造を入れ, さらに内積を

$$(z, w) = \sum_{n=1}^{\infty} z_n \bar{w}_n$$

によって導入して得られる, 内積をもつベクトル空間を l^2-空間という.

【定理】 l^2-空間はヒルベルト空間である.

【証明】 完備性: $z^{(s)} = \{z_n{}^{(s)}\}$ $(s = 1, 2, \ldots)$ を l^2-空間のコーシー列とする. $s, t \to \infty$ のとき

$$\|z^{(s)} - z^{(t)}\|^2 = \sum_{n=1}^{\infty} |z_n{}^{(s)} - z_n{}^{(t)}|^2 \longrightarrow 0$$

である. 各 'n-座標成分' に注目すると

$$|z_n{}^{(s)} - z_n{}^{(t)}| \leqq \|z^{(s)} - z^{(t)}\| \longrightarrow 0 \quad (s, t \to \infty)$$

が成り立つから, 数列 $\{z_n{}^{(1)}, z_n{}^{(2)}, \ldots, z_n{}^{(s)}, \ldots\}$ はコーシー列である. $s \to \infty$ のときのこの極限値を $\tilde{z}_n$ で表わす: $\lim_{s \to \infty} z_n{}^{(s)} = \tilde{z}_n$.

正意 ε が任意に与えられたとする. s を十分大きくとって

$$t \geqq s \Longrightarrow \|z^{(t)} - z^{(s)}\|^2 < \frac{\varepsilon}{2} \tag{5}$$

が成り立つようにする. 一方, 任意の自然数 l に対し, t を十分大きくとって, $t \geqq s$, かつこの t に対して

144 第 18 講 l^2-空   間

$$\sum_{n=1}^{l} |z_n{}^{(t)} - \bar{z}_n|^2 < \frac{\varepsilon}{2} \qquad (6)$$

が成り立つようにする. (5) と (6) から

$$\sum_{n=1}^{l} |z_n{}^{(s)} - \tilde{z}_n|^2 < \varepsilon$$

が得られる. l は任意の自然数でよいのだから, これから

$$\sum_{n=1}^{\infty} |z_n{}^{(s)} - \tilde{z}_n|^2 \leqq \varepsilon$$

が得られる. s さえ十分大きくとれば, ε はいくらでも小さくできるのだから, こ
れからまた

$$\lim_{s \to \infty} \sum_{n=1}^{\infty} |z_n{}^{(s)} - \tilde{z}_n|^2 = 0$$

が成り立つことがわかる. したがって

$$\tilde{z} = \{\tilde{z}_n\}$$

とおくと, $\tilde{z}$ は l^2-空間の元となり,

$$\lim_{s \to \infty} \|z^{(s)} - \tilde{z}\| = 0$$

が成り立つ.

可分性: l^2-空間の元 $z = \{z_n\}$ $(n = 1, 2, \ldots)$ に対して $z^{(1)} = \{z_1, 0,$
$0, \ldots\}$, $z^{(2)} = \{z_1, z_2, 0, 0, \ldots\}$, $\ldots$, $z^{(s)} = \{z_1, z_2, \ldots z_s, 0, 0, \ldots\}$, $\ldots$ とお
くと, $z^{(s)} \in l^2$ で

$$\lim_{x \to \infty} z^{(s)} = z$$

である. したがって各 s $(= 1, 2, \ldots)$ に対し

$$\tilde{\boldsymbol{C}}^s = \{\{z_1, z_2, \ldots, z_s, 0, 0, \ldots\} \mid z_i \in \boldsymbol{C}\}$$

とおくと, 和集合 $\bigcup_{s=1}^{\infty} \tilde{\boldsymbol{C}}^s$ は l^2 の中で稠密である.

一方,

$$\tilde{\boldsymbol{C}}_{\boldsymbol{Q}}{}^s = \{z_1, z_2, \ldots, z_s, 0, 0, \ldots \mid \Re z_i,\ \Im z_i\ (i = 1, \ldots, s)\ \text{は有理数}\}$$

とおくと, $\tilde{\boldsymbol{C}}_{\boldsymbol{Q}}{}^s$ は $\tilde{\boldsymbol{C}}^s$ の中で稠密である.

$\tilde{\boldsymbol{C}}_{\boldsymbol{Q}}{}^s$. したがってまた和集合 $\bigcup_{s=1}^{\infty} \tilde{\boldsymbol{C}}_{\boldsymbol{Q}}{}^s$ は可算集合であり, 包含関係

$$\bigcup_{s=1}^{\infty} \tilde{\boldsymbol{C}}_{\boldsymbol{Q}}{}^s \subset \bigcup_{s=1}^{\infty} \tilde{\boldsymbol{C}}^s \subset l^2$$

は, すべて稠密集合としての包含関係である. したがって可算集合 $\bigcup_{s=1}^{\infty} \tilde{\boldsymbol{C}}_{\boldsymbol{Q}}{}^s$ は

l^2 の中で稠密となる.

l^2-空間への実現

2つのヒルベルト空間 $\mathscr{H}, \mathscr{H}'$ が与えられたとする. $\mathscr{H}$ から $\mathscr{H}'$ の上への1対1対応 $\varPhi$ で

(i) $\varPhi(\alpha x + \beta y) = \alpha\varPhi(x) + \beta\varPhi(y)$ $\quad (x, y \in \mathscr{H}; \alpha, \beta \in \boldsymbol{C})$

(ii) $(x, y) = (\varPhi(x), \varPhi(y))$ $\quad (x, y \in \mathscr{H})$

をみたすものがあるとき, $\mathscr{H}$ と $\mathscr{H}'$ は ($\varPhi$ を通して) 同型であるといい, $\varPhi$ を同型写像という. このとき逆写像 $\varPhi^{-1}$ は $\mathscr{H}'$ から $\mathscr{H}$ への同型写像となっている. なお, (i) は $\varPhi$ が線形写像であることを示し, (ii) は $\varPhi$ が内積を保つことを示している.

次の定理はフィッシャー・リースの定理として引用されるが, フィッシャーとリースの結果を最も一般的な形で述べたものである.

【定理】 任意のヒルベルト空間 $\mathscr{H}$ は, l^2-空間と同型である.

【証明】 $\mathscr{H}$ の完全正規直交系を $\{e_1, e_2, \ldots, e_n, \ldots\}$ とする. パーセバルの等式 (I) から, 任意の $x \in \mathscr{H}$ に対して

$$\sum_{n=1}^{\infty} |(x, e_n)|^2 < +\infty$$

であり, したがって数列

$$\tilde{x} = \{(x, e_1), (x, e_2), \ldots, (x, e_n), \ldots\}$$

は l^2 の元となっている. さらに $\|x\| = \|\tilde{x}\|$ も成り立つ. また (II) から, $y \in \mathscr{H}$ に対して

$$\tilde{y} = \{(y, e_1), (y, e_2), \ldots, (y, e_n), \ldots\}$$

とおくと

$$(x, y) = (\tilde{x}, \tilde{y}) \quad (\text{左辺は } \mathscr{H}, \text{ 右辺は } l^2 \text{ の内積})$$

が成り立つことがわかる.

したがって, x に $\tilde{x}$ を対応させる対応を $\varPhi$ とすると, $\varPhi$ は $\mathscr{H}$ から l^2 への内積を保つ1対1写像であり, また線形写像のことも明らかである. $\varPhi$ が $\mathscr{H}$ から l^2 の上への写像であることをみるために,

146 第18講 l^2-空　　　間

l^2 の任意の元

$$\tilde{\alpha} = \{\alpha_1, \alpha_2, \ldots, \alpha_n, \ldots\} \quad \left(\sum |\alpha_n|^2 < +\infty\right)$$

をとる．このとき $\mathscr{H}$ の元の系列

$$x^{(1)} = \alpha_1 e_1, \quad x^{(2)} = \alpha_1 e_1 + \alpha_2 e_2, \quad \ldots,$$
$$x^{(n)} = \alpha_1 e_1 + \cdots + \alpha_n e_n, \quad \ldots$$

を考えると，$m > n$ のとき

$$\|x^{(m)} - x^{(n)}\|^2 = \sum_{i=n+1}^{m} |\alpha_i|^2 \longrightarrow 0 \quad (m, n \to \infty)$$

となる．したがって $\{x^{(n)}\}$ は $\mathscr{H}$ の中のコーシー列であり，$x = \lim_{n \to \infty} x^{(n)}$ が存在する．このとき $\varPhi(x) = \tilde{\alpha}$ となることは明らかだろう．これで $\varPhi$ が $\mathscr{H}$ から l^2 への同型写像を与えられていることが証明された． ∎

2乗可積な関数

　数直線上の閉区間 $I = [a, b]$ を考える．このときルベーグ測度に関して可測な複素数値関数 $f(t)$ で，さらに条件

$$\int_a^b |f(t)|^2 dt < +\infty$$

をみたすものを，(I 上で) 2乗可積な関数という．

　2乗可積な関数全体が，ふつうの和とスカラー積により，ベクトル空間の構造をもつことはすぐにわかるが，実は

$$(f, g) = \int_a^b f(t)\overline{g(t)}dt$$

を内積として採用し，ほとんど至るところ等しい関数を同一視することにより，ヒルベルト空間の構造をもつことが証明される．

　このヒルベルト空間を $L^2(I)$ と表わす．

　実際，ここで問題となるのは，完備性を確かめることである．これはルベーグ積分の性質に深くかかわっていて，この証明をここで与えるわけにはいかない．読者は『ルベーグ積分30講』を参照していただきたい．なお可分性については，有理係数の多項式の全体を考えると，これが $L^2(I)$ の中で，可算個の関数からなる稠密な集合を与えている．

ヒルベルト空間の理論が広く解析学の分野に応用されるようになったのは，この2乗可積な関数のつくる空間を通してであった．ヒルベルト空間の理論が誕生するわずか数年前にすぎなかったが，1900年にルベーグ積分が生まれていたことは，20世紀の数学の発展にとって，実に幸運な状況であったといわなくてはならない．

Tea Time

質問 フィッシャー・リースの定理はよくわかると思ったのですが，最後へきて，$L^2(I)$ もヒルベルト空間になるということを知って，少し戸惑った気分になりました．$L^2(I)$ も，l^2-空間と同型になるわけですが，$L^2(I)$ は関数空間で私の想像するのは連続的な描像です．一方，l^2-空間は数列をつくる空間で離散的な描像です．イメージの世界で捉える限り，まったく対極にあるこの2つの空間が，ヒルベルト空間としては同じ視点でみることができるというのは不思議なことに思います．

答 確かに2つの空間のもつ描像はまったく異なるものだが，そこに内蔵されているヒルベルト空間としての数学的構造は同じものであるとみるのである．抽象性によってとり出された論理的な構造の単一性と，それを具象化することにより得られた数学的対象の示す多様性との対照は，このヒルベルト空間では特に著しい．数学者は，$L^2(I)$ と l^2-空間をじっと見ながら，この彼方に浮かび上がる共通な論理の骨組を捉え，凝視しようと努める．だが，これは私にとってもいまなお不思議なことなのだが，この場所を凝視しているのは，単に数学者だけではないということである．物理学者もまた量子力学から生ずるさまざまな現象の奥に，同じ場所を見ている．実際，量子力学の数学的基礎づけは，抽象的なヒルベルト空間の論理の枠の中で達成された．このとき，L^2-空間への実現は波動像となり，l^2-空間への実現は粒子像となると解釈されたのである．これについては，あとでもう少し触れる機会があるだろう．

第 **19** 講

閉 部 分 空 間

テーマ

◆ 閉部分空間
◆ リースの補題：E が閉部分空間で $E \neq \mathscr{H}$ ならば，E に直交する 0 でない元が存在する．
◆ 直交補空間
◆ 直交分解 $\mathscr{H} = E \perp E^{\perp}$
◆ 余次元 1 の閉部分空間
◆ リースの定理：線形汎関数は，内積として表現される．

閉部分空間

次の定義からはじめよう．

【定義】 ヒルベルト空間 $\mathscr{H}$ の部分空間 E が閉集合のとき，E を閉部分空間という．

すなわち，E は次の性質をみたしている．

(i) $x, y \in E \Longrightarrow \alpha x + \beta y \in E$

(ii) $x_n \in E \ (n = 1, 2, \ldots), \quad x_n \to x \Longrightarrow x \in E$

有限次元の場合には部分空間が重要であったが，無限次元の場合には閉部分空間が重要になる．E を閉部分空間とすると，E の中に 1 次独立な元がちょうど n 個しかない場合と，どんなに大きな n をとっても n 個の 1 次独立な元が存在するという場合がある．最初のときは E は n 次元のベクトル空間となる．あとの場合は，$n = 1, 2, 3, \ldots$ に対し順次 1 次独立な元 $\{\tilde{e}_1, \tilde{e}_2, \ldots, \tilde{e}_n\}$ をつけ加えていって，これらにヒルベルト・シュミットの直交法を適用してみる．そうすると正規直交系 $\{e_1', e_2', \ldots, e_n', \ldots\}$ が得られるが，E が閉集合であることを用いると，これら

の1次結合の極限である $\sum_{n=1}^{\infty} \alpha_n e_n{}' \left(\sum |\alpha_n|^2 < \infty \right)$ がすべて E に属すること がわかる. したがって E 自身ヒルベルト空間の構造をもつことになる. すなわち

> E を $\mathcal{H}$ の閉部分空間とすると, E は有限次元のベクトル空間か, ヒルベルト空間になる.

もちろん, ヒルベルト空間になるというときには, $\mathcal{H}$ の内積を E に限って考 えているのである.

一般に $\mathcal{H}$ の部分空間 S が与えられると, S の閉包 $\bar{S}$ ($\mathcal{H}$ の点で, S の点列で 近づけるもの全体) は閉部分空間となる. これは証明するよりは, 簡単な例で示 しておこう.

$\mathcal{H}$ の正規直交基底を $\{e_1, e_2, \ldots, e_n, \ldots\}$ とし, この奇数番目だけをとって系 列 $\{e_1, e_3, \ldots, e_{2n+1}, \ldots\}$ に注目しよう. これから生成された部分空間を S とす ると, S は

$$\alpha_1 e_{2i_1+1} + \alpha_2 e_{2i_2+1} + \cdots + \alpha_s e_{2i_s+1} \quad (s = 1, 2, \ldots)$$

の形の元全体からなる. このとき $\bar{S}$ は

$$\sum_{n=1}^{\infty} \alpha_n e_{2n+1}, \quad \sum |\alpha_n|^2 < +\infty$$

の形の元からなる閉部分空間となる.

$\mathcal{H}$ と一致しない閉部分空間

[リースの補題]　E を $\mathcal{H}$ の閉部分空間とし, $E \neq \mathcal{H}$ とする. このとき, E の すべての元と直交するような, 0 でない元 z_0 が $\mathcal{H}$ の中に存在する.

【証明】　いま $y^* \notin E$ であるような元 y^* を任意に1つとる. この y^* を固定して 考えることにする. そこで

$$d = \inf_{x \in E} \|x - y^*\|$$

とおく. $\inf$ の性質から, E の中に系列 $\{x_1, x_2, \ldots, x_n, \ldots\}$ が存在して

$$\lim_{n \to \infty} \|x_n - y^*\| = d \tag{1}$$

となる. このとき

$$\|x_m - x_n\|^2 = \|(x_m - y^*) - (x_n - y^*)\|^2$$

$$= 2\|x_m - y^*\|^2 + 2\|x_n - y^*\|^2 - \|(x_m + x_n) - 2y^*\|^2$$

$$= 2\|x_m - y^*\|^2 + 2\|x_n - y^*\|^2 - 4\left\|\frac{x_m + x_n}{2} - y^*\right\|^2$$

この 1 行目から 2 行目に移るところで，公式 $\|A - B\|^2 + \|A + B\|^2 = 2\left(\|A\|^2 + \|B\|^2\right)$ を用いている．ここで $\frac{x_m + x_n}{2} \in E$ に注意すると

$$\left\|\frac{x_n + x_n}{2} - y^*\right\|^2 \geqq d^2$$

したがって

$$\|x_m - x_n\|^2 \leqq 2\|x_m - y^*\|^2 + 2\|x_n - y^*\|^2 - 4d^2$$

$$\longrightarrow 2d^2 + 2d^2 - 4d^2 = 0 \quad (m, n \to \infty)$$

となり，$\{x_n\}$ はコーシー列のことがわかる．したがって，ある元 x^* が存在して $\lim_{n \to \infty} x_n = x^*$ となるが，E は閉集合だから，$x^* \in E$ である．

(1) から

$$d = \|x^* - y^*\| = \inf_{x \in E} \|x - y^*\| \tag{2}$$

である．また $x^* \in E$, $y^* \notin E$ だから，$d > 0$ である．

E から任意の元 x をとり，$x^* + \alpha x$ $(\alpha \in \boldsymbol{C})$ を考える．このとき

$$x^* + \alpha x \in E \Longrightarrow \|y^* - (x^* + \alpha x)\| \geqq d \tag{3}$$

したがって (2) と (3) から

$$0 \leqq \|y^* - (x^* + \alpha x)\|^2 - \|y^* - x^*\|^2$$

$$= -2\Re \bar{\alpha}(y^* - x^*, x) + |\alpha|^2 \|x^*\|^2$$

ここで，$\alpha = \lambda (y^* - x^*, x)$ $(\lambda$ は実数$)$ とおくと

$$-2\lambda |(y^* - x^*, x)|^2 + \lambda^2 |(y^* - x^*, x)|^2 \|x^*\|^2 \geqq 0$$

となる．この不等式がすべての実数 λ に対して成り立つのだから

$$(y^* - x^*, x) = 0$$

でなくてはならない．x は E の任意の元でよかったのだから，$z_0 = y^* - x^*$ とおくと，$\|z_0\| = d \neq 0$ であって，

$$\text{すべての } x \in E \text{ に対して} \quad (z_0, x) = 0$$

が成り立つ．これで z_0 の存在が証明された．∎

この証明は，1934 年の F. リースの論文で与えられたものであるが，巧妙すぎ

て，かえって内容が理解しにくいかもしれない．証明の筋道は図18を見るとわかりやすい．E に属さない点 y^* から E の元への最短距離は，少なくとも有限次元の場合には，y^* から E へ下ろした垂線の長さで与えられる．この事実は，最短性と直交性が関係し合っていることを示している．このアナロジーから，証明ではまず y^* と

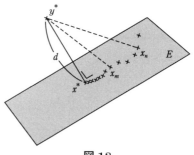

図 18

E の元との最短距離 d に注目したのである．この距離 d を実現する点 x^* が E に存在しているかどうかは，けっして自明なことではないのであって，それは $\mathscr{H}$ の完備性と E が閉じていることで与えられた．そうすると $y^* - x^*$ が，E と直交する元となることは，図のような場合は明らかなのだが，それを内積とノルムの性質から導くことによって，いわばリースは，図の状況が $\mathscr{H}$ の中でもやはり成り立っていることを示したのである．

直交補空間

図18で示されている状況が，$\mathscr{H}$ でも成り立っていると考えられるならば，当然，有限次元の部分空間のときのように，任意の閉部分空間に対して直交補空間が存在するだろうと予想される．

まず，有限次元の場合と同様に，直交補空間の定義を与えておこう．

【定義】 $\mathscr{H}$ の閉部分空間 E に対し

$$E^\perp = \{y \mid (y, x) = 0, \ x \in E\}$$

とおき，$E^\perp$ を E の<u>直交補空間</u>という．

$E^\perp$ が部分空間となることは明らかだが，実際は閉部分空間になっている．それをみるために，$y_n \in E^\perp$ $(n = 1, 2, \ldots)$，$y_n \to y$ とすると，すべての $x \in E$ に対し

$$0 = (y_n, x) \longrightarrow (y, x) \quad (n \to \infty)$$

だから $(y, x) = 0$ となり，$y \in E^\perp$ となる．

リースの補題は，閉部分空間 E に対し

152　第 19 講　閉 部 分 空 間

$$E \neq \mathscr{H} \Longleftrightarrow E^\perp \neq \{0\}$$

をいっている.

$E \cap E^\perp = \{0\}$ だから，E と $E^\perp$ から生成された部分空間は直和 $E \oplus E^\perp$ となっている．$E \oplus E^\perp$ の元は，$z = x + y,\ x \in E,\ y \in E^\perp$ と表わされるもの全体からなっている．直和とはこのような z の表わし方は 1 通りであることをいっている．$(x, y) = 0$ に注意すると，さらに

$$\|z\|^2 = \|x + y\|^2 = \|x\|^2 + \|y\|^2$$

が成り立っている．したがって $E \oplus E^\perp$ のコーシー列 $\{z_n\}\ (n = 1, 2, \ldots)$ に対して，$z_n = x_n + y_n$ と表わすと，$\{x_n\}, \{y_n\}$ もそれぞれ E と $E^\perp$ におけるコーシー列となる．$E, E^\perp$ は閉部分空間だから，$x_n \to x\ (\in E),\ y_n \to y\ (\in E^\perp)\ (n \to \infty)$ へと収束する．$z = x + y$ とおくと，$z \in E \oplus E^\perp$ で，$z_n \to z\ (n \to \infty)$ となっている．すなわち $E \oplus E^\perp$ も $\mathscr{H}$ の閉部分空間である．

次の定理は基本的である．

【定理】　$\mathscr{H}$ の任意の閉部分空間 E に対して

$$\mathscr{H} = E \oplus E^\perp \tag{4}$$

が成り立つ．

【証明】　$E \oplus E^\perp \neq \mathscr{H}$ と仮定して矛盾の生ずることをみよう．$E \oplus E^\perp$ は閉部分空間だから，ここにリースの補題が使えて，$E \oplus E^\perp$ に直交する 0 でない元 z_0 が存在する．この元 z_0 は，まず E のすべての元と直交しているのだから，$z_0 \in E^\perp$ でなくてはならない．一方，z_0 は $E^\perp$ のすべての元と直交しているのだから，自分自身とも直交しなくてはならない．したがって $(z_0, z_0) = 0$ となり，これから $z_0 = 0$ が得られて，$z_0 \neq 0$ であったことに矛盾する．これで証明された．　∎

有限次元のときと同じように，(4) を直交分解といって，$\mathscr{H} = E \perp E^\perp$ と表わすことにしよう．

この定理から，E はちょうど $E^\perp$ に直交する元全体からなっていることもわかる．すなわち

> 任意の閉部分空間 E に対して
> $$(E^\perp)^\perp = E$$
> が成り立つ.

リースの補題を用いたから，定理の証明はごく簡単にできてしまった．さかのぼっていえば，E が閉部分空間だったから事情は簡単だったのである．もしも E が閉じていない部分空間ならば，たとえば $E \oplus F = \mathscr{H}$ となる部分空間 F が存在するかどうかさえ，少しも自明なことではなくなってくる．たとえば $\{e_1, e_2, \ldots, e_n, \ldots\}$ を $\mathscr{H}$ の正規直交基底とし，この中から有限個の元をとってつくった1次結合全体のつくる部分空間を S とする．S は $\alpha_1 e_{i_1} + \alpha_2 e_{i_2} + \cdots + \alpha_s e_{i_s}$ の形の元からなっている．S は $\mathscr{H}$ の中で稠密な部分空間であるが，明らかに $S \neq \mathscr{H}$ である．このとき $S \oplus T = \mathscr{H}$ となるような部分空間 T をどのようにして見つけるのだろうかと考えてみられるとよい．やがて本当に存在するのだろうかという感じが横切るようになるかもしれない．このような部分空間 T が確かに存在するということを示すには，私は選択公理が必要になるだろうと思っている．

余次元 1 の閉部分空間

$\mathscr{H}$ の閉部分空間 E が
$$\dim E^\perp = 1$$
をみたすとき，E は余次元1の閉部分空間ということにしよう．このとき $E^\perp$ は，$E^\perp$ から 0 でない元 z_0 を1つとると，$E^\perp = Cz_0 = \{\alpha z_0 \mid \alpha \in \boldsymbol{C}\}$ と表わされる（1次元！）．したがって，E が余次元1のときは
$$\mathscr{H} = E \perp Cz_0$$
と表わされる.

このとき，この分解にしたがって，任意の元 $x \in \mathscr{H}$ はただ1通りに
$$x = y + \lambda z_0 \tag{5}$$
と表わされる．ここで x の 'z_0-成分' α に注目して
$$\varphi(x) = \lambda$$
とおこう．φ は $\mathscr{H}$ から $\boldsymbol{C}$ への写像となっている．φ が線形性
$$\varphi(\alpha x_1 + \beta x_2) = \alpha \varphi(x_1) + \beta \varphi(x_2)$$

154 第19講 閉 部 分 空 間

をみたしていることは明らかである. さらに (5) から

$$\|x\|^2 = \|y\|^2 + |\lambda|^2 \|z_0\|^2$$
$$= \|y\|^2 + |\varphi(x)|^2 \|z_0\|^2 \geqq |\varphi(x)|^2 \|z_0\|^2$$

が成り立つから, これから

$$|\varphi(x)| \leqq \frac{1}{\|z_0\|} \|x\|$$

が導かれる.

リースの定理

今度は逆に, $\mathscr{H}$ から C への線形写像 φ が与えられたとして, そこから出発してみよう.

【定義】 $\mathscr{H}$ から C への写像 φ が, 次の 2 条件をみたすとき線形汎関数という.

(i) (線形性) $\varphi(\alpha x_1 + \beta x_2) = \alpha \varphi(x_1) + \beta \varphi(x_2)$

(ii) (有界性) 適当な正数 M をとると, すべての $x \in \mathscr{H}$ に対して

$$|\varphi(x)| \leqq M\|x\|$$

が成り立つ.

(ii) の有界性については, 次講でもう一度触れるが, ここでは有界性は φ の連続性:

$$x_n \to x \Longrightarrow \varphi(x_n) \to \varphi(x)$$

を意味していることを注意しておこう. 実際

$$|\varphi(x) - \varphi(x_n)| \leqq M\|x_n - x\| \longrightarrow 0 \quad (n \to \infty)$$

線形汎関数 φ が与えられたとき, φ の核

$$K = \varphi^{-1}(0) = \{x \mid \varphi(x) = 0\}$$

に注目しよう. K は, φ によって 0 に移されるような $\mathscr{H}$ の元全体からなる. このとき

(i) K は $\mathscr{H}$ の閉部分空間である.

(ii) φ が恒等的に 0 でなければ, K は余次元 1 である.

【証明】 (i) $x_1, x_2 \in K \Longrightarrow \varphi(\alpha x_1 + \beta x_2) = \alpha \varphi(x_1) + \beta \varphi(x_2) = 0$
$$\Longrightarrow \alpha x_1 + \beta x_2 \in K$$

したがって K は部分空間である．閉じていることは $x_n \in K$ $(n = 1, 2, \ldots)$，$x_n \to x$ とすると，$\varphi(x_n) = 0$，$\varphi(x_n) \to \varphi(x)$ から，$\varphi(x) = 0$ となり，$x \in K$ となることからわかる．

(ii) $\varphi \neq 0$ だから $\dim K^\perp \geqq 1$ のことは明らかである．$\dim K^\perp > 1$ として矛盾の生ずることをみよう．このように仮定すると，$K^\perp$ の中に少なくとも 2 つの 1 次独立な元 z_0 と z_1 が存在することになる．このとき $\varphi(z_0) \neq 0$，$\varphi(z_1) \neq 0$ だから，複素数 α を適当にとると

$$\varphi(z_1) = \alpha \varphi(z_0)$$

が成り立つ．したがって $\varphi(\alpha z_0 - z_1) = 0$．すなわち $\alpha z_0 - z_1 \in K$．一方，$\alpha z_0 - z_1 \in K^\perp$ であり，$K \cap K^\perp = \{0\}$ だから $\alpha z_0 - z_1 = 0$ が得られた．これは z_0 と z_1 が 1 次独立であったことに矛盾する．したがって $\dim K^\perp = 1$ である． ∎

次の定理はリースの定理とよばれて，よく用いられる．

【定理】 φ を $\mathscr{H}$ 上の線形汎関数とする．このとき，ただ 1 つの元 $\tilde{z} \in \mathscr{H}$ が存在して

$$\varphi(x) = (x, \tilde{z})$$

と表わされる．

【証明】 存在： $\varphi = 0$ ならば，$\tilde{z} = 0$ にとるとよい．したがって $\varphi \neq 0$ の場合に $\tilde{z}$ の存在を示すとよい．φ の核を K とし，$K^\perp$ から 0 でない元 z_0 を任意にとる．K は余次元 1 だから

$$\mathscr{H} = K \perp \boldsymbol{C} z_0$$

と表わされる．$x \in \mathscr{H}$ をこの分解にしたがって

$$x = y + \alpha z_0$$

と表わす．この式の両辺の φ の値を考えると

$$\varphi(x) = \alpha \varphi(z_0) \tag{6}$$

また，z_0 と内積をとると

$$(x, z_0) = \alpha (z_0, z_0) \tag{7}$$

(6) と (7) から α を消去すると

$$\varphi(x) = \frac{\varphi(z_0)}{(z_0, z_0)}(x, z_0)$$

となる．したがって

$$\tilde{z} = \overline{\frac{\varphi(z_0)}{(z_0, z_0)}} z_0$$

とおくと

$$\varphi(x) = (x, \tilde{z})$$

が成り立つ．

一意性： $\varphi(x) = (x, \tilde{z}) = (x, \tilde{\tilde{z}})$ と表わされたとすると，すべての x に対して $(x, \tilde{z} - \tilde{\tilde{z}}) = 0$ が成り立つ．特に x として $\tilde{z} - \tilde{\tilde{z}}$ をとると，$(\tilde{z} - \tilde{\tilde{z}}, \tilde{z} - \tilde{\tilde{z}}) = 0$. したがって $\tilde{z} = \tilde{\tilde{z}}$ となる． ∎

Tea Time

質問 リースの定理が何をいおうとしているのか，もうひとつわからない気がします．説明していただけませんか．

答 有限次元の場合に，ベクトル空間 V に対して双対空間 V^* が存在することを聞いたことがないだろうか．V を R 上の n 次元ベクトル空間とするとき，V^* は，V から R への線形写像全体のつくるベクトル空間であった．V^* も n 次元のベクトル空間となる．V に内積を入れておくと，任意の $\varphi \in V^*$ に対し，$\varphi(x) = (x, z)$ となる z がただ1つ決まり，φ に z を対応させることにより，V が実ベクトル空間の場合には，V^* から V への標準的な同型対応が決まる (『ベクトル解析30講』第13講参照)．リースの定理は，対応することが，ヒルベルト空間でも線形写像に有界性という連続性の条件を課しておくと，大体同じ形でやはり成り立つということをいっているのである．なお，大体同じ形といったのは，リースの定理で $\varphi \leftrightarrow \tilde{z}$ を対応させると，$\alpha\varphi \leftrightarrow \bar{\alpha}\tilde{z}$ となり，φ と $\tilde{z}$ との対応は'共役線形な'同型対応とでもいうべきものになるからである．

第20講

有 界 作 用 素

―― テーマ ――――――――――――――――――――――――

◆ 有界作用素
◆ 有界作用素のノルム
◆ 随伴作用素
◆ 射影作用素：$P^2 = P,\ P^* = P$
◆ 正規作用素：$A^*A = AA^*$
◆ ユニタリー作用素：$U^*U = I$
◆ 自己共役作用素：$H = H^*$

―――――――――――――――――――――――――――――――

有界作用素

前講で，リースの定理に関連して登場した線形汎関数は，$\mathscr{H}$ から $\boldsymbol{C}$ への写像であった．これからは $\mathscr{H}$ から $\mathscr{H}$ への写像――作用素――を考える．

【定義】 $\mathscr{H}$ から $\mathscr{H}$ への写像 A が，次の2つの条件をみたすとき，有界な線形作用素，または簡単に有界作用素という．

(i)（線形性） $A(\alpha x_1 + \beta x_2) = \alpha A x_1 + \beta A x_2$

(ii)（有界性） 適当な正数 M をとると，すべての $x \in \mathscr{H}$ に対して

$$\|Ax\| \leqq M\|x\| \tag{1}$$

有界性の条件は，実は連続性の条件と同値である．すなわち

――――――――――――――――――――――――――――――

線形作用素 A が有界であるための必要十分条件は，A が連続であること，すなわち

$$x_n \to x \quad (n \to \infty) \Longrightarrow A x_n \to A x$$

が成り立つことである．

――――――――――――――――――――――――――――――

158   第 20 講　有 界 作 用 素

【証明】　必要性：　A を有界作用素とする．$x_n \to x \ (n \to \infty)$ とすると $\|Ax_n - Ax\| = \|A(x_n - x)\| \leqq M\|x_n - x\| \to 0 \ (n \to \infty)$ となる．したがって A は連続である．

　十分性：　A を連続とする．このとき A が有界でなかったとして矛盾の出ることをみよう．A が有界でないとすると，どんなに大きな正数 M をとっても，(1) を成り立たせないような x が存在する．したがって

$$\|Ax_n\| > n^2\|x_n\|, \quad n = 1, 2, \ldots$$

をみたす系列 $\{x_1, \ldots, x_n, \ldots\}$ が存在する．この式の両辺を $n\|x_n\|$ で割り，

$$y_n = \frac{1}{n\|x_n\|}x_n$$

とおくと

$$\|Ay_n\| > n, \quad n = 1, 2, \ldots \tag{2}$$

が得られる．$\|y_n\| = \frac{1}{n}$ だから，$n \to \infty$ のとき $y_n \to 0$ である．A は連続なのだから，$Ay_n \to 0 \ (n \to \infty)$ とならなければならない．これは (2) に矛盾する．したがって A が連続ならば，A は有界である．　∎

　有界性も連続性も同じことをいっているのだが，線形作用素を取り扱うときには，有界性の方がよく用いられる．次の命題は連続性の観点からでもすぐに導かれる (次節参照).

　A, B を有界な作用素とする．このとき
　　　　　　和：$A + B$
　　　　　　スカラー積：$\alpha A \quad (\alpha \in \boldsymbol{C})$
　　　　　　積：AB
　もまた有界な作用素となる．

　ここで積 AB とは，もちろん $ABx = A(Bx)$ によって定義される作用素のことである．

有界作用素のノルム

　A を有界な作用素とする．このとき (1) を成り立たせるような M の下限を $\|A\|$ と表わし，A のノルムという．すなわち

$$\|A\| = \inf\{M \mid \text{すべての } x \text{ に対し } \|Ax\| \leqq M\|x\|\}$$

とおくのである.

明らかに

$$\|A\| \geqq 0$$

であるが, 等号は $A = 0$ のときに限る. なぜならもし $A \neq 0$ とすると, ある x_0 で $Ax_0 \neq 0$ となるものがある. このとき $\|Ax_0\| = k$ とおくと, $k \neq 0$ で

$$\|Ax_0\| = \frac{k}{\|x_0\|}\|x_0\|$$

したがって

$$\|A\| \geq \frac{k}{\|x_0\|} > 0$$

となるからである.

有界作用素のノルムについては次の性質が成り立つ.

(i)　恒等作用素 I に対しては $\|I\| = 1$

(ii)　$\|\alpha A\| = |\alpha|\|A\|$

(iii)　$\|A + B\| \leqq \|A\| + \|B\|$

(iv)　$\|AB\| \leqq \|A\|\|B\|$

どの証明も同じようなものだから, (iv) だけを示しておこう.

$$\|ABx\| = \|A(Bx)\| \leqq \|A\|\|Bx\| \qquad (\text{A のノルムの定義})$$
$$\leqq \|A\|\|B\|\|x\| \qquad (\text{B のノルムの定義})$$

この式がすべての x に対して成り立つのだから

$$\|AB\| \leqq \|A\|\|B\|$$

となる.

随伴作用素

有限次元の場合と同じように, 任意の有界作用素 A に対して随伴作用素 A^* が存在するが, このことを示すのにリースの定理を用いる.

160 第20講 有界作用素

A を有界な作用素とする．このときすべての x, y に対して

$$(Ax, y) = (x, A^*y) \tag{3}$$

をみたす有界作用素 A^* が存在して，ただ 1 通りに決まる．

【証明】 任意に y をとって，ひとまずこの y を固定し，

$$\varphi_y(x) = (Ax, y)$$

とおく．内積の性質から，$\varphi_y(x)$ は x について線形であるが，さらに

$$|\varphi_y(x)| = |(Ax, y)| \leqq \|Ax\|\|y\| \quad (\text{シュワルツの不等式})$$

$$\leqq \|A\|\|x\|\|y\|$$

$$= (\|A\|\|y\|)\|x\|$$

から，φ_y は線形汎関数となる．したがってリースの定理から

$$\varphi_y(x) = (x, y^*)$$

となる y^* がただ 1 つ決まる．

あるいはかき直して，y^* は

$$(Ax, y) = (x, y^*)$$

をみたしている．y に y^* を対応させる対応を

$$A^*y = y^*$$

と表わすことにより，(3) をみたす対応 A^* が存在して，一意的に決まることが示された．

次に A^* が有界な線形作用素となることを示そう．

線形作用素のこと：

$$(Ax, \alpha y_1 + \beta y_2) = (x, A^*(\alpha y_1 + \beta y_2)) \tag{4}$$

であるが，一方

$$(Ax, \alpha y_1 + \beta y_2) = \bar{\alpha}(Ax, y_1) + \bar{\beta}(Ax, y_2)$$

$$= \bar{\alpha}(x, A^*y_1) + \bar{\beta}(x, A^*y_2)$$

$$= (x, \alpha A^*y_1 + \beta A^*y_2) \tag{5}$$

(4) と (5) を見比べて

$$A^*(\alpha y_1 + \beta y_2) = \alpha A^*y_1 + \beta A^*y_2$$

が得られる．

有界であること：

$$\|A^*y\|^2 = (A^*y, A^*y) = (AA^*y, y)$$
$$\leqq \|AA^*y\|\|y\| \quad (\text{シュワルツの不等式})$$
$$\leqq \|A\|\|A^*y\|\|y\|$$

したがって $\|A^*y\| \leqq \|A\|\|y\|$，すなわち $\|A^*\| \leqq \|A\|$ が成り立ち，A^* が有界なことが示された． ▮

【定義】 有界作用素 A に対し，A^* を A の随伴作用素という．

A と A^* の関係 (3) が対称のことから

$$(A^*)^* = A$$

が成り立つことがわかる．このことを上の証明の最後の部分で得られた結果 $\|A^*\| \leqq \|A\|$ に適用すると，$\|A\| = \|(A^*)^*\| \leqq \|A^*\|$ が得られ，結局

$$\|A\| = \|A^*\|$$

が示された．

第 10 講で有限次元の場合に述べたのと同様に，次の等式が成り立つ．

$$(\alpha A + \beta B)^* = \bar{\alpha} A^* + \bar{\beta} B^*$$
$$(AB)^* = B^* A^*$$

射影作用素

$\mathscr{H}$ の閉部分空間 E が与えられると，前講で述べたように，$\mathscr{H}$ は

$$\mathscr{H} = E \perp E^\perp$$

と直交分解される．この分解にしたがって $\mathscr{H}$ の元 x を

$$x = y + z, \quad y \in E, \quad z \in E^\perp \tag{6}$$

と表わしたとき，

$$Px = y$$

とおき，P を E への射影作用素という．

射影作用素の導入にとって，基本となるのは (6) の直交分解だけである．した

162 第20講 有界作用素

がって，有限次元の場合に部分空間といったところを，閉部分空間におきかえさえすれば，射影作用素に関する基本的な性質は，第 10 講で述べたものがそのままの形で，ヒルベルト空間でも成り立つことになる．

特に，$I - P$ は，$E^\perp$ への射影作用素である．また次の射影作用素の特徴づけも成り立つ．

有界作用素 P が，ある閉部分空間 E への射影作用素となるための必要十分条件は，P が次の 2 つの条件をみたすことである．

(i) $P^2 = P$

(ii) $P^* = P$

なお，射影作用素 P が 0 でなければ

$$\|P\| = 1$$

である．このことは，一般に $\|Px\| \leqq \|x\|$；$x \in E \Rightarrow \|Px\| = \|x\|$ となることからわかる．

有界作用素のいくつかの定義

随伴作用素が定義されたのだから，この概念を用いて，有限次元の場合のアナロジーをたどることにより，いくつかのタイプの有界作用素を定義することができる．

正規作用素： $A^*A = AA^*$ をみたす有界作用素 A を正規作用素という．

ユニタリー作用素： $U^*U = I$（恒等作用素）をみたす有界作用素 U を，ユニタリー作用素という．ユニタリー作用素については，第 13 講で述べた有限次元の場合のユニタリー作用素の特性づけがそのままの形ですべて成り立つ．形式的にはその証明も同じである．ヒルベルト空間の場合に，それらの特性づけをもう一度再記すると次のようになる．

有界作用素 U がユニタリーとなる条件は，次のいずれか 1 つの条件が成り立つことである．

(i) $U^{-1} = U^*$

(ii) $UU^* = I$
(iii) すべての x, y に対して $(U_x, U_y) = (x, y)$
(iv) すべての x に対して $\|Ux\| = \|x\|$
(v) U は完全正規直交系を，完全正規直交系へ移す．

最後の (v) だけ '完全' というところに，一言注意がいるかもしれない．$\{e_1, e_2, \ldots, e_n, \ldots\}$ を完全正規直交系とする．このとき $\{Ue_1, Ue_2, \ldots, Ue_n, \ldots\}$ が正規直交系となることはすぐにわかるが，完全であることは次のようにしてわかる．任意に x をとり，$y = U^{-1}x$ とおく．$\{e_1, e_2, \ldots, e_n, \ldots\}$ は完全だから

$$y = \sum_{n=1}^{\infty} \alpha_n e_n$$

と表わされる．この両辺に U を適用して

$$x = \sum_{n=1}^{\infty} \alpha_n Ue_n$$

となる．したがって $\{Ue_1, Ue_2, \ldots, Ue_n, \ldots\}$ は完全である．

自己共役作用素： $H = H^*$ をみたす有界作用素を<u>自己共役作用素</u>という．

自己共役作用素 H に対しては，(Hx, x) はつねに実数となる．なぜなら

$$(Hx, x) = (x, Hx) = \overline{(Hx, x)}$$

が成り立つからである．

有限次元の場合のアナロジーでは，これはエルミート作用素というべきものである．実際，エルミート作用素とよぶこともあるが，ヒルベルト空間のときには，自己共役作用素——self-adjoint operator——ということが多いようであり，ここでもそれにならうことにした．

Tea Time

質問 これからの講義では，いま定義されたばかりの，正規作用素や自己共役作用素などの固有値問題が取り扱われるのだろうと思いますが，これらの作用素は，有限次元の場合とまったく同じ形で定義されたのですから，有限次元から無限次

元の場合に向けての離陸準備は万端整ったと考えてよいのでしょうか．あとは離陸 O.K. の合図を待つだけなのでしょうか．

答 離陸準備は万端整ったのかと問われると，必ずしもそうではないといわざるをえないようである．正規作用素等の形式的な定義は，幸いリースの定理から，随伴作用素の概念を用いることにより，有限次元の場合と同じ形で導入されたが，これらの作用素のもつ性質は，形式的な定義だけでは察知されない高所にある．ヒルベルト空間上で固有値問題を論ずるためには，作用素に対する積分概念が必要となり，それが新しい局面を展開する．積分方程式論を端緒として登場したヒルベルト空間論は，結局は，積分概念の中を大きく旋回しながら，飛翔を続けていくことになるのである．そのため，ヒルベルト空間上の固有値問題に入るためにはまだいろいろな準備がいる．質問に対する答としては，いま格納庫から飛行機がとり出され，飛行場へと姿を見せたところくらいだといっておこうか．

第 **21** 講

ヒルベルト空間上の固有値問題の第一歩

> ── テーマ ─────────────────────────
> ◆ 有限次元と無限次元の違い
> ◆ ヒルベルト空間の単位球面はコンパクトでない.
> ◆ 自己共役作用素 H の最大の固有値を, 有限次元の場合のように,
> (Hy, y) の単位球面上の最大値としては一般に捉えられない──
>   固有ベクトルがつかまらない.
> ◆ 最大固有値を, (Hy, y) の単位球面上の最大値として求められる
>   1 つの条件──条件 (C)
> ◆ 自己共役作用素 H に対し $\|H\| = \sup\limits_{\|y\|=1} (Hy, y)$

有限次元と無限次元の違い

　前講の Tea Time では, ヒルベルト空間上の固有値問題には, 積分概念を投入することが必要であるといったが, この講ではまだその点までは立ち入らない. ここでは, ヒルベルト空間上の固有値問題を取り扱う第一歩として, 有限次元の場合の固有値問題とどのようなところが違うか, またどのような条件をおくと, 有限次元とのアナロジーがたどれるかなどについて述べることにしよう.

　ところで一体, 有限次元と無限次元の間に, 本質的な状況の違いを示す源はどこにあるのだろうか. 私たちにとっては, $\boldsymbol{C}^n$ の中の単位球面

$$S_{\boldsymbol{C}^n} = \{(z_1, z_2, \ldots, z_n) \mid |z_1|^2 + |z_2|^2 + \cdots + |z_n|^2 = 1\}$$

がコンパクトなのに, $\mathscr{H}$ における単位球面

$$S_{\mathscr{H}} = \{x \mid \|x\| = 1\}$$

がコンパクトでないという違いが決定的である.

　コンパクトとは, 距離空間に限っていえば, '無限個の点列があれば, 必ずある適当な部分点列が存在して, この部分点列はある点に収束する' という性質を指す.

166 第21講 ヒルベルト空間上の固有値問題の第一歩

$S_{\boldsymbol{C}}{}^n$ がコンパクトであることは，$z_i = x_i + \sqrt{-1}\,y_i$ と表わすと

$$S_{\boldsymbol{C}}{}^n = \{(z_1, z_2, \ldots, z_n) \mid x_1{}^2 + y_1{}^2 + x_2{}^2 + y_2{}^2 + \cdots + x_n{}^2 + y_n{}^2 = 1\}$$

となり，したがって $S_{\boldsymbol{C}}{}^n$ は，$\boldsymbol{R}^{2n+1}$ の単位球面と同一視されるからである (ボルツァーノ・ワイエルシュトラスの定理の一般化！).

一方，$S_{\mathscr{H}}$ がコンパクトでないことは次のようにしてわかる．$\mathscr{H}$ の完全正規直交系を $\{e_1, e_2, \ldots, e_n, \ldots\}$ とすると，$\|e_n\| = 1$ により，$\{e_n\}$ $(n = 1, 2, \ldots)$ は $S_{\mathscr{H}}$ の中の無限系列である．ところが $m \neq n$ ならば

$$\|e_m - e_n\| = \sqrt{2}$$

だから，$\{e_n\}$ の中からどのような部分点列をとっても収束しない．したがって $S_{\mathscr{H}}$ はコンパクトではない.

$S_{\mathscr{H}}$ の中には，2点間の距離がつねに $\sqrt{2}$ であるような点が無限にあるのだから，ふつうの球面から想像されるような閉じたものではなく，むしろ'単位球面' $S_{\mathscr{H}}$ は，無限の方向に向かって開いていると考えた方がよいのかもしれない.

[試行] 有限次元とのアナロジーを追う

$S_{\boldsymbol{C}}{}^n$ はコンパクトであるが，$S_{\mathscr{H}}$ はコンパクトでないという事実は，具体的に固有値問題にどのように反映するのだろうか.

第12講で述べたエルミート作用素の固有値問題を振り返りながら，話を進めていくことにしよう．そのためいま $\mathscr{H}$ 上の自己共役作用素 H で

$$(Hx, x) \geqq 0 \tag{1}$$

をみたすものを考えよう．H の固有値 λ を，有限次元の場合と同じように，

$$Hx_0 = \lambda x_0$$

をみたす 0 でない元 x_0 が存在するときと定義する．このとき，固有値 λ は (もし存在すれば) 負でない実数となる．このことは

$$(Hx_0, x_0) = \lambda (x_0, x_0)$$

と仮定 (1) から明らかである.

また任意の x に対して

$$\begin{aligned}
0 \leqq (Hx, x) &\leqq \|Hx\| \|x\| \\
&\leqq \|H\| \|x\|^2
\end{aligned}$$

が成り立つから，$x \neq 0$ のとき，辺々を $\|x\|^2$ で割って

$$0 \leqq H\left(\frac{x}{\|x\|}, \frac{x}{\|x\|}\right) \leqq \|H\|$$

となる．したがって $y = \dfrac{x}{\|x\|}$ とおき，y を $S_{\mathscr{H}}$ 上の変数と考えると，

$$(Hy, y)$$

は $S_{\mathscr{H}}$ 上の連続関数であって，

$$0 \leqq (Hy, y) \leqq \|H\|$$

が成り立っている．

　ここで第 12 講で述べたエルミート作用素のことを思い出し，そのアナロジーを追うことを試みるならば，私たちは，まず H の最大の固有値 $\bar{\lambda}$ を

$$(\,?\,) \qquad \underset{y \in S_{\mathscr{H}}}{\operatorname{Max}}\,(Hy, y)$$

の値として求め，この最大値をとる y_0 が $\bar{\lambda}$ の固有ベクトルであるという道をとりたくなる．

　しかし実際は，この道を進もうとすると，$S_{\mathscr{H}}$ がコンパクトでないという事実が障壁となって，私たちの前に立ちはだかってくるのである．これからそのことを説明してみよう．

　y が $S_{\mathscr{H}}$ の中を動いたとき，(Hy, y) の値は数直線上の区間 $[0, \|H\|]$ の中を動きまわる．実数のよく知られた性質から，このとき

$$\underset{y \in \mathscr{H}}{\sup}\,(Hy, y)$$

を考えることができる．この値を改めて $\tilde{\lambda}$ とおくと $\tilde{\lambda} \leqq \|H\|$ であって，$\tilde{\lambda}$ は H の最大の固有値となる候補者である．

　上限 sup の性質から，$n = 1, 2, \ldots$ に対して，$S_{\mathscr{H}}$ の中の系列 $\{y_1, y_2, \ldots, y_n, \ldots\}$ が存在して

$$\tilde{\lambda} - (Hy_n, y_n) < \frac{1}{n} \quad (n = 1, 2, \ldots)$$

が成り立つことは確かである．$n \to \infty$ のとき，(Hy_n, y_n) の方はいくらでも $\tilde{\lambda}$ に近づく．しかし，y_n 自身は，$n \to \infty$ のとき，どんな部分列をとっても，どこにも収束しないことが起きうる．$S_{\mathscr{H}}$ がコンパクトでないからである！

　このとき ($\,?\,$) の $\underset{y \in S_{\mathscr{H}}}{\operatorname{Max}}\,(Hy, y)$ は存在しないという結論になる．最大値に達す

168   第 21 講　ヒルベルト空間上の固有値問題の第一歩

る y が $S_{\mathscr{H}}$ の中に見出せないからである. 有限次元とのアナロジーでいえば, H の最大の固有値 $\bar{\lambda}$ に対応する固有ベクトルは, 一体どこへ消えてしまったのかということになるだろう. 実際, このような状況は具体的な作用素で起きる. $\mathscr{H}$ 上の作用素に対する固有値問題は予想以上に深いのである.

1つの条件

このようにして, 上の [試行] にしたがって固有値問題を考えていこうとすることは, 一般には無理なことがわかった. しかし, この考察の途中で, 何が障害となっているかはわかったのだから, 作用素の方に適当に条件をつけておきさえすれば, この障害が乗り越えられることがあるかもしれない.

この条件とは次のようなものである. $S_{\mathscr{H}}$ はコンパクトでないのだから, $S_{\mathscr{H}}$ からとった任意の点列 $\{y_n\}$ $(n = 1, 2, \ldots)$ に対して, 収束の状況を期待するわけにはいかない. しかし作用素 H が与えられたとき, $\{y_n\}$ の H による像 $\{Hy_n\}$ $(n = 1, 2, \ldots)$ に対し, その適当な部分点列 $\{Hy_{n_i}\}$ $(n_i = 1, 2, \ldots)$ は収束するという条件を考えることはできるだろう.

たとえば $\mathscr{H}$ の有限次元の部分空間を E とし,

$$H(\mathscr{H}) = E$$

となるとき――$\mathscr{H}$ の H による像が E となるときには, この条件がみたされている. 実際, このとき $S_{\mathscr{H}}$ の H による像は, $x \in S_{\mathscr{H}} \Rightarrow \|Hx\| \leqq \|H\|$ より E の有界な集合となる. したがって $\overline{H(S_{\mathscr{H}})}$ は, E の有界な閉集合としてコンパクトになる (有限次元性！). したがってまた, $S_{\mathscr{H}}$ から任意にとった点列 $\{y_n\}$ に対し, 適当な部分点列 $\{y_{n_i}\}$ をとると, Hy_{n_i} は, $n_i \to \infty$ のとき $\overline{H(S_{\mathscr{H}})}$ のある元 z_0 に収束する.

そこで一般の有界作用素 A に対して次の条件をおくことを考えてみよう.

(C)　系列 $\{x_n\}$ $(n = 1, 2, \ldots)$ が $\|x_n\| = 1$ をみたすとする. このとき, 適当な部分列 $\{x_{n_i}\}$ をとると, $\{Ax_{n_i}\}$ は, $n_i \to \infty$ のときある点 z_0 に収束する.

条件 (C) の下での固有値の存在証明

いままでの話の続きとして，H は有界な自己共役作用素で，すべての x に対して

$$(Hx, x) \geqq 0$$

をみたすとする．H が自己共役であることを用いると

$$\|H\| = \sup_{y \in S_{\mathscr{H}}} (Hx, x) \tag{2}$$

を示すことができる．この事実はこの講の最後で証明するが，いまはさしあたり (2) を用いて，次のことを証明しよう．

> (♯) H がさらに条件 (C) をみたすならば，H は少なくとも 1 つの固有値をもつ．

すなわち，ある実数 λ と $x_0 \neq 0$ が存在して

$$Hx_0 = \lambda x_0 \tag{3}$$

が成り立つ．

【証明】 H が 0 のときには，固有値が 0 のことは明らかである (このとき (3) の x_0 ($\neq 0$) は任意でよい)．

したがって $H \neq 0$ のときを示すとよい．このとき $\lambda = \|H\|$ とおくと，(2) から

$$\lambda = \sup_{y \in S_{\mathscr{H}}} (Hy, y) > 0$$

である．上限の定義から，$S_{\mathscr{H}}$ から適当に系列 $\{y_n\}$ ($n = 1, 2, \ldots$) をとると，

$$\lambda = \lim_{n \to \infty} (Hy_n, y_n)$$

となる．条件 (C) から，$\{y_n\}$ の部分列 $\{y_{n_i}\}$ で Hy_{n_i} がある x_0 に収束するものがある．記号の簡単のために系列 $\{Hy_n\}$ 自身が，$n \to \infty$ のとき x_0 に収束するとする：

$$\lim_{n \to \infty} Hy_n = x_0 \tag{4}$$

このとき

170　第 21 講　ヒルベルト空間上の固有値問題の第一歩

$$\|Hy_n - \lambda y_n\|^2 = \|Hy_n\|^2 + \lambda^2 \|y_n\|^2 - \lambda (Hy_n, y_n) - \lambda (y_n, Hy_n)$$
$$= \|Hy_n\|^2 + \lambda^2 \|y_n\|^2 - 2\lambda (Hy_n, y_n)$$
$$\longrightarrow \|x_0\|^2 + \lambda^2 - 2\lambda^2 = \|x_0\|^2 - \lambda^2 \quad (n \to \infty)$$

この右辺 1 行目から 2 行目に移るときに，H が自己共役であることを用いた．また $\|y_n\| = 1$ にも注意．左辺は $\geqq 0$ だから

$$\|x_0\|^2 \geqq \lambda^2 > 0 \tag{5}$$

となり，したがって特に $x_0 \neq 0$ である．

一方，上式右辺の 2 行目の式で $\|Hy_n\|^2 \leqq \|H\|^2 \|y_n\|^2 = \lambda^2$ を用いると

$$\lim_{n \to \infty} \|Hy_n - \lambda y_n\|^2 \leqq \lambda^2 + \lambda^2 - 2\lambda^2 = 0$$

したがって

$$\lim_{n \to \infty} \|Hy_n - \lambda y_n\| = 0$$

である．H の連続性から $H(Hy_n - \lambda y_n) = 0 \ (n \to \infty)$ が得られ，(4) より

$$\lim H(Hy_n) = \lambda \lim Hy_n = \lambda x_0$$

となる．この式は

$$Hx_0 = \lambda x_0$$

を示している．したがって (5) と併せて，λ は H の固有値であることがわかる．∎

　すなわち，条件 (C) は強力であって，この条件の下では $S_{\mathscr{H}}$ がコンパクトでないという障害も乗り越えて，固有値の存在を確認できたのである．条件 (C) については，次講で詳しく論ずることにする．

自己共役作用素のノルム

　残しておいた (2) の証明を，もう少し一般の場合も含む形で与えておこう．H を任意の自己共役作用素とする．このとき一般に

$$\|H\| = \sup_{\|y\|=1} |(Hy, y)| \tag{6}$$

が成り立つ．ここで $(Hy, y) \geqq 0$ の条件をつけ加えておくと (2) になる．

　以下その証明を与えよう．まずシュワルツの不等式から，$\|y\| = 1$ のとき

$$|(Hy, y)| \leqq \|Hy\| \|y\| \leqq \|H\| \|y\|^2 = \|H\|$$

が成り立つから，(6) において左辺 $\geqq$ 右辺は明らかである．

逆向きの不等式を示すために，まず (6) の右辺を γ とおくと，任意の x に対して

$$-\gamma \|x\|^2 \leqq (Hx, x) \leqq \gamma \|x\|^2$$

が成り立つことを注意しておこう．実際，$x = 0$ のときはこの不等式が成り立つことは明らかであり，$x \neq 0$ のときは $y = \dfrac{1}{\|x\|} x$ とおいて γ の定義をみるとよい．

さて，$\|y_1\| = 1$，$\|y_2\| = 1$ として，これを用いて，実数 $(H(y_1 \pm y_2), y_1 \pm y_2)$ を評価してみると

$$(H(y_1 + y_2), y_1 + y_2) = (Hy_1, y_1) + (Hy_2, y_2) + (Hy_1, y_2) + (Hy_2, y_1)$$
$$\leqq \gamma \|y_1 + y_2\|^2$$

右辺第 1 式で $(Hy_2, y_1) = (y_2, Hy_1) = \overline{(Hy_1, y_2)}$ に注意すると，結局

$$(Hy_1, y_1) + (Hy_2, y_2) + 2\Re(Hy_1, y_2) \leqq \gamma \|y_1 + y_2\|^2$$

が得られる．

同様に $(H(y_1 - y_2), y_1 - y_2)$ の下の方の評価式から

$$(Hy_1, y_1) + (Hy_2, y_2) - 2\Re(Hy_1, y_2) \geqq -\gamma \|y_1 - y_2\|^2$$

が得られる．

したがって

$$4\Re(Hy_1, y_2) \leqq \gamma(\|y_1 + y_2\|^2 + \|y_1 - y_2\|^2)$$
$$= 2\gamma(\|y_1\|^2 + \|y_2\|^2) = 4\gamma$$

ゆえに，$\|y\| = 1$，$Hy \neq 0$ のときには，この式で

$$y_1 = y, \quad y_2 = \frac{1}{\|Hy\|} Hy$$

とおくことにより

$$\|Hy\| \leqq \gamma$$

が得られる．$Hy = 0$ ならば当然この式は成り立つから

$$\|H\| = \sup_{\|y\|=1} \|Hy\| \leqq \gamma$$

これで (6) において左辺 $\leqq$ 右辺も成り立つことがいえて，前のことを併せると，等式 (6) が証明された．∎

Tea Time

質問 $S_\mathcal{H}$ がコンパクトでないというのは驚きでした．僕は，有界な閉集合はいつでもコンパクト，したがって有界閉集合に限れば，連続関数はつねに最大値，最小値をとるものと思っていましたが，これは有限次元での性質だったのですね．ヒルベルト空間のもつ近さの性質について，もう少し話していただけませんか．

答 $S_\mathcal{H}$ がコンパクトでないことは，ヒルベルト空間誕生当初から十分認識されていたことであり，この事実が解析学のいろいろな局面に難しい問題をひき起こしてきたことも知られていた．しかしヒルベルト空間の，無限次元空間としての幾何学的様相が，有限次元の場合とどれほど違うのかということが，広く数学者の関心をよび起こすようになったのは，30 年ほど前からのことである．たとえば，ヒルベルト空間 $\mathcal{H}$ では，$\mathcal{H}$ と $\mathcal{H}$ から 1 点 (たとえば 0) を除いた空間と，位相的には同じものとなっている．このようなことは，有限次元ではとても考えられない状況である．2 次元の場合に考えてみても，原点中心の円は (円周も含めて) コンパクトであり，原点へと連続的に縮約していくことができるが，もし原点をとり除いてしまえば，コンパクトでもなく，また収縮すべき点も見失ってしまう．また直観的には一層信じがたいことにみえるが，$\mathcal{H}$ を連続的に 1 対 1 に少しずつ変えていくと，単位球面 $S_\mathcal{H}$ は，ある超平面へと移されてしまう．有限次元の感覚では，丸く閉じた球面が，平らに広がっている平面へと移っていくなどということは，考えられないことである．

有限次元では，原点から遠ざかっていく方向にのみ無限を感じとるが，無限次元空間では，各点のまわりで，いわば点の奥の方向へ向かっても，無限が展開しているのであって，このような対象に対しては，私たちの幾何学的直観はなかなか働かないのである．$S_\mathcal{H}$ 上で定義された有界な連続関数が，必ずしも最大値をとらないということも，上限に達する点列が，この'奥の方向'へと逃げこんで，究極の点が捉えられないことによっている．

第 **22** 講

完全連続な作用素

テーマ
- ◆ 条件 (C) と同値な条件
- ◆ 完全連続な作用素
- ◆ 完全連続な自己共役作用素
- ◆ 完全連続な自己共役作用素 H では，$\|H\|$ または $-\|H\|$ が固有値となる．
- ◆ 完全連続な自己共役作用素の固有値の分布と，固有空間の重複度

条件 (C) と同値な条件

前講でみたように，自己共役作用素の固有値を捉えるのに，条件 (C) は強力な援軍であった．条件 (C) は，有界作用素 A に対する条件であって，$\|x_n\| = 1$ をみたす系列 $\{x_n\}$ $(n = 1, 2, \ldots)$ があると，適当な部分点列 $\{x_{n_i}\}$ に対して $\{Ax_{n_i}\}$ は $n_i \to \infty$ のとき収束する，というものであった．

この条件 (C) と同値な条件を少し列記し，これらの同値性を証明することにしよう．

有界な作用素 A に対し，条件 (C) は次の条件 (C_1) または (C_2) と同値である．

(C_1) 系列 $\{x_n\}$ $(n = 1, 2, \ldots)$ が，ある正数 K に対して $\|x_n\| \leqq K$ をみたすとする．このとき適当な部分列 $\{x_{n_i}\}$ をとると，$\{Ax_{n_i}\}$ は，$n_i \to \infty$ のときある点 z_1 に収束する．

(C_2) $\mathscr{H}$ の有界な集合 S に対し，$A(S)$ の閉包はコンパクトである．

【証明】 $(C) \Rightarrow (C_1) \Rightarrow (C_2) \Rightarrow (C)$ を示すことにより，これらの条件を確かめることにする．

174 第 22 講 完全連続な作用素

(C)⇒(C_1): (C) を仮定する. $\{x_n\}$ $(n = 1, 2, \ldots)$ を, $\|x_n\| < K$ をみた
す無限点列とする. この中に 0 があればはじめから除いておいてもよいから,
$x_n \neq 0$ $(n = 1, 2, \ldots)$ と仮定する. このとき

$$y_n = \frac{1}{\|x_n\|} x_n \in S_{\mathscr{H}}$$

だから, 条件 (C) により, 適当な部分列 $\{y_{n_i}\}$ をとると, $\{Ay_{n_i}\}$ は $n_i \to \infty$ の
とき, ある点 z_0 に収束する.

そこで今度は有界な実数列 $\{\|x_{n_i}\|\}$ $(n_i = 1, 2, \ldots)$ に注目する. このとき,
$\{\|x_{n_i}\|\}$ の部分列 $\{\|x_{m_j}\|\}$ $(m_j = 1, 2, \ldots)$ を適当にとると, $m_j \to \infty$ のとき,
$\|x_{m_j}\| \to \alpha_0$ となる (α_0 は適当な実数である). したがって $\{x_n\}$ の部分列

$$x_{m_j} = \|x_{m_j}\| y_{m_j} \quad (m_j = 1, 2, \ldots)$$

を考えると

$$Ax_{m_j} = \|x_{m_j}\| Ay_{m_j} \longrightarrow \alpha_0 z_0 \quad (m_j \to \infty)$$

となる. $z_1 = \alpha_0 z_0$ とおくと, (C_1) が成り立つことがわかる.

(C_1)⇒(C_2): (C_1) を仮定する. $\mathscr{H}$ の有界な集合を S とする. このとき有
界性から, ある正数 K が存在して, すべての $x \in S$ に対して $\|x\| < K$ が成り立
つ. $\overline{A(S)}$ のコンパクト性を示すために, $\overline{A(S)}$ から無限系列 $\{z_1, z_2, \ldots, z_n, \ldots\}$
を任意にとり, 次に各 n に対し

$$\|z_n - y_n\| < \frac{1}{n} \tag{1}$$

をみたす $y_n \in A(S)$ をとる.

そこで S の元 x_n で, $Ax_n = y_n$ をみたすものをとる. $\|x_n\| < K$ に注意し
て, $\{x_n\}$ に (C_1) を適用すると, 適当な部分列 $\{x_{n_i}\}$ をとると, $Ax_{n_i} = y_{n_i} \to$
z_0 $(n_i \to \infty)$ となるものがある. このとき, (1) から明らかに

$$z_{n_i} \longrightarrow z_0 \quad (n_i \to \infty)$$

となる. $\overline{A(S)}$ は閉集合だから, $z_0 \in \overline{A(S)}$ である. これで, $\overline{A(S)}$ からとった任
意の無限系列は集積点をもつことがわかり, $\overline{A(S)}$ がコンパクトなことが示され
た. すなわち (C_2) が成り立つ.

(C_2)⇒(C): (C_2) を仮定する. このとき S として $S_{\mathscr{H}}$ をとるとよい. ∎

1つの注意

上の同値性の証明で，A の有界性は用いていない．連続性に相当するものは，それぞれの条件の中に含まれていたからである．

実際，線形作用素 A が条件 (C_1) をみたしているとすると，A は有界作用素となる．なぜなら，もし A が有界でないとすると，$n = 1, 2, \ldots$ に対して

$$\|x_n\| \leqq 1, \quad \|Ax_n\| \geqq n$$

をみたす系列 $\{x_n\}$ が存在する．この $\{x_n\}$ からどのように部分列 $\{x_{n_i}\}$ をとっても，$\{Ax_{n_i}\}$ は収束しない．したがって (C_1) が成り立たなくなるからである．

完全連続な作用素

この注意を考慮した上で，ヒルベルトにしたがって次の定義をおく．

【定義】 線形作用素 A が，条件 (C)（または同値な (C_1) または (C_2)）をみたすとき，完全連続であるという．

上の注意で述べたように，完全連続な作用素は，つねに有界作用素である．

ヒルベルトは，自己共役作用素の固有値問題を，無限変数の 2 次形式の標準化の問題と捉えていた．前にも述べた積分方程式の著書の中で，彼は 2 次形式に関する形で完全連続（ドイツ語で vollstetig; 英語では completely continuous）の定義を最初に与えた．現代流にいえば，弱収束する点列を強収束する点に移すという定義であった．ここで述べたように，作用素の立場で完全連続性の概念を明確に捉えたのは，リースであって，『無限変数の線形方程式系』という 1913 年に刊行された著書の中であった．リースは，ここで 2 次形式の立場から無限行列の立場へと戻り，作用素論へ向けて 20 世紀数学が出発する第一歩を印したのである．この本の中では l^p-空間も登場している．リースのこの著書は，当時としては，最も新鮮な感覚に満ちあふれた数学を提示していたに違いないが，著者自身は理論の将来についてなお十分な予見はできなかったようである．しかしリースはスタート台に立っていたことはよく自覚していた．彼は著書の最初の頁に一言，かき記す．'しかし理論ははじまったばかりである．漠然としたいい方をすれば，特別ないくつかの問題に対する未完成のエッセーである．この幕開けが，現在の科学に対してほとんど何ももたらすものがないとしても，この理論をこのまま沈黙させてしまうようなことがあってはいけないだろう.'

176   第 22 講　完全連続な作用素

完全連続な自己共役作用素

H を完全連続な自己共役作用素とする．H は自己共役ということから，(Hx, x) は実数であり，また前講の結果から

$$\|H\| = \sup_{\|y\|=1} |(Hy, y)| \tag{2}$$

が成り立つ．

改めて定義を述べる．

【定義】　$Hx_0 = \lambda x_0$ をみたす 0 でない元 x_0 が存在するとき，λ を固有値という．また λ が固有値のとき，$Hx = \lambda x$ をみたす x を λ に属する固有ベクトルという．

(i)　固有値 λ は実数である．

(ii)　$\lambda \neq \mu$ のとき，λ に属する固有ベクトルと μ に属する固有ベクトルは直交する．

【証明】　(i)　$u\,(\neq 0)$ を λ に属する固有ベクトルとすると

$$(Hu, u) = (u, Hu) \iff \lambda(u, u) = \bar{\lambda}(u, u) \iff \lambda = \bar{\lambda}$$

(ii)　u, v をそれぞれ λ と μ に属する固有ベクトルとすると

$$(Hu, v) = (u, Hv) \implies \lambda(u, v) = \mu(u, v)$$

$\lambda \neq \mu$ により，これから $(u, v) = 0$.　　　　　　　　　　　　　■

(2) から

$$\|H\| = \sup_{\|y\|=1} (Hy, y) \quad か \quad -\|H\| = \inf_{\|y\|=1} (Hy, y)$$

である．このそれぞれの場合に応じて次の定理が成り立つ．

【定理】　H を完全連続な自己共役作用素とする．

(i)　$\|H\| = \sup\limits_{\|y\|=1} (Hy, y)$ のとき，$\|H\|$ は H の固有値となる．

(ii)　$-\|H\| = \inf\limits_{\|y\|=1} (Hy, y)$ のとき，$-\|H\|$ は H の固有値となる．

【証明】　証明の本質的な部分はすでに前講で済んでいる．前講の '条件 (C) の下での固有値の存在証明' の節で与えた議論は，そっくりそのまま (i) の場合に適用

することができる．私たちはそこでの議論で $\lambda = \|H\|$ が成り立っていることに注意しさえすればよい．(ii) の場合には，$-H$ に対して，(i) の結果を使うとよい． ∎

なお，H の任意の固有値を λ とすると
$$\|H\| \geqq |\lambda|$$
が成り立つ．実際，λ に属する固有ベクトル y_0 を $\|y_0\| = 1$ のようにとっておくと
$$\|H\| = \sup_{\|y\|=1} |(Hy, y)| \geqq |(Hy_0, y_0)|$$
$$= |\lambda| \, \|y_0\|^2 = |\lambda|$$
となるからである．

したがって，定理は絶対値が最大となるような H の固有値をまず捉えることができたといっているのである．

固有値の重複度と分布

H の，固有値 λ に属する固有ベクトルの全体は，$\mathscr{H}$ の部分空間をつくる．この部分空間を $E(\lambda)$ で表わし，固有値 λ に属する固有空間という．

【定理】 H を完全連続な自己共役作用素とする．

  (i) λ を 0 と異なる固有値とすると
$$\dim E(\lambda) < +\infty$$

  (ii) H の異なる固有値全体のつくる集合は高々可算集合であって，0 以外には集積しない．

固有値 λ に対して，$\dim E(\lambda)$ を λ の重複度ということにすると，(i) で述べていることは，$\lambda \neq 0$ の重複度は有限であるということである．(ii) で述べていることは，H の固有値の数直線上での分布の模様は図 19 のようになっているということである．

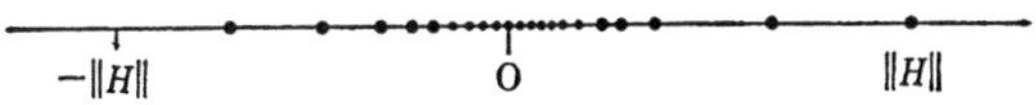

•が H の固有値を表わす．この図では，$\|H\|$ が最大の固有値を与えている．

図 19

【証明】 (i) $\lambda \neq 0$ のとき，$\dim E(\lambda) = +\infty$ になったとして矛盾の生ずることを

178　第 22 講　完全連続な作用素

みよう．このとき，$E(\lambda)$ の 1 次独立な元 $\{u_1, u_2, \ldots, u_n, \ldots\}$ から出発してヒルベルト・シュミットの直交法を適用することにより，無限個の元からなる $E(\lambda)$ の正規直交系 $\{e_1, e_2, \ldots, e_n, \ldots\}$ が得られる．このとき，$\|e_n\| = 1$ $(n = 1, 2, \ldots)$；$\|e_m - e_n\| = \sqrt{2}$ $(m \neq n)$ である．H は完全連続だから

$$\{He_1, He_2, \ldots, He_n, \ldots\}$$

から収束する部分列が選び出されなくてはならない．しかし，

$$\|He_m - He_n\| = \|\lambda e_m - \lambda e_n\| = |\lambda| \, \|e_m - e_n\|$$
$$= |\lambda| \sqrt{2} > 0 \quad (m \neq n)$$

だから，このような部分列は存在しない．これは矛盾である．したがってこれで $\dim E(\lambda) < +\infty$ が証明された．

（ii）　H の異なる固有値の集合が高々可算集合，すなわち有限個か，あるいは可算無限個の元からなるということは，前節の結果：$\lambda \neq \mu \Rightarrow E(\lambda) \perp E(\mu)$ からわかる（もし非可算個の固有値があれば，各固有空間からとった 0 と異なる固有ベクトル全体は，非可算個の互いに直交する元からなり，$\mathscr{H}$ の可分性に反する）．

次に H の固有値の中で，0 と異なる値 α に収束する系列 $\{\lambda_{n_1}, \lambda_{n_2}, \ldots, \lambda_{n_i}, \ldots\}$ が存在したとする：

$$\lambda_{n_i} \longrightarrow \alpha \quad (n_i \to \infty)$$

このとき $\varepsilon_0 > 0$ を十分小さくとると

$$|\alpha| - \varepsilon_0 > 0$$

であり，かつすべての λ_{n_i} に対して

$$|\lambda_{n_i}| > |\alpha| - \varepsilon_0$$

が成り立つと仮定しておいても差し支えない．

各 $E(\lambda_{n_i})$ から，$\|e_{n_i}\| = 1$ をみたす元 e_{n_i} をとると $m_i \neq n_i$ に対して

$$\|He_{m_i} - He_{n_i}\|^2 = \|\lambda_{m_i} e_{m_i} - \lambda_{n_i} e_{n_i}\|^2$$
$$= |\lambda_{m_i}|^2 \, \|e_{m_i}\|^2 + |\lambda_{n_i}|^2 \, \|e_{n_i}\|^2$$
$$= |\lambda_{m_i}|^2 + |\lambda_{n_i}|^2 > 2 \, (|\alpha| - \varepsilon_0)^2 > 0$$

したがって $\{He_{n_1}, He_{n_2}, \ldots, He_{n_i}, \ldots\}$ の中から，収束する部分列を選び出すことはできない．これは H の完全連続性に反するから矛盾である．したがって固有値は，0 以外の値には集積することはできない．これで証明された．■

Tea Time

質問 完全連続でない作用素というのは，どんなものがあるのですか．

答 恒等作用素 I がもう完全連続ではない．実際，$\{e_1, e_2, \ldots, e_n, \ldots\}$ を完全正規直交系とすると，$Ie_n = e_n\ (n = 1, 2, \ldots)$ の中から，収束する部分列などとり出せないからである．もっともこのことは，$S_\mathscr{H}$ がコンパクトでないという事実そのものである．完全連続作用素は，$S_\mathscr{H}$ をコンパクト集合の中に入れてしまう．これは非常に強い性質であって，無限次元の場合には，恒等作用素とは対極にある性質であるといってもよい．前講の Tea Time で，$S_\mathscr{H}$ の非コンパクト性は，各点のまわりでの無限次元に向けての開いた状況から生じていることを注意しておいた．作用素 H の完全連続性は，移した先ではこの状況がつぶれてしまうことを意味している．固有値 λ が 0 でないときには，固有空間 $E(\lambda)$ に H を限って考えれば，H は 1 対 1 である．だから，'このような状況はつぶれてしまう'といっても，そうなるためには，H で移す前の $E(\lambda)$ 自身で，すでに同じようなことが起きていなければならない．すなわち，$E(\lambda)$ に限れば，各点のまわりでは無限次元の方へ向かって開いていないのである．これが $\dim E(\lambda) < +\infty$ を成り立たせた背景であった．固有値 0 のときには，固有空間 $E(0)$ 上で，H はすべての元を 0 に移すから，何の結論も導き出せない．たとえば，有限次元の部分空間 E をとったとき，E への射影作用素 P_E は完全連続な自己共役作用素で，固有値は 1 と 0 だけである．このとき $E(1) = E$, $E(0) = E^\perp$ で $\dim E^\perp$ はもちろん ∞ である．なお，この例でもわかるように，無限次元の部分空間 E をとったときには，射影作用素 P_E はもう完全連続にはならないことも，併せて注意しておこう．

第 **23** 講

完全連続作用素の固有空間による分解

テーマ
◆ 固有空間への分解定理：完全連続な自己共役作用素 H の固有空
間によって，$\mathscr{H}$ は直交分解する．
◆ 定理の証明
◆ λ_n-固有空間への射影作用素 P_n による H の表現：$H = \sum \lambda_n P_n$
◆ 固有ベクトルによる展開
◆ 積分作用素の完全連続性
◆ アスコリ・アルジェラの定理

固有空間への分解定理

前講の結果から，完全連続な自己共役作用素 H の固有値の全体 $\{\lambda_n\}$ は，絶対
値の大きい方から並べると

$$\|H\| = |\lambda_1| \geqq |\lambda_2| \geqq \cdots \geqq |\lambda_n| \geqq \cdots \longrightarrow 0$$

となることがわかった (図 19 参照)．0 は固有値となることもあるし，ならない
こともある．0 が固有値のときは $\lambda_\infty = 0$ とおく．λ_n $(n = 1, 2, \ldots, \infty)$ に属す
る固有空間 $E(\lambda_n)$ は互いに直交していることを思い出しておこう：$m \neq n \Rightarrow$
$E(\lambda_m) \perp E(\lambda_n)$．また $n \neq \infty$ のとき $\dim E(\lambda_n) < +\infty$ である．

まずこの講における基本定理を述べておこう．

【定理】 (**固有空間への分解定理**) 完全連続な自己共役作用素が与えられると，
$\mathscr{H}$ は，H の固有空間によって直交分解される：

$$\mathscr{H} = E(\lambda_1) \perp E(\lambda_2) \perp \cdots \perp E(\lambda_n) \perp \cdots \tag{1}$$

この右辺の表わし方で，0 が H の固有値のときには，右辺の $\cdots$ の終りに $E(\lambda_\infty)$

が加わっている.

この定理に述べていることは，次のようなことである．各 $E(\lambda_n)$ から正規直交
基底

$$\{e_1^{(n)}, e_2^{(n)}, \ldots, e_{k_n}^{(n)}\}, \quad k_n = \dim E(\lambda_n) \tag{2}$$

を選んでおく．0 が固有値で $\dim E(\lambda_\infty) = \infty$ のときには，$E(\lambda_\infty)$ から完全正
規直交系

$$\{e_1^{(\infty)}, e_2^{(\infty)}, \ldots, e_k^{(\infty)}, \ldots\} \tag{3}$$

を選んでおく（$E(\lambda_\infty)$ は $\mathscr{H}$ の閉部分空間である！）．これからそのたびごとに
断るのはわずらわしいので，(2) の表記の中に，(3) も含まれていると了解してい
ただくことにする.

このとき定理で述べていることは，(2) をすべて集めたものは，$\mathscr{H}$ の完全正規
直交系となっているということである．すなわち $\mathscr{H}$ の元 x は，ただ 1 通りに

$$x = \sum_{n=1}^{\infty} \sum_{i=1}^{k_n} \alpha_i^{(n)} e_i^{(n)}, \quad \sum_n \sum_i |\alpha_i^{(n)}|^2 < +\infty$$

と表わされるということである．あるいは同じことであるが，P_n を $E(\lambda_n)$ への
射影作用素とし，$x \in \mathscr{H}$ に対して

$$P_n x = x_n \quad (n = 1, 2, \ldots, \infty)$$

とおくと，x はだだ 1 通りに

$$x = \sum_{n=1}^{\infty} x_n \tag{4}$$

と表わされるといってもよい．ただしここで，$m \neq n \Rightarrow (x_m, x_n) = 0$;
$\sum_{n=1}^{\infty} \|x_n\|^2 < +\infty$ が成り立っている.

なお (4) の表わし方では

$$Hx = \sum_{n=1}^{\infty} \lambda_n x_n \quad (\lambda_\infty = 0 !) \tag{5}$$

となっていることに注意しておこう.

定理の証明

定理を示すために，(1) の右辺を $\tilde{E}$ とおく：

$$\tilde{E} = E(\lambda_1) \perp E(\lambda_2) \perp \cdots \perp E(\lambda_n) \perp \cdots$$

182 第 23 講 完全連続作用素の固有空間による分解

上の説明から，$\tilde{E}$ はそれ自身ヒルベルト空間となっており，したがってまた $\mathscr{H}$ の中で考えたときには，$\tilde{E}$ は $\mathscr{H}$ の閉部分空間となっている．

H は $\tilde{E}$ を $\tilde{E}$ の中へ移している：$H(\tilde{E}) \subset \tilde{E}$．これは (4) と (5) を見比べると明らかだろう．なお

$$\sum_{n=1}^{\infty} \|\lambda_n x_n\|^2 = \sum_{n=1}^{\infty} |\lambda_n|^2 \|x_n\|^2 < +\infty$$

が成り立っていることは，$|\lambda_n| \to 0$ であり，したがってある番号から先の λ_n は，$|\lambda_n| < 1$ をみたしていることからわかる．

そこで $\tilde{E}$ の直交補空間を考え

$$\mathscr{H} = \tilde{E} \perp \tilde{E}^{\perp}$$

と表わす．このとき証明すべきことは

$$\tilde{E}^{\perp} = \{0\} \tag{6}$$

である．それを示すために，H の $\tilde{E}^{\perp}$ 上の挙動を考えることにしよう．

H は $\tilde{E}^{\perp}$ を $\tilde{E}^{\perp}$ へ移している：$H(\tilde{E}^{\perp}) \subset \tilde{E}^{\perp}$．

実際，$y \in \tilde{E}^{\perp}$ とすると，すべての $x \in \tilde{E}$ に対し $Hx \in \tilde{E}$ だから

$$(Hx, y) = 0$$

が成り立つ．H は自己共役だから

$$(x, Hy) = 0$$

この式は $Hy \in \tilde{E}^{\perp}$ を表わしている．

したがって，H を $\tilde{E}^{\perp}$ 上の作用素と考えることができる．このようにして得られた $\tilde{E}^{\perp}$ 上の作用素を，$\tilde{H}$ で表わそう．すぐ確かめられるように，$\tilde{H}$ も完全連続な自己共役作用素である．

もし，$\tilde{H} \neq 0$，したがって $\tilde{\lambda} = \|\tilde{H}\| > 0$ ならば，前に述べたことを $\tilde{E}^{\perp}$ 上の作用素 $\tilde{H}$ に適用して，$\tilde{\lambda}$ は $\tilde{H}$ の固有値となることがわかる（$\dim \tilde{E}^{\perp} = +\infty$ ならば，$\tilde{E}^{\perp}$ はヒルベルト空間だから前講の定理による．$\dim \tilde{E}^{\perp} < +\infty$ のときは第 12 講の結果による）．したがって

$$x_0 \in \tilde{E}^{\perp}, \quad x_0 \neq 0 \tag{7}$$

かつ

$$\tilde{H} x_0 = \tilde{\lambda} x_0$$

となるものが存在する. $\mathscr{H}$ 全体の中で考えれば, この式は $Hx_0 = \tilde{\lambda}x_0$ とかいてもよい. したがって x_0 は H の固有値 $\tilde{\lambda}$ の固有ベクトルであり,

$$x_0 \in E(\tilde{\lambda}) \subset \tilde{E}$$

となる. これは (7) に反する. したがって $\tilde{H} = 0$ である.

そこで $\tilde{E}^{\perp} \neq \{0\}$ と仮定して矛盾の生ずることをみよう. この仮定から

$$0 \neq z_0 \in \tilde{E}^{\perp} \tag{8}$$

が存在する. $\tilde{H} = 0$ だから, $\tilde{H}z_0 = Hz_0 = 0$ である. したがって z_0 は固有値 0 に属する H の固有ベクトルであり,

$$z_0 \in E(0) \subset \tilde{E}$$

である. これは (8) に矛盾する.

したがって (6) が示されて, 定理の証明が終った. ∎

固有空間への射影作用素

定理で $\mathscr{H}$ の固有空間への分解は, 各固有空間 $E(\lambda_n)$ への射影作用素を P_n と表わすと, 恒等作用素 I が

$$I = \sum_{n=1}^{\infty} P_n \tag{9}$$

と表わされることを意味しており ((4) 参照), また H が

$$H = \sum_{n=1}^{\infty} \lambda_n P_n \tag{10}$$

と表わされることを意味している ((5) 参照). ここで直交分解の性質は, 射影作用素相互の関係

$$P_m P_n = 0 \quad (m \neq n)$$

で表わされている ($P_m P_n = 0 \Leftrightarrow$ すべての x, y に対し $(P_m P_n x, y) = 0 \Leftrightarrow (P_n x, P_m y) = 0 \Leftrightarrow P_n x \perp P_m y$).

(9) を用いると

$$Hx = \sum_{n=1}^{\infty} \lambda_n P_n x \tag{11}$$

184　第 23 講　完全連続作用素の固有空間による分解

となるから

$$\|Hx\|^2 = \sum_{n=1}^{\infty} |\lambda_n|^2 \|P_n x\|^2 \tag{12}$$

となる.

また (9) を用いると

$$y = \sum_{n=1}^{\infty} P_n y$$

である. したがって

$$(Hx, y) = \sum_{n=1}^{\infty} \sum_{m=1}^{\infty} \lambda_m (P_m x, P_n y)$$

$$= \sum_{n=1}^{\infty} \lambda_n (P_n x, P_n y) \quad (\text{直交性による}) \tag{13}$$

となる. (11), (12), (13) の右辺で, $\lambda_\infty = 0$ は現われていないと考えてよい. なぜなら, λ_∞ を加えようが加えまいが, 右辺の値は変わらないからである.

固有ベクトルによる展開

固有空間 $E(\lambda_n)$ の正規直交基底を $\{e_1^{(n)}, e_2^{(n)}, \ldots, e_{k_n}^{(n)}\}$ とすると,

$$P_n x = \sum_{i=1}^{k_n} (x, e_i^{(n)}) e_i^{(n)}$$

と表わされる. これから (11) は,

$$\boxed{Hx = \sum_{n=1}^{\infty} \sum_{i=1}^{k_n} \lambda_n (x, e_i^{(n)}) e_i^{(n)}}$$

と表わされる. これを Hx の固有ベクトルによる展開という.

同様の表わし方で (12) と (13) は

$$\|Hx\|^2 = \sum_{n=1}^{\infty} \sum_{i=1}^{k_n} \lambda_n{}^2 |(x, e_i^{(n)})|^2$$

$$(Hx, y) = \sum_{n=1}^{\infty} \sum_{i=1}^{k_n} \lambda_n (x, e_i^{(n)}) (\overline{y, e_i^{(n)}}) \tag{14}$$

となる.

積分作用素の完全連続性

　ヒルベルトが最初に完全連続作用素の概念を見出したのは，前に述べた積分作用素の研究からであった．ヒルベルトは，対称な積分作用素に対して'固有関数による展開公式'を見出した．これから無限変数の2次形式の理論の可能性を察知して，この理論の構成の過程で完全連続の概念を導入したのである．

　対称な積分作用素が完全連続性をもつということは，次のような設定においてである．いま数直線上の有界な閉区間 $I = [a, b]$ をとり，I 上の2乗可積なルベーグ可測な複素数値の関数全体のつくるヒルベルト空間

$$L^2(I)$$

を考察の対象とする．この空間で，$\varphi, \psi \in L^2(I)$ の内積は

$$\int_a^b \varphi(t)\overline{\psi(t)}dt$$

で与えられている．

　いま $K(s, t)$ を $I \times I$ 上で定義された実数値連続関数で，'対称性'

$$K(s, t) = K(t, s)$$

をみたすものとしよう．このとき $\varphi \in L^2(I)$ に対して

$$\psi(s) = \int_a^b K(s, t)\varphi(t)dt$$

とおくと，$\psi \in L^2(I)$ となる．このことは次のようにしてわかる．$K(s, t)$ が'閉区間'$I \times I$ 上で連続だから，$K(s, t)$ は有界であり，したがってある正数 M に対して $|K(s, t)| \leqq M$．これを用いて

$$\begin{aligned}
\|\psi\|^2 &= \int_a^b |\psi(s)|^2 ds = \int_a^b \left|\int_a^b K(s, t)\varphi(t)dt\right|^2 ds \\
&\leqq \int_a^b \int_a^b |K(s, t)|^2 |\varphi(t)|^2 dt ds \\
&\leqq M^2(b-a) \int_a^b |\varphi(t)|^2 dt \\
&= M^2(b-a)\|\varphi\|^2
\end{aligned} \tag{15}$$

したがって $\psi \in L^2(I)$ となる．

　そこで

186　第 23 講　完全連続作用素の固有空間による分解

$$(\tilde{K}\varphi)(s) = \int_a^b K(s,t)\varphi(t)dt$$

とおくと，$\tilde{K}$ は $L^2(I)$ 上の線形作用素となるが，さらに (15) により，$\tilde{K}$ は有界作用素であって

$$\|\tilde{K}\| \leqq M\sqrt{b-a}$$

となることもわかる.

　さらに $\tilde{K}$ は自己共役作用素となる．実際，K が実数値関数であることと対称性を用いて

$$
\begin{aligned}
(\tilde{K}\varphi, \psi) &= \int_a^b \left(\int_a^b K(s,t)\varphi(t)dt \right) \overline{\psi(s)}ds \\
&= \int_a^b \int_a^b K(s,t)\varphi(t)\overline{\psi(s)}dtds \\
&= \int_a^b \varphi(t) \left(\int_a^b K(s,t)\overline{\psi(s)}ds \right) dt \quad (\text{積分の順序交換}) \\
&= \int_a^b \varphi(t) \left(\int_a^b K(t,s)\overline{\psi(s)}ds \right) dt \quad (K \text{ の対称性}) \\
&= \int_a^b \varphi(t) \overline{\left(\int_a^b K(t,s)\psi(s)ds \right)} dt \quad (K \text{ は実数値}) \\
&= (\varphi, \tilde{K}\psi)
\end{aligned}
$$

この $\tilde{K}$ が完全連続性をもつのである．すなわち

【定理】　$\tilde{K}$ は $L^2(I)$ 上の完全連続作用素である.

　この証明には次のアスコリ・アルジェラの定理を用いる.

【アスコリ・アルジェラの定理】　$\{f_n\}$ $(n = 1, 2, \ldots)$ を有界な閉区間 $I = [a, b]$ 上で定義された連続関数列とし,

　(i)　一様有界性：　$\underset{a \leqq t \leqq b}{\text{Max}} |f_n(t)| \leqq M$ (M は定数；$n = 1, 2, \ldots$)

　(ii)　同程度連続性：　任意の正数 ε に対して，ある $\delta > 0$ があって

$$|t - t'| < \delta \Longrightarrow |f(t) - f(t')| < \varepsilon \quad (n = 1, 2, \ldots)$$

をみたすとする．このとき $\{f_n\}$ の中から適当に部分列 $\{f_{n_i}\}$ をとると，f_{n_i} は $n_i \to \infty$ のとき，ある連続関数 g に一様収束する.

このアスコリ・アルジェラの定理は，区間 I 上の連続関数全体の集合に，一様収束の位相を入れたとき，一様有界性と同程度連続性が，部分集合の‘コンパクト性’の保証を与えているといっているのである．

定理の証明は，アスコリ・アルジェラの定理を軸として，次のような4段階の推論を積み重ねることにより行なわれる．

第1段階: f を I 上の連続関数とし，$\|f\| \leqq 1$ とする．このとき f によらない定数 A が存在して

$$\operatorname*{Max}_{a \leqq s \leqq b} |(\tilde{K}f)(s)| \leqq A \quad (\text{一様有界性})$$

実際，シュワルツの不等式を用いて

$$|(\tilde{K}f)(s)| = \left| \int_a^b K(s,t) f(t) dt \right|$$
$$\leqq \left(\int_a^b K(s,t)^2 dt \right)^{\frac{1}{2}} \|f\|$$

ここで，$\int_a^b K(s,t)^2 dt$ が s について連続関数で最大値 $\tilde{A}$ をとることに注意しよう．そうすると，$\|f\| \leqq 1$ により，右辺は $\sqrt{\tilde{A}}$ で押えられることがわかる．

第2段階: シュワルツの不等式と $\|f\| \leqq 1$ から

$$|\tilde{K}f(s_1) - \tilde{K}f(s_2)| \leqq \left(\int_a^b |K(s_1,t) - K(s_2,t)|^2 dt \right)^{\frac{1}{2}}$$

が成り立つ．$K(s,t)$ は $I \times I$ 上で一様連続だから，右辺は，$|s_1 - s_2|$ を小さくとれば，いくらでも小さくとれる．このことは，$\|f\| \leqq 1$ のとき，連続関数の集合 $\{\tilde{K}f\}$ は同程度連続のことを示している．

第3段階: したがって $\|f_n\| \leqq 1 \ (n = 1, 2, \ldots)$ のとき，関数列 $\{\tilde{K}f_n\} \ (n = 1, 2, \ldots)$ に対して，アスコリ・アルジェラの定理を適用することができる．したがって $\{\tilde{K}f_n\}$ の中から適当に部分列 $\{\tilde{K}f_{n_i}\}$ をとると，$n_i \to \infty$ のとき，$\tilde{K}f_{n_i}$ はある連続関数 g へと一様収束する．I は有界な閉区間であり，したがってもちろん $g \in L^2(I)$ である．

さらに，一様収束性から容易に

$$\|\tilde{K}f_{n_i} - g\|^2 = \int_a^b |\tilde{K}f_{n_i}(s) - g(s)|^2 ds \longrightarrow 0 \quad (n_i \to \infty)$$

が成り立つこともわかる．

すなわち，連続関数に限れば，$\tilde{K}$ は，完全連続性のもつべき性質をみたしている．

第4段階： $\tilde{K}$ の完全連続性を示すには，$\|\varphi_n\| \leq 1\ (n=1,2,\ldots)$ をみたす任意の $\{\varphi_n\}$ に対し (φ_n は連続とは限らない)，$\{\tilde{K}\varphi_n\}$ の中から収束する部分列が選べるとよい．しかしこのことは，$L^2(I)$ の中で，連続関数が稠密であるというルージンの定理 (『ルベーグ積分 30 講』第 21 講参照) により，実は第 3 段階で示したことに，すぐに帰着させることができる．

これで，大筋ではあったが，定理の証明は終ったことにしよう．

Tea Time

質問 積分作用素が完全連続な作用素であるとすると，第 16 講で述べられた積分方程式における定理 A, B, C, D は，すべて前講とこの講で証明された完全連続作用素の性質とみることができるのですか．

答 その通りである．ただし積分方程式を述べているときには，前にも何度も注意したように，慣行にしたがって，$\mu \tilde{K} f = f\ (f \neq 0)$ となる μ を固有値といっていたが，積分作用素の立場では，$\lambda = \frac{1}{\mu}$，すなわち $\tilde{K} f = \lambda f\ (f \neq 0)$ をみたす λ を固有値といった．このときは 0 でない λ と，μ とが 1 対 1 に対応している．したがって，たとえば第 16 講の定理 D に対応するものが，この講の (14) となるのである．よく見比べてみるとよいだろう．なお固有ベクトルは積分方程式の方では固有関数となっている．

第 **24** 講

一般の自己共役作用素へ向けて

┌─ テーマ ─────────────────────────────
◆ 一般の自己共役作用素——連続スペクトルの登場
◆ 1 つの例：$L^2(I)$ 上の作用素 $(Hf)(t) = tf(t)$
◆ 完全連続性の喪失——固有ベクトルが捉えられない.
◆ 固有値が存在しない.
◆ 連続的に変化しながら増加する閉部分空間の集まり
◆ 連続的に変化する射影作用素の集まり
◆ 積分表示——連続スペクトル
└────────────────────────────────────

一般の自己共役作用素——連続スペクトルの登場

　完全連続な自己共役作用素に対しては，有限次元の固有空間と 0-固有空間とによって，ヒルベルト空間が直交分解された．この結果をみる限り，この場合は，有限次元のエルミート作用素の固有空間の分解の結果 (第 11 講，第 12 講参照) がそのままごく自然に無限次元へと拡張されているといってよいだろう.

　しかしそれは，完全連続性という強い条件をおくことによって得られた結果である．この条件が成り立たないとき，一体，どのような状況が起きているのであろうか．無限変数の 2 次形式論の形で，積分方程式の一般論を構成しようとしていたヒルベルトの関心は，この点に向けられていったのである．そしてそこに，連続スペクトルという，有限次元にはみられなかった新しい‘現象’が生ずることを見出すことになった.

1 つ の 例

　いま，数直線上の単位区間 $I = [0, 1]$ 上で定義された，2 乗可積なルベーグ可測な複素数値関数全体のつくるヒルベルト空間 $L^2(I)$ を考えることにしよう.

190 第 24 講 一般の自己共役作用素へ向けて

このとき，$f(t) \in L^2(I)$ に対して，$tf(t)$ はまた $L^2(I)$ の元となる．このことは，$|tf(t)| \leqq |f(t)|$ ($0 \leqq t \leqq 1$ に注意) から

$$\int_0^1 |tf(t)|^2 dt \leqq \int_0^1 |f(t)|^2 dt = \|f\|^2 \tag{1}$$

が成り立つことから明らかである．したがって対応

$$H : \quad f(t) \longrightarrow tf(t)$$

は，$L^2(I)$ 上の作用素となる．H は有界な線形作用素である．線形のことは明らかであり，有界性は (1) から

$$\|Hf\| \leqq \|f\|$$

が得られるからである．

さらに H は自己共役である．実際

$$(Hf, g) = \int_0^1 tf(t)\overline{g(t)}dt = \int_0^1 f(t)\overline{tg(t)}dt = (f, Hg)$$

解析的な立場からみれば，H は，関数 $f(t)$ に t をかけるだけのことなのだから，最も自然な作用素といってよいのだが，この自然な作用素がすでに完全連続性を欠いているのである．

> H が完全連続でないことは，これから詳しく述べるが，次のことは注意しておこう．恒等写像 I は完全連続ではないが，写像 H は，各点 $t \in I$ で，写像の 'スケール' を I から tI に変えたものにすぎないのだから，やはり完全連続とはなりえないのである．この状況は区間 $[0, 1]$ の代りに区間 $[1, 2]$ をとった方がはっきりする．$L^2[1, 2]$ の完全正規直交系を $\{e_n(t)\}$ ($n = 1, 2, \ldots$) とすると，対応 $f(t) \to tf(t)$ でこれらは $\{te_n(t)\}$ に移るが，$1 \leqq t \leqq 2$ により，$\|te_m(t) - te_n(t)\|^2 \geqq \|e_m(t) - e_n(t)\|^2 = 2$ $(m \neq n)$．したがって $\{te_n(t)\}$ の中から収束する部分点列は選べない！

完全連続性の喪失——固有ベクトルが捉えられない

多少まわり道となるが，H が完全連続でないことを，いままで述べてきたような固有値問題との関連で説明してみよう．そのために，まず

$$\|H\| = 1 \tag{2}$$

のことを示そう．

(1) から，$\|H\| \leqq 1$ のことは明らかである．第 21 講の (6) と，$(Hf, f) \geqq 0$ のことに注意すると
$$\|H\| = \sup_{\|f\|=1} (Hf, f)$$
である．したがって系列 $\{\varphi_n\}$ $(n = 1, 2, \ldots)$ で
$$\|\varphi_n\| = 1 \quad (n = 1, 2, \ldots); \quad (H\varphi_n, \varphi_n) \longrightarrow 1 \quad (n \to \infty)$$
となるものを見出すと (2) が証明されたことになる．

このような関数 φ_n は
$$\varphi_n(t) = \begin{cases} 0, & 0 \leqq t < 1 - \dfrac{1}{n} \\ \sqrt{n}, & 1 - \dfrac{1}{n} \leqq t \leqq 1 \end{cases}$$
で与えられる (図 20)．実際
$$\|\varphi_n\|^2 = \int_0^1 |\varphi_n(t)|^2 dt = n \int_{1-\frac{1}{n}}^1 dt = 1$$
$$(H\varphi_n, \varphi_n) = \int_0^1 t\varphi_n(t)\varphi_n(t)dt$$
$$= n \int_{1-\frac{1}{n}}^1 t dt = n\left(\frac{1}{n} - \frac{1}{2}\frac{1}{n^2}\right)$$
$$= 1 - \frac{1}{2n} \longrightarrow 1 \quad (n \to \infty)$$
となる．

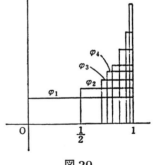

図 20

ここで第 21 講と第 22 講で述べた完全連続作用素の性質を思い出してみると，

もし H が完全連続ならば，$\|\varphi\| = 1$ で
$$(H\varphi, \varphi) = 1$$
となる $\varphi \in L^2(I)$ が存在しなくてはならない．

ところがこのような φ はけっして存在しないのである．なぜなら，もしこのような φ が存在すれば
$$\|\varphi\|^2 = \int_0^1 \varphi(t)^2 dt = 1$$
$$(H\varphi, \varphi) = \int_0^1 t\varphi(t)^2 dt = 1$$
が同時に成り立たなくてはならない．したがって

$$\int_0^1 (1-t)\varphi(t)^2 dt = 0$$

となり，ほとんど至るところ $\varphi(t) = 0$ が導かれる．ゆえに $L^2(I)$ の元として φ は 0 となり，これは $\|\varphi\| = 1$ に矛盾してしまう．

したがって，H は完全連続ではないのである．読者は図 20 を見て，φ_n が $n \to \infty$ のとき，しだいに捉えにくくなっていくさまを注意されるとよい．完全連続のときには，このような $\{\varphi_n\}$ から収束する部分列 $\{\varphi_{n_i}\}$ がとれて，$\varphi_{n_i} \to \varphi \, (n_i \to \infty)$ とすると，$H\varphi = \varphi \, (= \|H\|\varphi)$ となり，φ は固有値 1 $(= \|H\|)$ に対する固有ベクトルとなるのであった．何という様変わりだろうか！

固有値が存在しない

これから H の固有値問題をどのように設定していくかを考えていくために，最初にどのような実数 λ をとっても，λ はけっして H の固有値にはなりえないということを注意しておこう．もし，ある $\varphi \in L^2(I)$ で

$$H\varphi = \lambda\varphi \tag{3}$$

という関係が成り立ったとすれば

$$t\varphi(t) = \lambda\varphi(t) \quad \text{a.e.}$$

これから $\varphi(t) = 0$ a.e. となり，φ は $L^2(I)$ の元としては 0 となってしまう．すなわち，λ は固有値ではありえない．

しかし $0 \leqq \lambda \leqq 1$ をみたす λ は，固有値ではないが，固有値に近い振舞いをみせるのである．説明の便宜上 $\lambda > 0$ とする．そのときどんな小さい正数 ε をとっても

$$\|H\varphi - \lambda\varphi\| \leqq \varepsilon\|\varphi\|$$

をみたす $\varphi \neq 0$ が存在する．すなわち，(3) のような等号を成り立たせる $\varphi \, (\neq 0)$ はないが，$\varepsilon\|\varphi\|$ だけの'ゆらぎ'を許せば，$H\varphi$ がほぼ $\lambda\varphi$ となるような $\varphi \, (\neq 0)$ は存在する．

このような φ としては，区間 $[\lambda - \varepsilon, \lambda]$ の外では 0 となるような任意の $\varphi \in L^2(I)$ をとるとよい (図 21)．

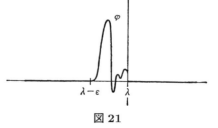

図 21

実際，このような φ に対しては $t \notin [\lambda-\varepsilon, \lambda] \Rightarrow t\varphi(t) = 0$ であり，したがって

$$\|H\varphi - \lambda\varphi\|^2 = \int_{\lambda-\varepsilon}^{\lambda} (t-\lambda)^2 |\varphi(t)|^2 dt$$
$$< \varepsilon^2 \int_{\lambda-\varepsilon}^{\lambda} |\varphi(t)|^2 dt = \varepsilon^2 \|\varphi\|^2 \qquad (4)$$

が成り立つのである．

連続的に変化する閉部分空間の集まり

この状況をもっとはっきりと捉えるために

$$E(\lambda) = \{f \mid f \in L^2(I);\, t > \lambda \Rightarrow f(t) = 0 \text{ a.e.}\}$$

とおく（図22）．$E(\lambda)$ が $L^2(I)$ の部分空間となっていることは明らかだろうが，実は閉部分空間になっている．それをみるために

$$\psi_\lambda(t) = \begin{cases} 0, & 0 \leqq t \leqq \lambda \\ 1, & t > \lambda \end{cases}$$

とおく．もし $f_n \in E(\lambda)$ $(n = 1, 2, \ldots)$ が，$n \to \infty$ のとき f に収束したとすると，

$$\|\psi_\lambda f_n - \psi_\lambda f\| \leqq \|f_n - f\| \longrightarrow 0$$
$$(n \to \infty)$$

となるが，$\psi_\lambda f_n = 0$ a.e. から $\varphi_\lambda f = 0$ a.e. が得られる．このことは，$f \in E(\lambda)$ を示している．

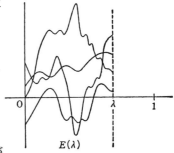

図22

λ を 0 から 1 まで連続的に動かすと，それに応じて $E(\lambda)$ は，パラメータ λ に従属して変わる $L^2(I)$ の閉部分空間の集まり $\{E(\lambda)\}_{\lambda \in I}$ をつくることになる．$\{E(\lambda)\}_{\lambda \in I}$ は次の性質をもつ：

$$\{0\} = E(0) \subset \cdots \subset E(\mu) \subset \cdots \subset E(\lambda) \subset \cdots \subset E(1) = L^2(I) \quad (\mu < \lambda) \quad (5)$$

さらに $\mu < \lambda$ ならば

$$E(\mu) \subsetneq E(\lambda) \qquad (6)$$

となっている．これは図23をみると明らかだろう．図23で，グラフで示されている ψ は $E(\lambda)$ に属しているが，$E(\mu)$ には属していない．

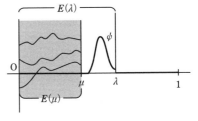

図23

194 第 24 講 一般の自己共役作用素へ向けて

　有限次元から無限次元へ移るとき，1, 2, ..., n という次元を示す数値にだけ注目
すると，単にこの系列が，1, 2, 3, ..., n, ... へと変わっただけだと考えがちであ
る．そうすると，ヒルベルト空間の中のある部分空間の増加列といっても，その個
数はせいぜい‘可算個’だろうと思ってしまう．しかし，実際はそうではないので
あって，ここでみたように，‘連続体の濃度’の部分空間の増加列が登場してくる．
　ヒルベルト空間の基底といっても，有限次元の基底 $\{e_1, e_2, ..., e_n\}$ を，完全正
規直交系として $\{e_1, e_2, ..., e_n, ...\}$ へと拡張したにすぎないのに，このような部分
空間の系列 $\{E(\lambda)\}_{\lambda \in I}$ があれば，$\mu < \lambda$ に対し，図 23 で示したような ψ を，次々
にとっていけば，基底の個数は，連続体の濃度に達しないか．読者の感覚は抵抗す
るかもしれない．論点は微妙なのだが，完全正規直交系は単なる代数的な意味での
基底ではなく，極限概念も加えている．たとえていえば，

$$\left\{1, \frac{1}{10}, \frac{1}{10^2}, ..., \frac{1}{10^n}, ...\right\}$$

という系列から，完備化することにより，10 進展開の無限小数表示の実数が得ら
れてくる．実数の構造の中で最も関心のあるのは，さまざまな極限概念が綾をなす
‘連続体の濃度をもつ’構造であるが，同様のことはヒルベルト空間でもいえるので
ある．$\{E(\lambda)\}_{\lambda \in I}$ は，閉部分空間という概念の中で捉えられた‘連続体の濃度をも
つ’1 つの構造なのである．

連続的に変化する射影作用素の集まり

(5) に対応する射影作用素の系列を

$$P(0) \leqq \cdots \leqq P(\mu) \leqq \cdots \leqq P(\lambda) \leqq \cdots \leqq P(1) = I$$

と表わすことにしよう．部分空間の包含関係の記号 $\subset$ に対応して，ここでは $\leqq$
を用いている．このとき (6) は

$$P(\mu) \lneqq P(\lambda)$$

と表わされる．$E(\lambda)$ は $L^2(I)$ の閉部分空間だから，それ自身ヒルベルト空間と
なっており，したがって

$$E(\lambda) = E(\mu) \perp E(\mu)^\perp \tag{7}$$

と直和分解される．
　そこで，$E(\mu)^\perp$ への射影作用素を

$$P(\lambda) - P(\mu)$$

と表わすことにしよう．このとき (7) は

$$P(\lambda) = P(\mu) + (P(\lambda) - P(\mu)) \tag{8}$$

と表わされる.

　このような形式的なかき方を続けると，目標を見失うかもしれない．任意の $f \in L^2(I)$ に対して (8) を適用すると

$$P(\lambda)f = P(\mu)f + (P(\lambda) - P(\mu))f$$

となるが，この両辺の意味するものは図 24 で見た方がよくわかるだろう．

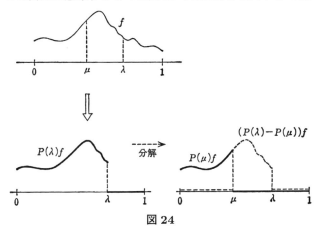

図 24

このとき

$$\varphi = (P(\lambda) - P(\mu))f$$

とおくと，(4) と同様の計算で

$$\|H\varphi - \lambda\varphi\| \leqq (\lambda - \mu)\|\varphi\| \tag{9}$$

が成り立つことがわかる．

　ここで読者は図 25 を見ていただきたい．いま 0 と 1 の間に分点

$0 = \lambda_0 < \lambda_1 < \cdots < \lambda_{k-1} < \lambda_k < \cdots < \lambda_n = 1$

をとると，図 25 で示したように，f はこのそれぞれの区間 $[\lambda_{k-1}, \lambda_k]$ で f と一致し，それ以外では 0 となる関数

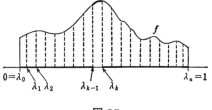

図 25

$$(P(\lambda_k) - P(\lambda_{k-1}))f$$

に分割される．これらをすべて加え合わせると，もとの関数 f になる：

第 24 講　一般の自己共役作用素へ向けて

$$f = \sum_{k=1}^{n} \left(P(\lambda_k) - P(\lambda_{k-1})\right) f$$

したがって

$$Hf = \sum_{k=1}^{n} H\left(P(\lambda_k) - P(\lambda_{k-1})\right) f$$

となるが，(9) をみるとわかるように，$\lambda_k - \lambda_{k-1}$ が小さくなれば，この右辺に現われる $H\left(P(\lambda_k) - P(\lambda_{k-1})\right) f$ は，$\lambda_k \left(P(\lambda_k) - P(\lambda_{k-1})\right) f$ に '十分近く' なる．このことを，仮に

$$H \fallingdotseq \sum_{k=1}^{n} \lambda_k \left(P(\lambda_k) - P(\lambda_{k-1})\right)$$

と表わしてみよう．

この表わし方をじっと見ていると，思いきって大胆な推論をしてみたくなる．すなわち，積分との形式上の類似から，$\mathrm{Max}(\lambda_k - \lambda_{k-1}) \to 0$ となるように分点を細かくしていくと，最後に H は

$$H = \int_0^1 \lambda \, dP(\lambda)$$

のような形で表わされるとしてよいのではなかろうか．

しかし，このような積分表示は本当に数学的な意味をもつのだろうか．この主題は，次講からもっと一般的な設定の中でとり上げることにするが，ここでは，$0 \leqq \lambda \leqq 1$ をみたす実数 λ は，H の連続スペクトルとよばれるものであることだけを注意しておこう．固有値は，離散的なものから，連続的なスペクトルとよばれるものへと変わってきたのである．それによって固有ベクトルは消え，代って近似的な固有ベクトルと，近似的な固有空間 $E(\lambda_k) - E(\lambda_{k-1})$ が現われてくるようになった．

Tea Time

質問　有限次元の場合，自己共役作用素はエルミート作用素といっていました．エルミート作用素 H は，相異なる固有値を $\lambda_1, \lambda_2, \ldots, \lambda_s$ とすると，第 11 講で

話されたように
$$H = \lambda_1 P_1 + \lambda_2 P_2 + \cdots + \lambda_s P_s$$
と表わされています．ここで P_i は，固有値 λ_i に対する固有空間への射影です．これもいまのように，'積分的な立場' でかき表わすことができますか．

答 それは可能であって，そのため次のように考える．いま固有値は大小の順序に並べられているとし
$$\lambda_1 < \lambda_2 < \cdots < \lambda_s$$
とする．またわかりやすいように，各固有値 λ_i に対応する固有空間への射影作用素を，P_i の代りに $P(\lambda_i)$ と表わすことにしよう．そこで実数 λ をパラメータとする射影作用素の集まり $\{\tilde{P}(\lambda)\}_{\lambda \in \mathbf{R}}$ を次のように定義する．

$$\lambda < \lambda_1 \quad\quad \Longrightarrow \tilde{P}(\lambda) = 0$$
$$\lambda_1 \leqq \lambda < \lambda_2 \quad \Longrightarrow \tilde{P}(\lambda) = P(\lambda_1)$$
$$\lambda_2 \leqq \lambda < \lambda_3 \quad \Longrightarrow \tilde{P}(\lambda) = P(\lambda_1) + P(\lambda_2)$$
$$\cdots\cdots$$
$$\lambda_k \leqq \lambda < \lambda_{k+1} \Longrightarrow \tilde{P}(\lambda) = P(\lambda_1) + P(\lambda_2) + \cdots + P(\lambda_k)$$
$$\cdots\cdots$$
$$\lambda_s \leqq \lambda \quad\quad \Longrightarrow \tilde{P}(\lambda) = P(\lambda_1) + P(\lambda_2) + \cdots + P(\lambda_s)$$

このとき
$$\begin{aligned}H &= \lambda_1 P_1 + \lambda_2 P_2 + \cdots + \lambda_s P_s \\ &= \lambda_1 \tilde{P}(\lambda_1) + \lambda_2(\tilde{P}(\lambda_2) - \tilde{P}(\lambda_1)) + \cdots + \lambda_k(\tilde{P}(\lambda_k) - \tilde{P}(\lambda_{k-1})) \\ &\quad + \cdots + \lambda_s(\tilde{P}(\lambda_s) - \tilde{P}(\lambda_{s-1}))\end{aligned}$$
と表わされる．

しかしここで，たとえば $\lambda_k \leqq \mu, \nu < \lambda_{k+1}$ ならば，$\tilde{P}(\mu) - \tilde{P}(\nu) = \tilde{P}(\lambda_k) - \tilde{P}(\lambda_k) = 0$ のことに注意すると (多少象徴的にかいた図 26 も参照)，この右辺は

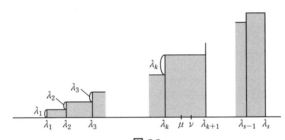

図 26

198　第 24 講　一般の自己共役作用素へ向けて

$$\int_{\lambda_1 - \varepsilon}^{\lambda_s} \lambda \tilde{P}(\lambda)$$

と表わされることがわかるだろう．ここで ε は任意の正数である．

　この立場でみると，固有値というのは，階段状の射影作用素の集まり $\{P(\lambda)\}$ の，'階段の高さ' として現われているとみることもできるようである．

第 **25** 講

作用素の位相と射影作用素の順序

┌─ テーマ ────────────────────────────
◆ 有界作用素列の収束
◆ 有界作用素列の各点での収束から，極限の作用素の有界性を導く
　　──$\mathscr{H}$ の完備性と極限作用素の連続性とのかかわりあい．
◆ 射影作用素の順序
└──────────────────────────────────

はじめに

H を有界な自己共役作用素とする．そのとき結論から先にいえば，適当な実数 $a, b\ (a < b)$ をとると，H は

$$H = \int_a^b \lambda dP(\lambda) \tag{1}$$

の形に表わされる．$P(\lambda)$ は，パラメータ λ に従属する射影作用素を表わしている．そして H がこのように表わされることが，ヒルベルト空間上の固有値問題に対する 1 つのゴールとなっている．

最初見たときには，まるで謎めいたものにさえみえるこの表現 (1) で，何を意味しようとしているかは，前講の例から読者は大体察することができるのではなかろうか．しかしこのゴールへたどりつく道は，多少険しい道となるのかもしれない．これからこのゴールを見上げながら，そこに至る道を少しずつ登っていくことにしよう．

有界作用素列の収束

まず (1) の右辺を見ると，$\int \lambda dP(\lambda)$ という形の式が現われている．これはたぶん近似和

200 第 25 講 作用素の位相と射影作用素の順序

$$\sum \lambda_k \left(P \left(\lambda_{k+1} \right) - P \left(\lambda_k \right) \right)$$

の極限を表わしているのだろうが，これに厳密な意味を与えるためには，'作用素の系列の極限' とは何かということをはっきりさせなくてはならないだろう．

【定義】 ヒルベルト空間 $\mathscr{H}$ 上の有界作用素の系列 $\{T_n\}$ $(n = 1, 2, \ldots)$ と，ある有界作用素 T があって，すべての $x \in \mathscr{H}$ に対して

$$\|T_n x - T x\| \longrightarrow 0 \quad (n \to \infty)$$

が成り立つとき，T_n は $n \to \infty$ のとき T に収束するといい，$T_n \to T$，または

$$\lim_{n \to \infty} T_n = T$$

と表わす．

読者の中には，有界作用素のノルムを用いて

$$\lim_{n \to \infty} \|T_n - T\| = 0$$

のとき，T_n は T に近づくという方が自然ではないかと考えられる方もいるかもしれない．確かに，このときは T_n は T に一様に近づく，といって，場合によってはこの近づき方を考察する方がずっと役に立つということもある．しかし，いまの場合，この近づき方では，近づき方が '強すぎる' のである．なぜかというと，P, Q を射影作用素とし，P は閉部分空間 E_P の上への，Q は E_Q の上への射影とし，$E_P \subsetneqq E_Q$ とすると

$$\|P - Q\| = 1$$

となってしまうからである．前講の例でも，こうなっていては，近似和 $\sum \lambda_k (P(\lambda_k) - P(\lambda_{k-1}))$ のノルムは $\sum \lambda_k$ となって，'一様に近づく' という観点では，分点を増すと $\to \infty$ となってしまう！

$S_n \to S$, $T_n \to T$ ならば

$$\alpha S_n + \beta T_n \longrightarrow \alpha S + \beta T, \quad S_n T_n \longrightarrow S T$$

が成り立つ．

これは明らかであろうが，次のことは証明がいるかもしれない．

$T_n \to T$ で $\|T_n\| \leqq M$ (定数) ならば $\|T\| \leqq M$

【証明】 $\|T\| > M + \varepsilon_0$ $(\varepsilon_0 > 0)$ とすると，ある x_0 で $\|x_0\| = 1$, $\|T x_0\| >$

$M + \dfrac{\varepsilon_0}{2}$ となるものがある. したがって

$$\|T_n x_0\| \geqq \|T x_0\| - \|T_n x_0 - T x_0\| \longrightarrow \|T x_0\| \quad (n \to \infty)$$

となり, n が十分大きいと $\|T_n x_0\| > M$, $\|T_n\| > M$ となる. これは仮定に反する.　∎

各点での収束から有界性の帰結

有界作用素に対して, このような極限概念——位相——を導入したとき, 最も重要なことは, ある意味での完備性が成り立つことである. 次講からの議論ではここまで立ち入ったことは必要としないのだが, 注目すべきことに思われるのでこれを次の定理の形で述べ, 証明も与えておくことにしよう.

【定理】　有界作用素の系列 $\{T_n\}$ $(n = 1, 2, \ldots)$ が存在して, 任意の $x \in \mathscr{H}$ に対し

$$\|T_m x - T_n x\| \longrightarrow 0 \quad (m, n \to \infty) \tag{2}$$

が成り立つとする. このとき, ある有界作用素 T が存在して

$$\lim_{n \to \infty} T_n = T$$

となる.

【証明】　$\mathscr{H}$ は完備だから, $x \in \mathscr{H}$ をとめたとき, コーシー列 $\{T_n x\}$ $(n = 1, 2, \ldots)$ は必ずある元に収束する. それを $T x$ で表わすことにしよう. 対応 $x \to T x$ が線形作用素であることはすぐにわかるのだが, 問題は T の有界性を示すことにかかっている.

そのためには, すぐ上に示したことから (2) が成り立てば, ある定数 M が存在して

$$\|T_n\| \leqq M \quad (n = 1, 2, \ldots) \tag{3}$$

となることを示せばよい.

そのためには, T_n の線形性によって, 次のことを示せば十分である.

$(*)$　適当な球
$$B(y_0; \delta) = \{x \mid \|x - y_0\| < \delta\}$$

202 第 25 講 作用素の位相と射影作用素の順序

> をとると，ある定数 C が存在して，任意の $x \in B\,(y_0; \delta)$ に対して
>
> $$\|T_n(x)\| \leqq C \quad (n = 1, 2, \ldots)$$
>
> が成り立つ.

実際，いま $(*)$ が成り立ったとしよう. このとき，任意の $x\,(\neq 0)$ に対して

$$z = \frac{\delta}{2\|x\|}x + y_0 \in B\,(y_0; \delta)$$

だから，$(*)$ により $\|T_n(z)\| \leqq C\ (n = 1, 2, \ldots)$ となる. したがって

$$\left\|\frac{\delta}{2\|x\|}T_n(x) + T_n\,(y_0)\right\| \leqq C$$

から，$\|T_n\,(y_0)\| \leqq C$ に注意して

$$\|T_n(x)\| \leqq \frac{4C}{\delta}\|x\| \quad (n = 1, 2, \ldots)$$

が得られる. この式はもちろん $x = 0$ でも成り立つ. これから

$$\|T_n\| \leqq \frac{4C}{\delta} \quad (n = 1, 2, \ldots)$$

がいえて，(3) が示されたことになる.

【$(*)$ の証明】 この証明には背理法を用いる. $(*)$ が成り立たなければ，任意に 1 つとった球 $B(y_0; \delta_0)$ の中に，ある x_1 とある番号 n_1 が存在して

$$\|T_{n_1}\,(x_1)\| > 1$$

となる. $\delta_1 > 0$ を十分小さくとると，T_{n_1} の連続性から

$$x \in B\,(x_1; \delta_1) \Longrightarrow \|T_{n_1}(x)\| > 1$$

が成り立つ.

$(*)$ が成り立たないのだから，$x_2 \in B\,(x_1; \delta_1)$ と，ある番号 n_2 が存在して

$$\|T_{n_2}\,(x_2)\| > 2$$

となる. $\delta_2 > 0$ を十分小さくとって

$$\begin{cases} \delta_2 < \dfrac{\delta_1}{2}, \ B\,(x_2; \delta_2) \subset B\,(x_1; \delta_1) \\ x \in B\,(x_2; \delta_2) \Longrightarrow \|T_{n_2}(x)\| > 2 \end{cases}$$

が成り立つようにできる.

次に，$B(x_2; \delta_2)$ に対して同様の考察を繰り返すと，$x_3 \in B(x_2; \delta_2)$ とある番号 n_3 で

$$\|T_{n_3}(x_3)\| > 3$$

をみたすものがあることがわかり，したがって $\delta_3 > 0$ を

$$\begin{cases} \delta_3 < \dfrac{\delta_2}{2}, \ B(x_3; \delta_3) \subset B(x_2; \delta_2) \\ x \in B(x_3; \delta_3) \implies \|T_{n_3}(x)\| > 3 \end{cases}$$

となるように選べる．

このようにして，球の系列

$$B(x_1; \delta_1) \supset B(x_2; \delta_2) \supset \cdots \supset B(x_k; \delta_k) \supset \cdots$$

で

$$\delta_k < \frac{\delta_{k-1}}{2}$$

かつある番号 n_k をとると

$$x \in B(x_k; n_k) \implies \|T_{n_k}(x)\| > k \tag{4}$$

が成り立つようなものが存在することがわかった．

このようにしてつくった，球の中心のつくる系列 $\{x_1, x_2, \ldots, x_k, \ldots\}$ はコーシー列になっている．実際

$$\|x_k - x_{k+l}\| < \delta_k \left(1 + \frac{1}{2} + \cdots + \frac{1}{2^{l-1}}\right)$$

$$< 2\delta_k < \frac{1}{2^{k-1}}\delta_1 \longrightarrow 0 \quad (k \to \infty)$$

したがって $\mathscr{H}$ の完備性から，ある x^* が存在して

$$\lim_{k \to \infty} x_k = x^*$$

となる．明らかに，$k = 1, 2, \ldots$ に対し

$$\overline{B(x_k; \delta_k)} \ni x^*$$

であり，したがって (4) から

$$\|T_{n_k}(x^*)\| \geqq k \quad (k = 1, 2, \ldots) \tag{5}$$

が成り立っている．

一方，定理の最初の仮定から

$$\{T_1(x^*), T_2(x^*), \ldots, T_n(x^*), \ldots\}$$

はコーシー列をつくっている．したがってこの系列は有界であり，ある数 $\tilde{C}$ に対して

$$\|T_n(x^*)\| \leqq \tilde{C} \quad (n = 1, 2, \ldots)$$

となっている. これは (5) と矛盾した結果となる.

これで背理法により, (∗) が成り立つことがわかり, 同時に定理の証明が完了した. ∎

射影作用素の順序

この講の最初に述べた式 (1) を見ると, 右辺に射影作用素の族 $\{P(\lambda)\}$ が現われている. そこで今度は, 射影作用素の集まりについて, 基本的な事柄を述べて, (1) へ近づく道をもう少し進めてみることにしよう.

まず射影作用素の間に順序関係を導入する. 閉部分空間 E_P への射影作用素を P, 閉部分空間 E_Q への射影作用素を Q とする. このとき

[射影作用素間の順序] $E_P \subseteqq E_Q$ のとき, $P \leqq Q$ と表わす. 特に $E_P \subsetneqq E_Q$ という関係を明示したいときには, $P < Q$ と表わす.

このとき, 次のような順序の基本関係が成り立つ.

> (i) $\quad P \leqq P$
>
> (ii) $\quad P \leqq Q, \ Q \leqq P \Longrightarrow P = Q$
>
> (iii) $\quad P \leqq Q, \ Q \leqq R \Longrightarrow P \leqq R$

また恒等写像を I とすると, 任意の射影作用素 P に対し

$$O \leqq P \leqq I$$

となる. ここで O は, $\{0\}$ への射影を表わす.

もちろん, 任意に 2 つの射影作用素 P, Q をとったとき, 必ずしも順序関係があるとは限らない. たとえば $\{e_1, e_2, e_3\}$ を 1 次独立な元とするとき, P として $\{e_1, e_2\}$ のはる空間への射影, Q として $\{e_1, e_3\}$ のはる空間への射影をとると, P と Q の間には順序関係はない.

次の命題を示しておこう.

> $P \leqq Q \Longleftrightarrow$ すべての x に対し $\|Px\| \leqq \|Qx\|$
>
> $\Longleftrightarrow$ すべての x に対し $(Px, x) \leqq (Qx, x)$

【証明】 $P \leqq Q$ ならば，$x \in Q$ を $x = x_1 + x_2$ ($x_1 \in E_P$, $x_2 \in E_P{}^\perp$) と表わすとき，$\|Px\| = \|x_1\| \leqq \|x\| = \|Qx\|$. $x \notin Q$ のときは，$\|Px\| = \|Qx\| = 0$ である．逆に $\|Px\| \leqq \|Qx\|$ ならば，$x \in P$ に対し $\|x\| = \|Px\| \leqq \|Qx\|$, したがって $\|Qx\| = \|x\|$. この式は $x \in E_Q$ を示している．したがって $E_P \subset E_Q$, すなわち $P \leqq Q$ が成り立つ．

右辺 2 行目との同値性は，一般に射影作用素 P に対し $(Px, x) = (P^2 x, x) = (Px, Px) = \|Px\|^2$ が成り立つことに注意するとよい． ∎

$P \leqq Q$ のとき，E_P に直交するような E_Q の元のつくる閉部分空間は
$$E_P{}^\perp \cap E_Q$$
と表わされる．この部分空間への射影作用素を $Q - P$ で表わす．E_Q の直交分解
$$E_Q = E_P \perp (E_P{}^\perp \cap E_Q)$$
は，射影作用素を用いれば
$$Q = P + (Q - P)$$
と表わされる．

Tea Time

質問 2つの射影作用素 P, Q が与えられたとき，PQ は一般には射影作用素にはならないと聞いたことがありますが，そのような例はすぐにつくれるのですか．

答 たとえば，2次元の xy-平面上でも，Q として x 軸への射影，P として，直線 $y = x$ への射影をとると，PQ はもう射影作用素ではない．そのことは図 27 を見てみるとわかるだろう．PQ は平面を，直線 $y = x$ 上へ移すから，もし PQ が射影作用素ならば P と一致していなくてはならない．しかし図を見ると，$PQ(A) \neq P(A)$ となっている．

一般に 2 つの射影作用素 P, Q が与えられたとき，PQ が射影作用素となる必要十分条

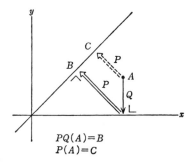

図 27

206   第 25 講   作用素の位相と射影作用素の順序

件は，可換性 $PQ = QP$ が成り立つことであって，このとき，PQ は，閉部分空間 $E_P \cap E_Q$ への射影となることが知られている (228 頁参照). なお $P \leqq Q$ ならば，もちろん $PQ = QP = P$ であって，この場合が 2 つの射影作用素が可換となる，最も簡単な場合となっている.

第 **26** 講

単 位 の 分 解

テーマ

◆ 単位の分解

◆ 単位の分解が与えられたとき，区間に対応する射影作用素を定義する．

◆ 積分記号の登場：$I = \int dP(\lambda)$

◆ 単位の分解を用いる積分概念：$H = \int f(\lambda)dP(\lambda)$ （$f(\lambda)$ は一様連続な実数値関数）

◆ H は有界な自己共役作用素とする．

◆ $\|Hx\|^2 = \int |f(\lambda)|^2 d\|P(\lambda)x\|^2$

単位の分解

まず定義を述べよう．

【定義】 各実数 λ に対して射影作用素 $P(\lambda)$ が対応して次の性質をみたすとき，$\{P(\lambda)\}_{\lambda \in \mathbf{R}}$ を単位の分解という．

  (i) $\lambda \leqq \mu \Longrightarrow P(\lambda) \leqq P(\mu)$ (単調性)

  (ii) $\displaystyle\lim_{\mu \to \lambda + 0} P(\mu) = P(\lambda)$ (右連続性)

  (iii) $\displaystyle\lim_{\lambda \to -\infty} P(\lambda) = 0, \quad \lim_{\lambda \to +\infty} P(\lambda) = I$

定義に述べてあることを少し説明しよう．$P(\lambda)$ は閉部分空間 $E(\lambda)$ への射影作用素とする．(i) で述べていることは，$\lambda \leqq \mu$ ならば $E(\lambda) \subseteq E(\mu)$ となっているということである．このとき $P(\mu) - P(\lambda)$ は，閉部分空間 $E(\mu) \cap E(\lambda)^{\perp}$ への射影作用素になっている．図 28 を参照するとわかるように，$\lambda < \mu \leqq \lambda' < \mu'$ とすると

$$P(\mu) - P(\lambda) \quad \text{と} \quad P(\mu') - P(\lambda')$$

は互いに直交している．実際，図 28 のように表わすと，離れた区間には，直交する閉部分空間が対応するということになっている．

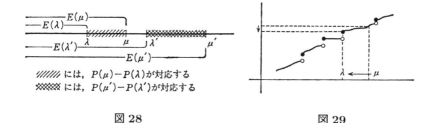

図 28　　　　　　　　図 29

(ii) で述べていることは，μ が右から λ へと近づくときには，すべての x に対して

$$P(\mu)x \longrightarrow P(\lambda)x$$

となることを示している．右からの連続性についての感じをはっきりさせるために，図 29 でふつうの非減少関数のグラフの場合に右連続性を示しておいた．

(iii) はすべての x に対し

$$P(\lambda)x \longrightarrow 0 \quad (\lambda \to -\infty), \quad P(\lambda)x \longrightarrow x \quad (\lambda \to +\infty)$$

が成り立つことをいっている．

区間に対応する射影作用素

単位の分解が与えられたとき，数直線上の区間 δ に対応して，次のように射影作用素を定義する．

$\delta = [a, b]$ のとき
$$P(\delta) = P(b) - P(a - 0)$$
$\delta = (a, b)$ のとき
$$P(\delta) = P(b - 0) - P(a)$$
$\delta = (a, b]$ のとき
$$P(\delta) = P(b) - P(a)$$
$\delta = [a, b)$ のとき
$$P(\delta) = P(b - 0) - P(a - 0)$$

図 30

このように 1 つ 1 つの場合に分けて定義したのは，a, b が '不連続点' のとき，図で示してあるように，端点を含むか含まないかで，少し事情が異なるからである．ついでに，図 30 で見るとわかるように，図で $P(a) - P(a-0)$, $P(b) - P(b-0)$

は '跳躍量' を示している.

このように定義しておくと,やはり図 30 で区間の分割

$$[a, c] = [a, b) \cup [b, c]$$

に対応して

$$P([a, c]) = P([a, b)) + P([b, c])$$

が成り立つ. 実際

$$左辺 = P(c) - P(a - 0) \quad (いまの場合 P(c) = P(c - 0))$$
$$右辺 = (P(b - 0) - P(a - 0)) + (P(c) - P(b - 0))$$
$$= P(c) - P(a - 0)$$

となり,左辺 = 右辺 が成り立つ.

このことから,数直線上の区間 δ を,有限または可算無限個の共通点のない区間 δ_n によって

$$\delta = \bigcup \delta_n$$

と分割したとき,

$$P(\delta) = \sum P(\delta_n) \tag{1}$$

となることが,容易に推論できる. 無限個の区間にわけたときは,右辺は無限和になるが,これらの射影作用素は互いに直交しているから,$P(\delta)$ は無限個の互いに直交する空間の直和への射影となっている.

さらに,

$$P(-\infty, \infty) = I$$

とおくと,(1) は,無限開区間 $(-\infty, \infty)$ に対しても成り立つ. すなわち,有限,または可算無限個の区間 δ_n によって,数直線 $(-\infty, \infty)$ が

$$(-\infty, \infty) = \bigcup \delta_n$$

と分解したとき

$$I = \sum P(\delta_n) \tag{2}$$

が成り立つ.

積分記号の登場

(2) の式の右辺に現われている各区間 δ_n の長さはどんなに小さくとってもよい

のだから，分割をどんどん細かくし，$\text{Max}\,|\delta_n| \to 0\,(|\delta_n|$ は δ_n の長さを表わす)
とする過程でも (2) の関係はつねに保たれている．積分との類似——正確にはル
ベーグ積分との類似——から，この極限過程への移行を

$$I = \int dP(\lambda) \tag{3}$$

と表わすことにしよう．

　右辺に現われた積分記号の，もう少し一般的な場合における定義はすぐあとで
述べることにしよう．

　　　この右辺はふつうの積分では $\int_{-\infty}^{\infty} dx$ に対応する式となっている．このとき，ふ
　　つうは長さは ∞ となって (3) の左辺に対応するものは，意味がなくなってしまう
　　が，いまの場合は，区間の長さは，単位の分解 $\{P(\lambda)\}$ を通して，'射影作用素の大
　　小関係' で測られているから，$(-\infty, \infty)$ は恒等作用素 I として測られ，左辺が確
　　定した意味をもってくる．
　　　なお，単位の分解は，英語では resolution of the identity という．一方，恒等
　　作用素は identity operator である．日本語では，identity という言葉が 2 通りに
　　訳されて，少し意味が通りにくくなったけれど，$\{P(\lambda)\}$ を単位の分解というのは，
　　恒等作用素 I が (3) のように積分記号を通して '$dP(\lambda)$' へと分解されることを示
　　唆しているのだと思う．

単位の分解を用いる積分概念

　この標題に掲げられていることは，次のようなことである．$\{P(\lambda)\}_{\lambda \in \mathbf{R}}$ を単位
の分解としよう．いま，数直線上で定義された有界で一様連続な実数値関数 $f(\lambda)$
が与えられているとしよう．一様連続とは，どんな正数 ε をとっても，ある正数
δ が存在して

$$|\lambda - \lambda'| < \delta \Longrightarrow |f(\lambda) - f(\lambda')| < \varepsilon$$

が成り立つことである．このとき，積分の形でかかれた作用素

$$H = \int f(\lambda)dP(\lambda)$$

を考えることができる．H は有界な自己共役作用素となる．

　私たちはこの右辺の積分の意味を明確にしなくてはならない．しかし，上のよ
うに一般の状況にすると，$\mathbf{R} = (-\infty, \infty)$ の無限個の区間による分割を考える必

要が生じ，記法が少しわずらわしくなる．ここでは，次の条件 (♮) のもとで，右辺の積分の定義を述べることにしよう．

(♮)　ある実数 $a, b \; (a < b)$ が存在して

$$\lambda \leqq a \Longrightarrow P(\lambda) = 0$$
$$\lambda \geqq b \Longrightarrow P(\lambda) = I$$

この条件のもとでは，$\lambda < \lambda' < a$ のとき $P(\lambda') - P(\lambda) = 0$，また $b < \mu < \mu'$ のとき $P(\mu') - P(\mu) = 0$ となっていることに注意しよう．したがって

$$a' < a < b < b'$$

をみたす a', b' を任意にとると，単位の分解

$$I = \int_{a'}^{b'} dP(\lambda)$$

が成り立っている．

私たちの積分の定義は，この場合区間 $[a', b')$ に考察を限ってよい．$f(\lambda)$ を $\boldsymbol{R}$ 上で定義された実数値連続関数とすると，$f(\lambda)$ は $[a', b')$ 上では有界であって，また一様連続となっている．$|f(\lambda)| \leqq M$ としよう．

区間 $[a', b')$ を n 等分し

$$a' = a_0 < a_1 < a_2 < \cdots < a_n = b'$$

とし，

$$\delta_1 = [a_0, a_1), \quad \delta_2 = [a_1, a_2), \quad \ldots, \quad \delta_n = [a_{n-1}, a_n)$$

とする．また，各 $k \; (= 1, 2, \ldots, n)$ に対し

$$a_{k-1} \leqq c_k < a_k$$

を任意にとり

$$T_n = \sum_{k=1}^{n} f(c_k) P(\delta_k)$$

とおく．このとき

$$\|T_n x\|^2 = \sum_{k=1}^{n} |f(c_k)|^2 \|P(\delta_k) x\|^2$$
$$\leqq M \sum_{k=1}^{n} \|P(\delta_k) x\|^2 = M \|x\|^2$$

が得られる．ここで $I = \sum_{k=1}^{n} P(\delta_k)$ が直交分解を与えていることを用いた．

したがって，T_n は有界作用素であって，$\|T_n\| \leqq M$ である．さらに，$f(\lambda)$ の

212　第26講　単位の分解

一様連続性を用い，連続関数のリーマン積分の存在と同じような議論をすると

$$\|T_m x - T_n x\|^2 \longrightarrow 0 \quad (m, n \to \infty)$$

となることが証明できる．この証明はここでは省略することにしよう．

いまの場合，$\|T_n\| \leqq M \ (n = 1, 2, \ldots)$ だから，前講の定理を用いるまでもないが，

$$\lim_{n \to \infty} T_n x = Hx$$

とおくと，H は有界作用素となる．この H を

$$H = \int f(\lambda) dP(\lambda) \tag{4}$$

と表わすのである．

なお H の構成の途中で，分点のとり方や，$c_k \ (k = 1, 2, \ldots, n)$ のとり方に任意性があったが，H 自身は，これらの任意性によらず一意的に決まる．

H の自己共役性

(4) で与えられた有界作用素 H は自己共役である．すなわち次の命題が成り立つ．

$$\boxed{H \text{ は自己共役作用素である．}}$$

【証明】　まず

$$T_n = \sum_{k=1}^{n} f(c_k) P(\delta_k) \tag{5}$$

が自己共役であることを注意しよう．実際，$f(c_k)$ が実数値であることに注意すると

$$
\begin{aligned}
(T_n x, y) &= \left(\sum_{k=1}^{n} f(c_k) P(\delta_k) x, \ y \right) \\
&= \left(x, \ \sum_{k=1}^{n} f(c_k) P(\delta_k) y \right) \quad \left(P(\delta_k)^* = P(\delta_k) \right) \\
&= (x, T_n y)
\end{aligned}
$$

したがって

$$(Hx, y) = \lim_{n \to \infty} (T_n x, y) = \lim_{n \to \infty} (x, T_n y)$$

$$= (x, Hy)$$

ゆえに H は自己共役である. ▮

　ここでスチルチェス積分のことを思い出しておこう. $\boldsymbol{R}$ 上で定義された非減少な関数 $\varphi(t)$ が与えられたとき, 任意の連続関数 $f(t)$ に対して

$$\int_a^b f(t)d\varphi(t) = \lim \sum_{k=1}^n f(t_k)(\varphi(t_k) - \varphi(t_{k-1}))$$

$(a = t_0 < t_1 < \cdots < t_n = b)$ が存在する. ここで右辺の極限は $\mathrm{Max}\,(t_k - t_{k-1}) \to 0$ となるような分点のとり方に関するものである. これを, f の φ に関するスチルチェス積分という.

　いまの場合, x を1つとめて

$$\varphi(\lambda) = \|P(\lambda)x\|^2$$

とおくと, $\varphi(\lambda)$ は非減少な関数となっている. 実際, $\lambda \leqq \mu$ とすると, $P(\mu)x = P(\lambda)x + (P(\mu) - P(\lambda))x$ から, 直交性により

$$\varphi(\mu) = \|P(\mu)x\|^2 = \|P(\lambda)x\|^2 + \|(P(\mu) - P(\lambda))x\|^2$$
$$\geqq \|P(\lambda)x\|^2 = \varphi(\lambda)$$

となっている.

　この $\varphi(\lambda)$ に関するスチルチェス積分を用いると, (4) に関し次の関係が成り立つ.

$$\|Hx\|^2 = \int |f(\lambda)|^2 d\|P(\lambda)x\|^2$$

　この証明は, (5) で

$$\|T_n x\|^2 = \sum_{k=1}^n |f(c_k)|^2 \|P(\delta_k)x\|^2$$

が成り立っていることに注意して, $n \to \infty$ とするとよい.

　同様の考えで

$$(Hx, y) = \int f(\lambda)d(P(\lambda)x, y)$$

が成り立つこともわかる. ただし右辺は

$$\int f(\lambda)d(P(\lambda)x, P(\lambda)y)$$

ともかけるが，この意味は

$$実数部分 = \frac{1}{4}\int f(\lambda)d\|P(\lambda)(x+y)\|^2 - \frac{1}{4}\int f(\lambda)d\|P(\lambda)(x-y)\|^2$$

$$虚数部分 = \frac{-1}{4}\int f(\lambda)d\|P(\lambda)(ix+y)\|^2 + \frac{1}{4}\int f(\lambda)d\|P(\lambda)(ix-y)\|^2$$

で与えられるスチルチェス積分の和である．

Tea Time

質問 単位の分解とはどういうものか，僕なりに理解しようと考えているうちに，ヒルベルト空間 $\mathscr{H}$ が，$\{P(\lambda)\}_{\lambda \in \mathbf{R}}$ によっていわば連続的に分解されているようなイメージが湧いてきました．$P(\lambda)$ を閉部分空間 $E(\lambda)$ への射影とすると，この閉部分空間は連続的に増加しながら $\mathscr{H}$ へと近づいていきます．僕は，2つの閉部分空間のような相互関係ならばよくわかるのですが，$E(\lambda)$ のようなときには，$\lambda < \mu$ ならば $E(\mu)$ の中には必ず $E(\lambda)$ に直交する元が含まれています．連続的にこのようなことが続いていく状況を捉えるのに，一体何を考えたらよいのでしょうか．

答 そのためには，第24講で与えた図25を改めて見直してもらうとよいかもしれない．関数空間 $L^2[0,1]$ の中で，$E(\lambda) = \{f \mid f(t) = 0 \text{ a.e.}, t > \lambda\}$ は，パラメータ λ ($\lambda \in [0,1]$) によって，'連続的に変わる' 閉部分空間の族をつくっている．質問にあったイメージとしては，まずこのようなものを考えておくとよいかもしれない．対応するようなイメージを，数列のつくる l^2-空間から見出すことは，なかなか難しいことだろう．

なお，作用素の固有空間による空間に直交分解が，有限次元の場合や，完全連続作用素の場合のように離散的な分解ではなくて，ヒルベルト空間では一般的には連続的な分解となるということは，20世紀初頭に得た新しい認識であった．このことは古典的な解析学から登場するいくつかの公式に，新しい視点を与えたが，一方，フォン・ノイマンのように，これを作用素の枠の中での代数的観点で捉え

ようとすると，現在'フォン・ノイマン代数'とよばれる壮麗な理論を築く動機を与えることにもなったのである．

第 **27** 講

自己共役作用素のスペクトル分解

── テーマ ──
- ◆ スペクトル分解定理の定式化
- ◆ 自己共役作用素の間の順序関係
- ◆ リースの定理：$A \geqq 0,\ B \geqq 0,\ AB = BA$ ならば $AB \geqq 0$
- ◆ H の関数
- ◆ 射影作用素 $P(\lambda)$ を H の多項式の極限として構成する.
- ◆ 単位の分解 $\{P(\lambda)\}_{\lambda \in \boldsymbol{R}}$
- ◆ 定理の証明

　この講の目的は，すでに第 25 講の冒頭でもその輪郭を述べた次の定理の証明にある.

【**定理**】　H を有界な自己共役作用素とする. そのとき適当な単位の分解 $\{P(\lambda)\}_{\lambda \in \boldsymbol{R}}$ が存在して

$$H = \int \lambda dP(\lambda)$$

と表わされる. ここで $\{P(\lambda)\}_{\lambda \in \boldsymbol{R}}$ は次の条件 (♮) をみたす：

　(♮)　ある実数 $a, b\ (a < b)$ が存在して

$$\lambda \leqq a \implies P(\lambda) = 0$$
$$\lambda \geqq b \implies P(\lambda) = I$$

　この定理を自己共役作用素のスペクトル分解定理という. この定理にはいくつかの証明法があるが，ここでは F. Riesz と B. Sz-Nagy による『関数解析学』(Leçons d'analyse fonctionnelle) にある 2 つの証明のうちの 1 つを紹介しよう.

自己共役作用素の順序

この証明に本質的な役割を果たすのは，自己共役作用素の間に導入される順序関係である．この順序関係をメスのようにして，H を‘切り開き’，‘分解して’，H に対する単位の分解 $P(\lambda)$ をとり出そうというのである．

有界な自己共役作用素 A と B との間の順序関係を次のように定義する．

【定義】 すべての x に対し $(Ax, x) \leqq (Bx, x)$ が成り立つときに $A \leqq B$，または $B \geqq A$ と表わす．

特に

$$A \geqq 0 \Longleftrightarrow \text{すべての } x \text{ に対して } (Ax, x) \geqq 0$$

また

$$\lambda I \leqq A \leqq \mu I \Longleftrightarrow \text{すべての } x \text{ に対して}$$
$$\lambda \|x\|^2 \leqq (Ax, x) \leqq \mu \|x\|^2 \tag{1}$$

を意味している．

第 21 講で示したように，$A \geqq 0$ ならば

$$\|A\| = \sup_{\|x\|=1} (Ax, x)$$

である．したがって，$\lambda I \leqq A \leqq \mu I$ とすると，$\mu I - A \geqq 0$ であって

$$\|\mu I - A\| = \sup_{\|x\|=1} ((\mu I - A)x, x)$$
$$\leqq \sup_{\|x\|=1} ((\mu - \lambda)Ix, x) = \mu - \lambda$$

となり，評価式

$$\|(\mu I - A)x\| \leqq (\mu - \lambda)\|x\| \tag{2}$$

が成り立つことになる．

なお，(1) をみたす λ の上限を m，μ の下限を M とすると

$$\|A\| = \text{Max} (|m|, |M|)$$

となることが示される．

スペクトル分解に達する基本定理

スペクトル分解定理に至る道はここへきて最後の上り坂となる．この道を登り

218   第 27 講　自己共役作用素のスペクトル分解

きるためには次の 2 つの基本定理が必要となる.

【定理 I 】　$A \geqq 0$, $B \geqq 0$, かつ $AB = BA$ とする. このとき $AB \geqq 0$.

【定理 II】　有界な自己共役作用素の系列 $\{A_n\}$ $(n = 1, 2, \dots)$ が, ある定数 μ に対して
$$A_1 \geqq A_2 \geqq \cdots \geqq A_n \geqq \cdots \geqq \mu I$$
をみたしているとする. このとき, ある自己共役作用素 A が存在して,
$$\lim_{n \to \infty} A_n = A$$
が成り立つ.

　この定理 I の証明が予想以上に難しい. これに対する以下で述べるリースの証明は巧妙であって, 目をみはらせるものがある.

【定理 I の証明】　簡単のため $\|A\| = 1$ と仮定しておこう (一般の場合には $\dfrac{1}{\|A\|} A$ を考察するとよい). まず
$$A_1 = A, \quad A_2 = A_1 - {A_1}^2, \ \dots, \ A_{n+1} = A_n - {A_n}^2, \ \dots$$
とおく. 各 A_n $(n = 1, 2, \dots)$ は自己共役であるが, さらに
$$0 \leqq A_n \leqq I \tag{3}$$
が成り立つ.
　これを示すには, n についての帰納法と関係式
$$\begin{cases} A_{n+1} = {A_n}^2 (I - A_n) + A_n (I - A_n)^2 & (4) \\ I - A_{n+1} = (I - A_n) + {A_n}^2 & (5) \end{cases}$$
を用いる.
　ここで次の補助的な命題 $(*)$ が有効に用いられる.

　　　$(*)$ 一般に自己共役作用素 H_1, H_2 が $H_1 H_2 = H_2 H_1$, $H_2 \geqq 0$ をみたすならば
$$H_1{}^2 H_2 \geqq 0$$
　　　なぜなら $(H_1{}^2 H_2 x, x) = (H_1 H_2 x, H_1 x) = (H_2 H_1 x, H_1 x) \geqq 0$.

　この $(*)$ と帰納法の仮定 $0 \leqq A_n \leqq I$ を (4) に用いると $A_{n+1} \geqq 0$ が得られ

る．またこの $(*)$ と同じ帰納法の仮定を (5) に用いると，$A_{n+1} \leqq I$ が得られる．

これで $n = 1, 2, \ldots$ に対して (3) が成り立つことがわかった．

さて，
$$A = A_1{}^2 + A_2{}^2 + \cdots + A_n{}^2 + A_{n+1} \tag{6}$$

と $A_{n+1} \geqq 0$ から
$$\sum_{k=1}^{n} (A_k x, A_k x) = \sum_{k=1}^{n} (A_k{}^2 x, x) = (Ax, x) - (A_{n+1}x, x) \leqq (Ax, x)$$

したがって，$\sum_{n=1}^{\infty} \|A_n x\|^2$ は収束し，$\|A_n x\| \to 0 \ (n \to \infty)$ が結論される．

このことから (6) を参照すると
$$\sum_{k=1}^{n} A_k{}^2 x \longrightarrow Ax \quad (n \to \infty)$$

がわかる．仮定から B は A と可換だから，各 A_n とも可換になり，したがって
$$(BAx, x) = \lim_{n \to \infty} \sum_{k=1}^{n} (BA_k{}^2 x, x)$$
$$= \lim_{n \to \infty} \sum_{k=1}^{n} (BA_k x, A_k x) \geqq 0$$

これで $BA \geqq 0$ が示されて，定理 I の証明が終る． ∎

【定理 II の証明】 $m \geqq n$ に対して
$$(A_n{}^2 x, x) \geqq (A_m A_n x, x) \geqq (A_m{}^2 x, x)$$

が成り立つが，単調減少数列 $(A_n{}^2 x, x)$ は収束するから，$m, n \to \infty$ のとき，この左端と右端は同じ極限値に近づく．したがって
$$\|(A_m - A_n)x\|^2 = (A_m{}^2 x, x) - 2(A_m A_n x, x) + (A_n{}^2 x, x)$$
$$\longrightarrow 0 \quad (m, n \to \infty)$$

となり，これから $\lim_{n \to \infty} A_n x = Ax$ とおくことにより，定理 II が導かれる． ∎

H の関数

いま有界な自己共役作用素 H が与えられたとする．このとき任意の実係数の多項式
$$p(t) = a_0 t^n + a_1 t^{n-1} + \cdots + a_{n-1} t + a_n$$

に対して
$$p(H) = a_0 H^n + a_1 H^{n-1} + \cdots + a_{n-1} H + a_n I$$

220　第 27 講　自己共役作用素のスペクトル分解

おくと, $p(H)$ はまた有界な自己共役作用素となる. このことは, $(H^n)^* = (H^*)^n = H^n$ が成り立つことから明らかである. また可換性

$$Hp(H) = p(H)H$$

が成り立つ.

2 つの多項式 p, q に対し, $p(t) + q(t)$ には $p(H) + q(H)$ が, $p(t)q(t)$ には $p(H)q(H)$ が対応することは明らかだろう.

次の命題の証明に定理 I が必要となる.

実数 m, M に対して

$$mI \leqq H \leqq MI ;$$

また多項式 $p(t)$ に対しては

$$m \leqq t \leqq M \text{ のとき } p(t) \geqq 0$$

が成り立っているとする. このとき

$$p(H) \geqq 0$$

【証明】　$p(t)$ を実数の範囲で因数分解すると

$$p(t) = a_0 \prod_{\alpha_i < m} (t - \alpha_i) \prod_{\alpha_j > M} (t - \alpha_j) \prod \left\{ (t - \beta_k)^2 - \gamma_k{}^2 \right\}$$

の形となる. $a_0 > 0$ の場合を考えることにしよう. そうするとここで $\alpha_j > M$ となる j は偶数個である. したがって

$$p(H) = a_0 \prod_{\alpha_i < m} (H - \alpha_i I) \prod_{\alpha_j > M} (\alpha_j I - H) \prod \left\{ (H - \beta_k I)^2 + \gamma_k{}^2 I \right\}$$

となるが, この各因数は $\geqq 0$ である. したがって定理 I により, $p(H) \geqq 0$ となる. ∎

この命題から

$m \leqq t \leqq M$ で

$$p(t) \leqq q(t) \Longrightarrow p(H) \leqq q(H)$$

$$0 \leqq q(t) - p(t) \leqq \varepsilon \Longrightarrow 0 \leqq q(H) - p(H) \leqq \varepsilon I \qquad (7)$$

が得られる. たとえば 2 番目の $q(H) - p(H) \leqq \varepsilon I$ を示すには, 多項式 $\varepsilon - (q(t) - p(t))$ に上の命題を用いるとよい.

関数 $e_\lambda(t)$

前のように,H は $mI \leq H \leq MI$ をみたしているとする.このとき $m \leq \lambda \leq M$ に対して

$$e_\lambda(t) = \begin{cases} 1, & t \leq \lambda \\ 0, & t > \lambda \end{cases}$$

とおく.明らかに

$$e_\lambda(t)^2 = e_\lambda(t) \tag{8}$$
$$\lambda < \mu \Longrightarrow e_\mu(t)e_\lambda(t) = e_\lambda(t) \tag{9}$$

が成り立っている.

このとき,図 31 で示したように,連続関数の減少列

$$p_1(t) \geq p_2(t) \geq \cdots \geq p_n(t) \geq \cdots \geq 0 \tag{10}$$

が存在して,$m \leq t \leq M$ で

$$\lim_{n \to \infty} p_n(t) = e_\lambda(t)$$

となる.ワイエルシュトラスの多項式近似定理を用いると,$p_1(t), p_2(t), \ldots, p_n(t)$ は,すべて t の多項式であるとしてよい.

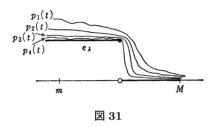

図 31

減少列

$$p_1(t)^2 \geq p_2(t)^2 \geq \cdots \geq p_n(t)^2 \geq \cdots$$

において,(8) から

$$\lim p_n{}^2(t) = e_\lambda(t) \tag{11}$$

が成り立つことがわかる.

$P(\lambda)$ の構成

(10) に対応する自己共役作用素の系列 $\{p_n(H)\}$ に対し定理 II を用いると,$\lim p_n(H)$ は存在する.それを $e_\lambda(H)$ と表わすことにしよう:

$$\lim_{n \to \infty} p_n(H) = e_\lambda(H)$$

222　第27講　自己共役作用素のスペクトル分解

$e_\lambda(H)$ は自己共役作用素であるが，(11) から

$$e_\lambda(H)^2 = e_\lambda(H)$$

が成り立つことがわかる．したがって $e_\lambda(H)$ は射影作用素である．そこで

$$P(\lambda) = e_\lambda(H)$$

とおく．(9) から

$$\lambda < \mu \Longrightarrow P(\lambda)P(\mu) = P(\mu)P(\lambda) = P(\lambda) \tag{12}$$

である．ここで $P(\lambda)$ と $P(\mu)$ の可換性は，$P(\lambda), P(\mu)$ を近似する多項式の可換性からわかる．同様の理由で

$$HP(\lambda) = P(\lambda)H$$

が成り立つ．

　(7) を用いると，$P(\lambda)$ は，$e_\lambda(t)$ に収束する連続関数の減少列 (10) のとり方によらないことがわかる．特に

$$p_n(t) \geqq e_{\lambda+\frac{1}{n}}(t)$$

にとっておくと

$$p_n(H) \geqq e_{\lambda+\frac{1}{n}}(H) \geqq e_\lambda(H)$$

ここで $n \to \infty$ とすると，$e_{\lambda+\frac{1}{n}}(H) \to e_\lambda(H)$ がわかる．任意の正数 ε に対し，$\lambda + \frac{1}{n} > \lambda + \varepsilon$ となる n をとっておくと $e_{\lambda+\frac{1}{n}}(H) \geqq e_{\lambda+\varepsilon}(H) \geqq e_\lambda(H)$ が成り立つから，これで $P(\lambda)$ の右連続性が示された：

$$\lim_{\mu \to \lambda+0} P(\mu) = P(\lambda) \tag{13}$$

定理の証明

　$mI \leqq H \leqq MI$ をみたす自己共役作用素が与えられたとする．このとき $\lambda < m$ に対しては $P(\lambda) = 0$，$\lambda > M$ に対しては $P(\lambda) = I$ とおくことにより，すべての実数 λ に対して，$P(\lambda)$ を定義しておくと，(12) と (13) から，

$$\{P(\lambda)\}_{\lambda \in \boldsymbol{R}}$$

は単位の分解となる（$t = M$ における右連続性を示すために，$P(M) = I$ となる

ことを示す必要があるが，これは省略しよう).

$\lambda < \mu$ に対して明らかに

$$\lambda \left(e_\mu(t) - e_\lambda(t)\right) \leqq t \left(e_\mu(t) - e_\lambda(t)\right) \leqq \mu \left(e_\mu(t) - e_\lambda(t)\right)$$

が成り立つ．したがって

$$\lambda(P(\mu) - P(\lambda)) \leqq H(P(\mu) - P(\lambda)) \leqq \mu(P(\mu) - P(\lambda)) \tag{14}$$

が成り立つ．

したがって，分点 $\mu_0, \mu_1, \ldots, \mu_n$ を

$$\mu_0 < m < \mu_1 < \mu_2 < \cdots < \mu_{n-1} < M \leqq \mu_n$$

のようにとり，上の関係を $\mu_{k-1} < \mu_k$ に用いて和をとると

$$\sum_{k=1}^{n} \mu_{k-1} \left(P(\mu_k) - P(\mu_{k-1})\right) \leqq H \sum_{k=1}^{n} \left(P(\mu_k) - P(\mu_{k-1})\right)$$
$$\leqq \sum_{k=1}^{n} \mu_k \left(P(\mu_k) - P(\mu_{k-1})\right)$$

が得られる．この2番目の式に現われた $\sum$ は

$$\sum_{k=1}^{n} \left(P(\mu_k) - P(\mu_{k-1})\right) = I$$

である．したがって，λ_k を $\mu_{k-1} \leqq \lambda_k < \mu_k$ をみたすように任意にとり，$\mathrm{Max}\,(\mu_k - \mu_{k-1}) \to 0$ とすると

$$\left\| H - \sum_{k=1}^{n} \lambda_k \left(P(\mu_k) - P(\mu_{k-1})\right) \right\| \longrightarrow 0$$

となることがわかった ((2) 参照)．このことは H が

$$H = \int \lambda dP(\lambda)$$

と表わされることを示している．これでこの講の最初に述べた定理が証明された．

Tea Time

質問 第24講で述べられた $L^2(I)$ 上の作用素 $(Hf)(t) = tf(t)$ に対して，H を $H = \int_0^1 \lambda dP(\lambda)$ と表わしたのは，いま振り返って眺めてみますと，スペクトル分

224 第 27 講 自己共役作用素のスペクトル分解

解定理の原型を与えていたことはよくわかりました.

ところで，これに関連して 1 つお聞きしたいのですが，$L^2(I)$ 上で $(\tilde{H}f)(t) = t^2 f(t)$ で定義された自己共役作用素 $\tilde{H}$ は，$\tilde{H}f = \int_0^1 \lambda^2 dP(\lambda)$ と表わされることはすぐにわかりますが，これではここで述べられた定理の形にはなっていません. これはどう考えたらよいでしょう.

答 $\tilde{H}$ に対して，定理で述べたような積分表示をするためには，単位の分解を新たにとり直しておかなくてはならない. そのためには

$$\tilde{e}_\lambda(t) = \begin{cases} 1, & t^2 \leq \lambda \\ 0, & t^2 > \lambda \end{cases} \quad (0 \leq t \leq 1)$$

という関数をとり，射影作用素 $\tilde{P}(\lambda)$ を

$$(\tilde{P}(\lambda)f)(t) = \tilde{e}_\lambda(t)f(t)$$

と定義するとよい. そうすると $\tilde{H} = \int_0^1 \lambda d\tilde{P}(\lambda)$ と表わされるのである.

第 **28** 講

スペクトル

テーマ

◆ スペクトル——点スペクトルと連続スペクトル

◆ リゾルベント

◆ 正規作用素のスペクトル分解定理

◆ ユニタリー作用素のスペクトル分解定理

スペクトル

H を有界な自己共役作用素とし,

$$H = \int \lambda dP(\lambda)$$

を H のスペクトル分解とする. $mI \leqq H \leqq MI$ とすると, 前講で述べた右辺の積分の構成を参照すると

$$H = \int_{m-\varepsilon}^{M} \lambda dP(\lambda) \tag{1}$$

と表わしてよいことがわかる. ここで ε は任意の正数である.

$\{P(\lambda)\}_{\lambda \in \mathbf{R}}$ は, パラメータ λ に関し右からはつねに連続だが, 左から近づく近づき方に関しては, 連続のときもあるし, 連続でないときもある. その状況を調べておこう.

いま $m \leqq \lambda_0 \leqq M$ をみたす λ_0 を 1 つとる. そのとき次の 2 つの場合が生ずる.

(A) $\displaystyle \lim_{\mu \to \lambda_0 - 0} P(\mu) \neq P(\lambda_0)$ (不連続の場合)

(B) $\displaystyle \lim_{\mu \to \lambda_0 - 0} P(\mu) = P(\lambda)$ (連続の場合)

(A) の場合: このとき

$$P(\lambda_0) - P(\lambda_0 - 0) \neq 0$$

であり, $P(\lambda_0) - P(\lambda_0 - 0)$ はある 0 と異なる閉部分空間 $E(\lambda_0)$ への射影となっ

226   第28講 スペクトル

ている．$x_0 \in E(\lambda_0)$ をとり，$x_0 \neq 0$ とする．このとき任意の正数 ε に対して

$$x_0 = (P(\lambda_0 + \varepsilon) - P(\lambda_0 - \varepsilon)) x_0$$

が成り立つから，前講の (14)（と (2)）を参照すると

$$\|Hx_0 - \lambda_0 x_0\| < \varepsilon \|x_0\|$$

が得られる．ε は任意に小さくとれるから

$$Hx_0 = \lambda_0 x_0$$

となる．

すなわち λ_0 は固有値であり，x_0 は λ_0 に対する固有ベクトル，$E(\lambda_0)$ は固有値 λ_0 に属する固有空間となっている．

(B) の場合： このとき射影作用素

$$P(\lambda_0 + \varepsilon) - P(\lambda_0 - \varepsilon)$$

は，$\varepsilon_0 > 0$ を適当にとると，$0 < \varepsilon < \varepsilon_0$ のとき恒等的に 0 に等しくなる場合と，そうでない場合がある．

前者の場合には $(\lambda_0 - \varepsilon, \lambda_0 + \varepsilon)$ の間で (1) の積分は 0 となっている．後者の場合には，$P(\lambda)$ の単調増加性に注意すると，ある $\varepsilon_0 > 0$ が存在して $0 < \varepsilon < \varepsilon_0$ で

$$(*) \quad P(\lambda_0 + \varepsilon) - P(\lambda_0 - \varepsilon) \neq 0$$

となる．したがって，$P(\lambda_0 + \varepsilon) - P(\lambda_0 - \varepsilon)$ を閉部分空間 $E(\lambda_0; \varepsilon)$ への射影とすると $E(\lambda_0; \varepsilon) \neq \{0\}$ であり，

$$x_\varepsilon \in E(\lambda_0; \varepsilon), \quad \|x_\varepsilon\| = 1$$

をみたす元 x_ε が存在する．この x_ε に対して

$$0 < \|Hx_\varepsilon - \lambda_0 x_\varepsilon\| < \varepsilon$$

が成り立つ．

しかし $\varepsilon \to 0$ とすると，$P(\lambda_0 + \varepsilon) - P(\lambda_0 - \varepsilon) \to 0$ となるのだから，$Hx = \lambda_0 x$ をみたす $x \,(\neq 0)$ は存在しない．

【定義】 (A) の場合に λ_0 を点スペクトル，(B) の場合で $(*)$ が生ずるとき，λ_0 を連続スペクトルという．

固有値という言葉は，ここまできて一層広い言葉 'スペクトル' に包含されることになった．すなわち固有値は点スペクトルとして，$P(\lambda)$ の不連続点として現われることになったのである．

リゾルベント

H を有界な自己共役作用素とする. $\lambda \in \boldsymbol{C}$ に対して

$$R(H; \lambda) = (H - \lambda I)^{-1}$$

を考えることにしよう. $R(H; \lambda)$ を H のリゾルベントという. このとき次のことが成り立つ.

λ_0 が H の点スペクトル $\iff R(H; \lambda_0)$ が存在しない.

λ_0 が H の連続スペクトル $\iff R(H; \lambda_0)$ は H の稠密な部分空間で

定義されているが, 有界でない.

この証明はここでは省略しよう. ただ λ_0 が連続スペクトルのとき, $R(H; \lambda_0)$ は稠密な部分空間

$$\bigcup_{n=1}^{\infty} P\left(\lambda_0 - \frac{1}{n}\right) \mathscr{H} \cup \bigcup_{n=1}^{\infty} P\left(\lambda_0 + \frac{1}{n}\right) \mathscr{H}$$

上で定義されていることだけを注意しておこう.

リゾルベント $R(H; \lambda)$ は, 一般には λ を複素数の範囲にまで動かして, λ をパラメータと考えて解析的に取り扱う. 解析学の応用にとって, リゾルベントの挙動を詳しく調べることは大切なことなのだが, ここではこれ以上立ち入らないことにしよう.

正規作用素

正規作用素の定義は第20講で述べたが, その後は主に自己共役作用素のみを取り扱ってきたから, 改めてここでもう一度定義を述べておいた方がよいかもしれない. 有界な作用素 A が正規であるとは, $A^*A = AA^*$ が成り立つことである. この定義は, もちろん第11講で述べた, 有限次元の場合の正規作用素の定義をそのまま引き継いでいる. 第11講で述べた正規作用素の特徴づけは, 次の形で成り立っている.

A が正規作用素 $\iff A = H_1 + iH_2$ と表わせる;

ここで H_1, H_2 は有界な自己

共役作用素で,

228　第 28 講　スペクトル

$$H_1 H_2 = H_2 H_1$$

をみたしている.

証明も第 11 講で与えた有限次元の場合と同様である. ここで $H_1 = \dfrac{A+A^*}{2}$,
$H_2 = \dfrac{A-A^*}{2i}$ であることに注意しよう. さらに $\|A\| = \|A^*\|$ (第 20 講参照) を用
いると

$$\|H_1\| \leqq \frac{1}{2}(\|A\| + \|A^*\|) = \|A\|, \quad \|H_2\| \leqq \|A\|$$

が成り立っていることもわかる.

H_1, H_2 のスペクトル分解を

$$H_1 = \int \lambda dP(\lambda), \quad H_2 = \int \mu dQ(\mu)$$

とする. 前講で示したように, $P(\lambda)$, $Q(\mu)$ は, それぞれ H_1, H_2 の多項式列
$p_m(H_1)$, $q_n(H_2)$ $(m, n = 1, 2, \ldots)$ の極限として得られていた. $H_1 H_2 = H_2 H_1$
から,

$$p_m(H_1) q_n(H_2) = q_n(H_2) p_m(H_1)$$

が成り立つから, ここで $m, n \to \infty$ とすると

$$P(\lambda)Q(\mu) = Q(\mu)P(\lambda)$$

が得られる. したがって $P(\lambda)Q(\mu)$ は射影作用素となる.

　一般に, P, Q を射影作用素とするとき, $PQ = QP$ が成り立てば, PQ は射影
作用素となる. なぜならこのとき, 射影作用素の 2 つの特性

$$(PQ)^2 = PQPQ = P^2Q^2 = PQ, \quad (PQ)^* = Q^*P^* = QP = PQ$$

が成り立つからである. P を E_P の上への, また Q を E_Q の上への射影とすれば,
このとき PQ は $E_P \cap E_Q$ の上への射影作用素となっている.

　そこで複素数 z をパラメータとする射影作用素

$$R(z) = P(\lambda)Q(\mu), \quad z = \lambda + i\mu$$

を考える. このとき, 複素平面を各辺が実軸, 虚軸に平行な小さな長方形に分割
し, 積分の考えにしたがって辺の長さを 0 に近づけて, 極限へ移ることにより,
作用素

$$\int_C f(z)dR(z)$$

を考えることができる．ここで $f(z)$ は複素平面上で，$|f(z)| \leqq$ 定数をみたす連続関数である (実軸上で単位の分解から導かれる積分については第 26 講で詳しく述べたので，ここでは複素平面上で対応する事柄についてはあまり深入りせず簡単に述べることにする)．

特に
$$\int_C dR(z) = \int_{-\infty}^{\infty} dP(\lambda) \int_{-\infty}^{\infty} dQ(\mu) = I$$
である．

さて，$z = \lambda + i\mu$ に対しては
$$\int_C \lambda dR(z) = \int_{-\infty}^{\infty} \lambda dP(\lambda) \int_{-\infty}^{\infty} dQ(\mu) = \int_{-\infty}^{\infty} \lambda dP(\lambda)$$
$$= H_1$$
$$\int_C \mu dR(z) = \int_{-\infty}^{\infty} dP(\lambda) \int_{-\infty}^{\infty} \mu dQ(\mu) = \int_{-\infty}^{\infty} \mu dQ(\mu)$$
$$= H_2$$
が成り立つ．したがって
$$A = H_1 + iH_2 = \int_C (\lambda + i\mu) dR(z) = \int_C z dR(z)$$
となる．

このようにして，任意の有界な正規作用素は

$$A = \int_C z dR(z)$$

と表わされることがわかった．これを正規作用素のスペクトル分解定理という．このとき A^* は
$$A^* = \int_C \bar{z} dR(z)$$
と表わされる．

ずいぶん長い道程であったが，これが第 11 講で述べた有限次元の場合の正規作用素 A と A^* の固有空間分解 (4), (5) (88 頁) に対応する，ヒルベルト空間上の結果である．

　$R(z)$ は，z を動かすとひとまず複素平面全体に広がっている射影作用素の集まり

となる．しかし，$\boldsymbol{C}$ 上の長方形 $I = \{z = u + iv \mid a \leqq u \leqq b, c \leqq v \leqq d\}$ を考えると，I に対応する射影作用素は

$$R(I) = (P(b) - P(a))(Q(d) - Q(c))$$

となり，したがって $P(\lambda), Q(\mu)$ のいずれか一方が '定数' となる範囲では $R(I) = 0$ となる．極限へ移れば，そのような範囲で (記号的に) $dR = 0$ である．すなわち $P(\lambda)$ が $m \leqq \lambda \leqq M$ の外では '定数'，$Q(\mu)$ が $m' \leqq \mu \leqq M'$ の外で '定数' となっているならば，本質的には上の積分は長方形 $\{z = \lambda + i\mu \mid m - \varepsilon \leqq \lambda \leqq M, m' - \varepsilon \leqq \mu \leqq M\}$ (ε は任意の正数) の中でとってよいのである．

ユニタリー作用素

ユニタリー作用素 U ($U^*U = I$) に対しては，次のような形のスペクトル分解定理が成り立つ．

$$U = \int_0^{2\pi} e^{i\theta} dP(\theta)$$

この詳細はここでは省略することにしよう．

Tea Time

質問 正規作用素のスペクトル分解定理を見ると，形式美の整った建築物の前に立っているような錯覚に陥るようなところがあります．しかしこの建物の中には本当に入れるのでしょうか．というのは，この定理からは，第14講から第16講までのお話にあった，積分方程式からヒルベルト空間へと進んでいくときのような躍動感があまり感じられず，何か動的なものから静的なものへと景色が変わったような気がするからです．このスペクトル分解定理は，本当にもう一度解析学の中へ戻って活躍することはあるのでしょうか．

答 質問の内容は難しく，私もうまく答えられないかもしれない．関数解析学を最初に学んだとき，どこか大きな空間の中を光だけが走り抜けていくような感じを味わった人は多いだろうが，それは無限次元空間という設定の中で，数学的体系を築くためには，概念の総合化と，その完全な記号化が必要であったというこ

とにもよっているのだろう．ヒルベルト空間の理論をここで述べたように整備した形で提示するようになったのは，フォン・ノイマンの影響が強いのだろうが，ノイマンは自身をむしろ代数学者だと考えていたようである．

正規作用素のスペクトル分解定理をみても，この定理から具体的に与えられた正規作用素の性質を読みとることは難しいだろう．有限または無限次元の部分空間が束ねられ，連続的に分布している状況は，スペクトルと‘積分’という言葉によって，巧みに総括的に表現されたが，個々の作用素の性質をさらに読みとろうとすれば，やはり‘積分’というヴェールをとりはずさなくてはならないだろう．本質的な困難さは，それほど減ってはいない．実際のところ，正規作用素のスペクトル分解定理から，多くの情報を引き出して得られた解析学の定理を私はあまり知らないのである．だが，これは私のこの方面の知識の乏しさにもよっているのだろう．

ユニタリー作用素のスペクトル分解定理も，ここで述べたものよりは，次のストーンの定理に至って広い応用をもつようになった．ストーンの定理とは，実数 t に従属するユニタリー作用素の族 $\{U(t)\}_{t \in \boldsymbol{R}}$ が与えられ，これが，$U_0 = I,\ U_s U_t = U_{s+t}$ という条件と，t に関する (ある弱い意味での) 連続性をみたしているとする；このとき単位の分解 $\{P(\lambda)\}_{\lambda \in \boldsymbol{R}}$ が存在して

$$U_t = \int_{-\infty}^{\infty} e^{2\pi i t \lambda} dP(\lambda)$$

と表わされるというものである．このように捉えると，スペクトル分解定理も，静的なものから動的なものへと動き出してくるのである．

第29講

非有界作用素

――― テーマ ―――
◆ 量子力学におけるマトリックス力学の誕生――作用素の非可換性
◆ 非可換な 2 つの作用素の非有界性
◆ 関数空間 $L^2(\boldsymbol{R})$
◆ 定義域の稠密性
◆ 微分作用素の非有界性
◆ (Tea Time) マトリックス力学と波動力学

マトリックス力学――非可換性

1925 年，コペンハーゲンにおけるボーアのもとから帰って，ゲッチンゲン大学でボルンと共同で量子力学の研究を行なっていた青年ハイゼンベルクは，誕生したばかりの量子力学の背後に横たわるさまざまな謎の解明に，はじめて数学的に近づく鍵を手にした．それは無限次行列を用いるマトリックス力学であった．この理論の中で，量子力学の数学的理論の根幹に作用素の非可換性が組みこまれていることが明確になったのである．

無限次行列を簡単に作用素というならば，座標とよばれる作用素 Q と運動量とよばれる作用素 P の間に，基本関係

$$PQ - QP = \frac{h}{2\pi i} I \tag{1}$$

が成り立つのである．ここで h はプランク定数である．

ここではもちろん量子力学の成立過程を述べるつもりはないし，私もごく常識的なことしか知らない．ここでハイゼンベルクのことに触れたのは，自然界の奥深くに隠されていた作用素の非可換性が，固有値問題に対して新しい展開の契機と必然性を与えたということである．

非可換性と非有界性

(1) の関係で，右辺にある定数 $\dfrac{h}{2\pi i}$ を左辺にくりこんでおけば，数学的には，2 つの作用素 A, B が非可換性

$$AB - BA = I \tag{2}$$

をもつとき，A, B はどのような性質をもつかをまず調べることになる．

最初に注意することは，背景に有限次元のベクトル空間をおく場合，したがって A, B が有限次の (たとえば n 次の) 行列のとき，(2) の関係はけっして成り立たないということである．この証明は簡単である．実際，もし (2) の関係をみたす A, B があったとすると，(2) の両辺のトレース (対角線に現われる成分の和) をとると

$$\mathrm{Tr}(AB) - \mathrm{Tr}(BA) = \mathrm{Tr}(I)$$

となる．この左辺は，トレースに関するよく知られた性質 $\mathrm{Tr}(AB) = \mathrm{Tr}(BA)$ から 0．一方，右辺は n だから，明らかに矛盾であり，したがって (2) をみたす行列 A, B は存在しない．

この事実は，量子力学の数学的理論の成立の過程で，(1) の関係をみたす P, Q を見出すためには，必然的に無限次元まで駈け上らなければならなかった 1 つの理由を明らかにしている．

しかし，ヒルベルト空間にまで上っても，非可換性 (2) は有界な作用素の範囲ではやはり成立しないのである．次の否定的な命題がそのことを示している．この事実は 1925 年から 1926 年の間にすでにボルンとジョルダンにより知られていた．ここで述べる証明は，雨宮一郎氏から教えていただいたものである．

ヒルベルト空間上の有界作用素 A, B に対して
$$AB - BA = I \tag{2}$$
という関係式は成立しない．

【証明】 (2) をみたす有界作用素 A, B が存在するとして，矛盾の生ずることを示せばよい．最初に

234 第29講 非有界作用素

$$A \neq 0, \quad B \neq 0 \tag{3}$$

であることに注意しておこう。$AB - BA = I$ の両辺に右から B をかけて

$$AB^2 - BAB = B$$

ここで $AB = BA + I$ を用いると

$$AB^2 - B^2 A = 2B$$

が得られる。この式の両辺にまた右から B をかけて，再び $AB = BA + I$ を用いると

$$AB^3 - B^3 A = 3B^2$$

が得られる。これを繰り返して

$$AB^n - B^n A = nB^{n-1} \tag{4}_n$$

が成り立つ。したがって

$$\begin{aligned}
n\|B^{n-1}\| &\leqq \|AB^n\| + \|B^n A\| \\
&\leqq \|AB\|\|B^{n-1}\| + \|BA\|\|B^{n-1}\| \\
&= (\|AB\| + \|BA\|)\|B^{n-1}\|
\end{aligned} \tag{5}$$

$(4)_{n-1}$ から，$B^{n-1} = 0$ ならば $B^{n-2} = 0$ となることがわかる；したがってまた $B^{n-2} = \cdots = B^2 = B = 0$ となる。これは (3) に反する。

したがって $B^{n-1} \neq 0$ であり，(5) の両辺を $\|B^{n-1}\|$ で割って

$$n \leqq \|AB\| + \|BA\|$$

が得られる。n はいくらでも大きくとれるのだから，これは，AB, BA の有界性に反する。∎

この結果は，量子力学に登場した作用素は，単にヒルベルト空間上の作用素であったというだけではなく，それらは非有界な——不連続性をもつ——作用素であったということを意味している。いままで述べてきた理論だけでは，取り扱うことのできないような作用素なのである！

関数空間 $L^2(\boldsymbol{R})$

もっとも，数直線上の有界な閉区間 $[a,b]$ 上の関数空間 $L^2[a,b]$ から，数直線 $\boldsymbol{R}$ 上の関数空間 $L^2(\boldsymbol{R})$ へと目を移すと，そこには非有界な作用素はごく自然に登場してくるのである。

$L^2(\mathbf{R})$ とかいたのは，絶対値が 2 乗可積であるような，数直線 $\mathbf{R}$ 上で定義された ルベーグ可測な複素数値関数全体のつくるヒルベルト空間である：

$$L^2(\mathbf{R}) = \{f \mid f \text{ は可測で,} \int_{-\infty}^{\infty} |f(t)|^2 dt < \infty\}$$

$L^2(\mathbf{R})$ の元は，関数そのものというよりは，ほとんど至るところ等しい関数は同一視して得られる同値類からなっている（『ルベーグ積分30講』参照）．$f, g \in L^2(\mathbf{R})$ のとき，内積は

$$(f, g) = \int_{-\infty}^{\infty} f(t)\overline{g(t)}dt$$

で定義されている．

有界な閉区間 $[a, b]$ 上のヒルベルト空間 $L^2[a, b]$ と $L^2(\mathbf{R})$ との，最も顕著な違いは，$L^2[a, b]$ は多項式や $[a, b]$ 上で定義された連続関数をすべて含むが，それに反して，$L^2(\mathbf{R})$ は多項式 $(\neq 0)$ を含んでいないという点にある．ある可測関数 $f(t)$ が，$L^2(\mathbf{R})$ に属しているかどうかは，$t \to \pm\infty$ のとき，$|f(t)| \to 0$ となるスピードに従属している．

第 24 講で $L^2[0, 1]$ 上で定義した作用素 H と同様の作用素を $L^2(\mathbf{R})$ 上で考察してみよう：私たちは，$f \in L^2(\mathbf{R})$ に対して

$$(\tilde{H}f)(t) = tf(t)$$

とおく．このときまず，$\tilde{H}$ は $L^2(\mathbf{R})$ 全体の上では定義されていないことを示そう．たとえば

$$g(t) = \begin{cases} \dfrac{1}{t}, & t \geqq 1 \\ 0, & t < 1 \end{cases}$$

とおく．このとき

$$\int_{-\infty}^{\infty} g(t)^2 dt = \int_{1}^{\infty} \frac{1}{t^2} dt = -\frac{1}{t}\Big|_{1}^{\infty} = 1$$

により，$g \in L^2(\mathbf{R})$ であるが，

$$tg(t) = \begin{cases} 1, & t \geqq 1 \\ 0, & t < 1 \end{cases}$$

だから，$tg(t) \notin L^2(\mathbf{R})$ である．これで $\tilde{H}$ が $L^2(\mathbf{R})$ 全体で定義されていないことがわかった．

さらに $\tilde{H}$ は連続でない．実際

236　第29講　非有界作用素

$$g_n(t) = \begin{cases} \dfrac{1}{t}, & 1 \leqq t \leqq n+1 \\ 0, & t < 1,\ t > n \end{cases} \qquad (n = 1, 2, \ldots)$$

とおくと,

$$\|g_n\| \leqq 1 \quad (n = 1, 2, \ldots)$$

であるが,

$$\|\tilde{H}g_n\| \longrightarrow \infty \quad (n \to \infty)$$

となる.

状況は $L^2[0,\,1]$ のときとまったく違うのである.

定義域の稠密性

$\tilde{H}$ は, $L^2(\boldsymbol{R})$ 全体の上では定義されていないが, $f \in L^2(\boldsymbol{R})$ で, $\tilde{H}f \in L^2(\boldsymbol{R})$ となる f 全体は, $L^2(\boldsymbol{R})$ の部分空間となる. この部分空間を $\tilde{H}$ の定義域といい, $\mathscr{D}(\tilde{H})$ で表わすことにしよう. このとき次の命題が成り立つ.

$$\boxed{\mathscr{D}(\tilde{H}) \text{ は,}\ L^2(\boldsymbol{R}) \text{ の中で稠密である.}}$$

【証明】　これには次の事実を用いる.

($*$)　有界な区間の外では 0 となるような連続関数全体のつくる空間 $C_0(\boldsymbol{R})$ は, $L^2(\boldsymbol{R})$ の中で稠密である.

すなわちある正数 k があって, $|t| \geqq k \Rightarrow f(t) = 0$ をみたす連続関数全体は, $L^2(\boldsymbol{R})$ の中で稠密である. この証明はここでは省略する. このとき次の2つのことを注意しよう.

$$f \in C_0(\boldsymbol{R}) \Longrightarrow f \in L^2(\boldsymbol{R})$$
$$f \in C_0(\boldsymbol{R}) \Longrightarrow (\tilde{H}f)(t) = tf(t) \in C_0(\boldsymbol{R}) \Longrightarrow \tilde{H}f \in L^2(\boldsymbol{R})$$

このことは

$$C_0(\boldsymbol{R}) \subset \mathscr{D}(\tilde{H})$$

を示している. $C_0(\boldsymbol{R})$ は ($*$) により $L^2(\boldsymbol{R})$ の中で稠密なのだから, $\mathscr{D}(\tilde{H})$ もまた $L^2(\boldsymbol{R})$ の中で稠密となる. ∎

微分作用素の非有界性

この節での話をするためには，有界な閉区間 $[a,b]$ 上の $L^2[a,b]$ をとって考えても，あるいは $L^2(\boldsymbol{R})$ をとって考えても，同じことなのだが，すぐあとに続く話の準備ということもあって，$L^2(\boldsymbol{R})$ の方で考えることにしよう．

実は，(∗) よりもう少し厳密に次のことも成り立つ．

(∗∗) 有界な区間の外で 0 となるような微分可能な関数全体のつくる空間 $C_0^{\ 1}(\boldsymbol{R})$ は，$L^2(\boldsymbol{R})$ の中で稠密である．

$f \in C_0^{\ 1}(\boldsymbol{R})$ に対して

$$Df(t) = \frac{d}{dt}f(t)$$

とおく．D は，$C_0^{\ 1}(\boldsymbol{R})$ から $L^2(\boldsymbol{R})$ の中への作用素となっているが，やはり連続ではない．それは，$n \to \infty$ のとき，$\|f_n\| \to 0$ であるが，$\|Df_n\| \to \infty$ となる系列 f_n $(n = 1, 2, \ldots)$ が $C_0^{\ 1}(\boldsymbol{R})$ の中に存在することからわかる．

このような f_n の存在は，式でかくより，次のように説明した方が直観的でわかりやすいだろう．図 32(A) のグラフで表わされた関数 φ_n は $\varphi_n \in C_0(\boldsymbol{R})$ だが，$\varphi_n \notin C_0^{\ 1}(\boldsymbol{R})$ である．簡単な計算で

$$\|\varphi_n\|^2 = \frac{2}{3}\frac{1}{n} \tag{6}$$

がわかる．したがって $n \to \infty$ のとき $\|\varphi_n\| \to 0$ である．$t \neq \pm \frac{1}{n^3}$, $t \neq 0$ のと

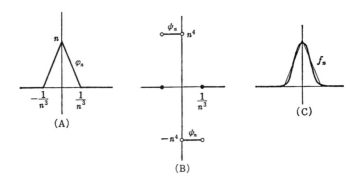

図 32

238　第 29 講　非有界作用素

きには，φ_n のグラフの傾きの関数 $\psi_n(t)$ を考えることができる．それは (B) で
図示してある．ψ_n はほとんど至るところ定義されており，$\psi_n \in L^2(\boldsymbol{R})$ と考え
てよい．これも簡単な計算で

$$\|\psi_n\|^2 = 2n^5 \tag{7}$$

であり，したがって $\|\psi_n\| \to \infty \ (n \to \infty)$ である．(C) のグラフで図示してある
関数は，φ_n のグラフの角のあるところを少し補正して，微分可能な関数 f_n とし
たものである．この関数 f_n は，φ_n も，また φ_n の傾きも十分よく近似している
から，$n \to \infty$ のとき，(6) から

$$\|f_n\| \longrightarrow 0$$

(7) から

$$\|Df_n\| \longrightarrow \infty$$

となることは明らかだろう．

　すなわち，微分作用素 D もまた，$\tilde{H}$ と同じように，$L^2(\boldsymbol{R})$ の稠密な部分空間
$C_0{}^1(\boldsymbol{R})$ 上で定義されているが，そこで有界でない——連続でない——のである．

D と $\tilde{H}$ の非可換性

　D も $\tilde{H}$ もともに $L^2(\boldsymbol{R})$ の稠密な部分空間 $C_0{}^1(\boldsymbol{R})$ 上では定義されていて，し
かも非有界である．だが，注目すべきことはこの 2 つの非有界作用素に対しては，
有界作用素のときにはけっして成り立たない関係

$$D\tilde{H} - \tilde{H}D = I \tag{8}$$

が成り立つのである．

【(8) の証明】　$f \in C_0{}^1(\boldsymbol{R})$ に対して

$$\begin{aligned}
(D\tilde{H} - \tilde{H}D)f(t) &= \frac{d}{dt}(tf(t)) - t\frac{df}{dt}(t) \\
&= f(t) + t\frac{df}{dt}(t) - t\frac{df}{dt}(t) \\
&= f(t)
\end{aligned}$$

　したがって，この講の冒頭に述べた話と関連づけるために

$$\tilde{D} = \frac{h}{2\pi i} D \quad (h \text{ はプランク定数})$$

とおくと,

$$\tilde{D}\tilde{H} - \tilde{H}\tilde{D} = \frac{h}{2\pi i} I \tag{9}$$

となる. ついでに $f, g \in C_0^{\,1}(\boldsymbol{R})$ に対して

$$(\tilde{D}f, g) = (f, \tilde{D}g) \tag{10}$$

$$(\tilde{H}f, g) = (f, \tilde{H}g) \tag{11}$$

が成り立つことも注意しておこう. (11) は明らかだから, (10) だけ示しておく.

$$\begin{aligned}
(\tilde{D}f, g) &= \frac{h}{2\pi i} \int_{-\infty}^{\infty} \frac{d}{dt} f(t) \cdot \overline{g(t)} dt \\
&= -\frac{h}{2\pi i} \int_{-\infty}^{\infty} f(t) \cdot \overline{\frac{d}{dt} g(t)} dt \quad (\text{部分積分}) \\
&= \int_{-\infty}^{\infty} f(t) \cdot \overline{\frac{h}{2\pi i} \frac{d}{dt} g(t)} dt \\
&= (f, \tilde{D}g)
\end{aligned}$$

■

Tea Time

質問 この最後に述べられた $\tilde{D}$ と $\tilde{H}$ との間に成り立つ非可換な関係式は, 最初に述べられたハイゼンベルクの関係式 (1) と同じ形をしていますが, ここにも量子力学的な意味はあるのですか.

答 その通りであって, (1) と (9) の間には, 1920 年代後半の量子力学的世界像に対する激しい議論が渦をなして流れたのである. ボーアの対応原理から粒子的な量子像に立って得られたハイゼンベルクのマトリックス力学は, 1 年後の 1926 年に, ド・ブロイ, アインシュタインの波動力学の思想を受け継ぐ形で登場したシュレディンガーの理論構成と, まったく対極する立場におかれることになった. シュレディンガーの理論からは, 行列のようなもの一切が姿を消し, 代って微分方程式が登場していた. しかし, その理論の最も基本的な部分には, マトリックス力学と同じ形の非可換関係 (9) があったのである.

240 第 29 講 非有界作用素

　量子力学は当時，粒子像と波動像に揺らいでいた．ゲッチンゲン大学にあって，当代すでに固有値問題についても広い数学的視野をもっていたボルンは，ボルンとウィーナーの共著の論文 (1925–6) の中で，シュレディンガーに先駆けて，量子力学に微分方程式を導入することを考えていた．そのときすでに基本的な関係 (9) を通り越してしまって，もう少し一般の関係を得ていた．これについて次のような晩年のボルンの述懐が伝えられている．'(9) は，Q と P の間に成り立つ関係とまったく同じものであった．しかし私はそのことを知らなかった．私はいまとなっても，けっしてこのことを忘れることはできないのである．もし私がそのことに気づいてさえいたならば，シュレディンガーより 2, 3 か月前には，直ちに量子力学から波動力学の全体系を得ることができただろう．'

　このマトリックス力学から得られた (1) と，波動力学から得られた (9) との論争は，数学的には，1931 年に発表されたフォン・ノイマンの論文によってはじめて決着がついたのである．それによると，(9), (10), (11) をみたす作用素は，(定式化するにはなお曖昧さが残っているが) 本質的には，互いにユニタリー作用素で移り合えるものであって，その意味では，マトリックス力学に現われた P, Q も，波動力学に現われた $\tilde{D}, \tilde{H}$ も，同じ作用素の 2 つの異なる表現にすぎなかったのである．マトリックス力学は，この作用素の l^2-空間上での 1 つの表現であり，波動力学は $L^2(\boldsymbol{R})$ 上での 1 つの表現であった．

第 **30** 講

フォン・ノイマン——1929年

テーマ
- ◆ フォン・ノイマン
- ◆ フォン・ノイマンの 1929 年の論文
- ◆ 閉作用素
- ◆ 作用素の拡大
- ◆ 有界作用素と非有界作用素
- ◆ 対称作用素と自己共役作用素
- ◆ 自己共役作用素のスペクトル分解定理——ケーリー変換を用いる
  ノイマンの着想

フォン・ノイマン

　フォン・ノイマンは，20 世紀の数学者の中でも，たぶん最も卓越した才能をもつ数学者の 1 人であった．ノイマンに生前接した人たちの思い出などを読んでみても，'恐るべき天才'，'超人的な記憶力'というような言葉をときどき見ることができるのである．ノイマンは，生涯を通して，倦むことを知らぬ努力で，彼の頭脳の中で培われた数学の体系を論文として発表し続け，また後半生には，現在のコンピュータの創造と，情報科学の基礎となるべきものを築き上げた．

　ノイマンは，1903 年生まれのハンガリーの数学者である．ノイマンの驚くべき数学の才能は 15 歳頃から目覚めたようである．彼は 1926 年，ゲッチンゲン大学にヒルベルトの助手として就職した．前講でも述べたように，当時ゲッチンゲン大学では，量子力学の粒子像と波動像をめぐって，物理学と数学とが激しく絡み合い，ともにその統一的視点を無限次元空間の中に求めようとしていた．ノイマンはすでに 22 歳の若さで，集合論の公理化に関する有名な論文を発表していた．ヒルベルトはたぶん基礎論に関する分野の助手として，ノイマンを自分のもとに

242　第 30 講　フォン・ノイマン——1929 年

招いたのだろうが，ノイマンの関心は，量子力学創成期の渦の中心へと直ちに向いていったようである．集合の公理化から，量子力学の基礎づけへと，彼の頭脳は急速な旋回をはじめた．

　ノイマンは，ゲッチンゲン大学へ着任して 1 年後の 1927 年には，すでに‘量子力学の数学的基礎’という論文を発表した．そこではじめて抽象的なヒルベルト空間の公理 (第 17 講参照) を導入したのである．当時すでに，フィッシャーとリースによる定理 (第 18 講) はよく知られていて，数列のつくる l^2-空間と $L^2(\boldsymbol{R})$ は同型であることは周知のことであったが，この背後に抽象的ヒルベルト空間の枠組があるということは，ノイマンのこの論文が登場するまで，いわば視界に入ってこなかった．無限次元空間を公理によって規定し，1 つの‘構造’としてとり出すという考えは，当時なお驚くほど新鮮な思想であった．ノイマンの中には，‘無限’という概念は，公理の導入によって，はじめて演繹的な考察を可能とする数学的な対象となりうるという考えが育っていたのかもしれない．

　いずれにせよ，実質的にはこれ以来，数学者もまた物理学者も，l^2-空間も，$L^2(\boldsymbol{R})$ も，抽象的なヒルベルト空間が 2 つの異なる場所に投影されて実現された，2 つの異なる姿にすぎないと認識することになったのである．

　これと同時に，量子力学の数学的理論の確立には，ヒルベルト空間上の非有界な作用素をどのように取り扱うべきなのか，特に非有界な自己共役作用素とは何か，またこの作用素に対してスペクトル分解は可能なのか，という問いに答えることが必要であるということが，しだいに明らかになってきた．

ノイマン 1929 年の論文

　このような問題に対してすべて完全な解答を与えたのが，1929 年，*Mathematische Annalen* 誌上に発表されたノイマンの有名な論文

　　　Allgemeine Eigenwerttheorie Hermitescher Funktionaloperatoren
　　　(エルミート関数作用素の一般固有値理論)

であった．この論文は同時に，その後 10 年間にわたるノイマンの精力的なヒルベルト空間の作用素に関する研究の出発点を与えるものとなった．

　この論文で最も驚くべきことは，この時点ですでに完全に円熟し，完成しきった

姿でヒルベルト空間が提示されているということにある．ノイマンは，ヒルベルト空間の公理から出発して，完全正規直交系のような基本的な事柄から話をはじめていく．数学史を知らなければ，これがノイマンの頭脳からたったいままり出されたものとはみえず，ヒルベルト空間など，ごく自然な数学的対象としてずっと昔から存在していたと錯覚させるほどの平明さである．

閉 作 用 素

ノイマンは次のような作用素を問題とする．

(C1) 作用素 A は，ヒルベルト空間 $\mathscr{H}$ の稠密な部分空間 $\mathscr{D}(A)$ 上で定義された線形作用素である．

(C2) $x_n \in \mathscr{D}(A)$ $(n = 1, 2, \ldots)$ で

$$x_n \longrightarrow x, \quad Ax_n \longrightarrow y$$

が成り立つならば，$x \in \mathscr{D}(A)$ で $Ax = y$．

有界な作用素のときには，ヒルベルト空間 $\mathscr{H}$ 全体で定義されていたが，ここでの作用素は定義域 $\mathscr{D}(A)$ 上でしか考えていないのだから，作用素の同値性も

$$A = B \Longleftrightarrow \begin{cases} \mathscr{D}(A) = \mathscr{D}(B), \\ x \in \mathscr{D}(A) \text{ のとき } Ax = Bx \end{cases}$$

と定義しておかなくてはならない．

もう少し一般的な定義として，B は A の拡張であるという次の定義がある．

$$A \subset B \Longleftrightarrow \begin{cases} \mathscr{D}(A) \subset \mathscr{D}(B), \\ x \in \mathscr{D}(A) \text{ のとき } Ax = Bx \end{cases}$$

ヒルベルト空間 $\mathscr{H}$ の稠密な部分空間というと，$\mathscr{H}$ の中に十分厚くつまっているような気がして，たとえば 2 つの作用素 A, B をとると，A, B が共通に定義されている部分空間 $\mathscr{D}(A) \cap \mathscr{D}(B)$ もまた稠密なのだろうと思ってしまう．だが一般にはそんなことはいえない．それをみるために，多項式近似に関する古典的なミュンツの定理を引用しよう．ミュンツの定理とは，$1, x^{p_1}, x^{p_2}, \ldots, x^{p_n}, \ldots$ からはられる多項式のつくる部分空間が，区間 $[0, 1]$ の連続関数の中で，一様収束位相につき稠密となる条件は $\sum \dfrac{1}{p_n} = \infty$ が成り立つことであるというのである．このことから，$L^2[0, 1]$ の中で，偶数ベキしか含まない多項式全体のつくる部分空間 $\mathscr{D}_e$ と，奇数ベキしか含まない多項式全体のつくる部分空間 $\mathscr{D}_o$ はともに稠密であって，

$\mathscr{D}_e \cap \mathscr{D}_o = \boldsymbol{C}$ (定数関数のつくる 1 次元部分空間) が成り立つことがわかる. この ミュンツの定理を用いれば, もっと一般に $L^2[0,\,1]$ の中の可算個の稠密な部分空間 $\mathscr{D}_1, \mathscr{D}_2, \ldots, \mathscr{D}_n, \ldots$ で, $\mathscr{D}_i \cap \mathscr{D}_j = \boldsymbol{C}$ $(i \neq j)$ となるものもつくることができる!

有界作用素と非有界作用素

これからは, (C1) と (C2) を同時にみたしている作用素だけを考えることにし, このような作用素を簡単に, 閉作用素ということにしよう. このとき次の定理が 成り立つ.

【定理】 $\mathscr{H}$ 全体で定義された閉作用素は有界作用素である.

この定理の証明はここでは省略する.

定理から次のことがわかる. もし閉作用 A が非有界ならば, $\mathscr{D}(A) \subsetneqq \mathscr{H}$ である. また $A \subset B$ となるどのような閉作用素 B をとっても, やはり $\mathscr{D}(B) \subsetneqq \mathscr{H}$ である. なぜなら, もし $\mathscr{D}(B) = \mathscr{H}$ が成り立てば, B は有界作用素となり, $\|B\| < +\infty$. したがってまた, $x \in \mathscr{D}(A)$ に対し $\|Ax\| \leqq \|B\| \|x\|$ が成り立ち, A は有界となってしまうからである.

対称作用素と自己共役作用素

A を閉作用素とする. そのとき次の意味で A の共役作用素 A^* が存在すること が知られている.

A^* は閉作用素であって,

$$(Ax, y) = (x, A^*y) \quad (x \in \mathscr{D}(A)) \tag{1}$$

が成り立つ. $\mathscr{D}(A^*)$ は, すべての $x \in D(A)$ に対して (1) が成り立つような y 全 体からなる. $\mathscr{D}(A^*)$ がまた稠密な部分空間となっているのである.

一般に

$$A \subset B \Longrightarrow A^* \supset B^* \tag{2}$$

が成り立つ.

【定義】 $x, y \in \mathscr{D}(A)$ に対して

$$(Ax, y) = (x, Ay) \tag{3}$$

が成り立つとき，A を対称作用素，またはエルミート作用素という.

A が対称作用素であるということは，(1) と (3) を見るとわかるように，$\mathscr{D}(A) \subset \mathscr{D}(A^*)$ で，$y \in \mathscr{D}(A)$ に対して $Ay = A^*y$ が成り立つこと，すなわち

$$A \subset A^*$$

が成り立つことであるといってよい.

【定義】 $A = A^*$ のとき，A を自己共役作用素という.

> A を自己共役作用素とすると，A は次の意味で極大な対称作用素となっている:
>
> $$A \subset B \text{ で } B \text{ が対称作用素ならば} \quad A = B$$

【証明】 $A \subset B$ から，(2) により $A^* = A \supset B^*$. B は対称だから $B^* \supset B$. したがって $A \supset B$ となり，$A = B$ が示された. ∎

自己共役作用素のスペクトル分解

ノイマンは，1929 年の論文で，次の定理を示した.

【定理】 A を自己共役作用素とする. このとき，単位の分解 $\{E(\lambda)\}_{\lambda \in \boldsymbol{R}}$ が存在して

$$A = \int_{-\infty}^{\infty} \lambda \, dE(\lambda)$$

と表わされる. A の定義域は

$$\mathscr{D}(A) = \left\{ x \, \middle| \, \int_{-\infty}^{\infty} |\lambda|^2 \|dE(\lambda)x\|^2 < +\infty \right\}$$

である.

このとき，有界作用素のときと違って，スペクトルは $-\infty$ から $+\infty$ にわたって，一般には存在しているのである.

ノイマンの着想

ノイマンはこのスペクトル分解定理を示すために，有名なケーリー変換の理論を構成した.

A を対称作用素とする．このとき $x \in \mathscr{D}(A)$ に対して

$$\|Ax \pm ix\|^2 = (Ax, Ax) \pm i(x, Ax) \mp i(Ax, x) + (x, x)$$
$$= \|Ax\|^2 + \|x\|^2 \tag{4}$$

が成り立つ.

この式からまず $x \in \mathscr{D}(A)$ に対し

$$(A + iI)x = 0 \Longrightarrow x = 0$$

が得られる．したがって $A + iI$ の値域を $\mathscr{V}$ とすると，$\mathscr{V}$ から $A + iI$ の定義域への逆写像

$$(A + iI)^{-1} : \quad \mathscr{V} \longrightarrow \mathscr{D}(A + iI)$$

を考えることができる.

そこで

$$V_A = (A - iI)(A + iI)^{-1}$$

とおき，V_A を A のケーリー変換というのである.

いま，$z = V_A y$ とすると，y と z は関係

$$y = (A + iI)x \xrightarrow[(A+iI)^{-1}]{} x \xrightarrow[A-iI]{} (A - iI)x = z$$

で結ばれているから，(4) から $\|y\| = \|z\|$ となることがわかる．すなわち

$$\|V_A y\| = \|y\| \quad (y \in \mathscr{V})$$

である．V_A は等距離作用素である！

A が閉作用素のことから，V_A は (C2) をみたし，そのことから，V_A の定義域 $\mathscr{V}$ も，また V_A の値域 $\mathscr{W}$ も $\mathscr{H}$ の閉部分空間となることがわかる.

ノイマンの着想は，A の代りに，等距離作用素 V_A を考えるならば，非有界作用素の取扱いにおいて，最も見えにくい状況，すなわち対称作用素の拡張と，定義域の拡張との関係を，明確に捉えられるのではないかと考えた点にあった．ノイマンの理論では，V_A の定義域と値域の直交補空間

$$\mathscr{H}_A{}^+ = \mathscr{V}^\perp, \quad \mathscr{H}_A{}^- = \mathscr{W}^\perp$$

の考察が核心となる．V_A をさらに等距離作用素として拡張していくために $\mathscr{V}^\perp$ の正規直交系を，$\mathscr{W}^\perp$ の正規直交系へ移すという操作を行なっていくことになるだろう．考察を等距離作用素 V_A へ移すことにより，非有界な対称作用素に関する議論は，幾何学的な見通しのもとで展開することになるのである．

　この理論の詳細に立ち入れないが，この理論の1つの系としてノイマンは次の定理を示した．

【定理】　対称作用素 A が自己共役作用素となるための必要十分条件は，V_A がユニタリー作用素となることである．

　すなわち，このとき
$$\dim \mathscr{H}_A{}^+ = \dim \mathscr{H}_A{}^- = 0$$
となる．

　対称作用素 A は逆に V_A を用いて表わすことができる．ノイマンは，自己共役作用素 A のスペクトル分解定理を，この定理を用いて，すでに知られていたユニタリー作用素 V_A のスペクトル分解定理から導いたのである．

Tea Time

質問　この30講を読んで，数学の1つの歴史の中を歩んできたような気分になりました．改めて振り返ってみますと，2次の行列からはじまって，ヒルベルト空間上の作用素のスペクトル分解定理にまで至ったわけですが，いつのまにかおしまいの方では，前半で主役を演じた行列の視点が消えてしまいました．行列という考えは無限次元までは生き残れなかったのでしょうか．

答　行列の理論は19世紀後半に確立し，行列式の理論を綾をなすように織りこみながら，不変式論や終結式の理論を通して徐々に数学の中に浸透していった．一方，解析学に現われる微分作用素や積分作用素は，線形性を示すものが多かったが，これらの作用素の挙動はまったく個別的なものであって，これらを線形性

248 第 30 講 フォン・ノイマン──1929 年

という一般的な理念の中に統合してみるような視点は，19 世紀数学の中では，ま
だ十分育っていなかったのではないかと思われる．

　フレードホルムは，積分方程式の解法という具体的な問題意識から出発して，
一気に有限次元から無限次元へと，行列式の階段を上りきってしまった．そこか
らヒルベルトにより捉えられたのは，無限変数の 2 次形式に関係する行列論であ
り，2 次形式の標準化に関する固有値問題であった．このヒルベルトによる l^2-空
間上での無限行列の考えは，その後も強い影響を残し続けたようである．ヒルベ
ルト空間の作用素論の中から，無限行列の影を完全に消し去ったのは，ノイマン
の 1929 年の論文と，それに引き続く‘非有界行列の理論について’という論文
であった．この論文の中で，ノイマンは非有界作用素を無限行列を用いて表現す
るという考えは，理論構成上とるべき道でないということを，一見，逆理ともみ
えるいくつかの例を導き出すことにより，明示している．これによって，ヒルベ
ルト空間の作用素の一般論の中から，無限行列の姿が完全に消えたのである．こ
の無限行列から，現在みられるような作用素論への移行は劇的なものであったと
いってよいようである．P. D. ラックスは，‘ジョン・フォン・ノイマンの思い出’
という中で次のような逸話を述べている．「30 年代になって，E. シュミットは，
若い F. レーリッヒに，ヒルベルト空間における彼の最近の研究のことについて
述べてほしいと頼んだ．レーリッヒは大喜びで引きうけ，いまやスタンダードと
なっているやり方で話しはじめた，“H をヒルベルト空間とし，L を線形作用素
とする $\cdots$”．するとシュミットは彼の話を途切って次のようにいった．“どうか，
お若い人，無限行列といってほしい．”」

索　引

ア　行

アスコリ・アルジェラの定理　186
アーベル　108

1 次従属　31
1 次独立　31
糸の振動の問題　109

$L^2(I)$　146
l^2-空間　143
エルミート行列　96
エルミート形式　97
エルミート作用素　88, 245
　　──の関数　97
　　──の最小の固有値　93
　　──の最大の固有値　93

カ　行

階数　38
拡張　243
可分性　134
加法　28
完全正規直交系　136
完全連続　175
完全連続な自己共役作用素　176
　　──の固有空間への射影作用素　183
　　──の固有空間への分解定理　180
　　──の固有値　177
　　──の固有ベクトルによる展開　184
完備性　134

基底　29
基底ベクトル ($\mathbf{R}^2$ の)　2
基底変換
　　──の行列　29
　　──の公式　33
逆行列　32
境界条件　110
境界値問題　112
共役複素数　19
行列　32
　　2 次の──　3
　　──の積　32
　　──の和　32
虚軸　19
距離　61
　　──の性質　63

グリーン関数　113

ケーリー変換　246

恒等写像　32
固有空間　42, 177
固有振動　112
固有多項式　24, 39
　　線形写像の──　41
　　──の不変性　40
固有値　23, 38, 226
　　──の重複度　47
固有ベクトル　23, 38
固有方程式　24, 39

250　索　　引

線形写像の―― 41
コンパクト 165

サ　行

座標平面 1

次元 (固有空間の) 42
自己共役作用素 163, 245
　　完全連続な―― 176
　　――の関数 219
　　――のノルム 170
実軸 19
射影作用素 76, 161
　　――と直交分解 77
　　――の特徴づけ 80
斜交座標系 6
シュワルツの不等式 61
順序
　　自己共役作用素の―― 217
　　射影作用素の―― 204
初期条件 110
ジョルダンの標準形 54

随伴作用素 76, 161
　　――の性質 79
スカラー積 28
スチルチェス積分 213
ストーンの定理 231
スペクトル分解定理
　　自己共役作用素の―― 216, 245
　　正規作用素の―― 229
　　ユニタリー作用素の―― 230

正規行列 102
正規作用素 86, 162, 227
　　――とエルミート作用素 90
正規直交基底 68
　　――による展開 70

正規直交系 135
　　固有関数のつくる―― 128
正値作用素 95
正値定符号 96
積分方程式 109
　　対称核の―― 125
　　――の核 118
　　――の固有関数 126
　　――の固有値 126
積分作用素 123, 126
　　――の完全連続性 185
零ベクトル ($\boldsymbol{R}^2$ の) 2
線形作用素 75
　　――の有界性 157
線形写像 31
　　$\boldsymbol{R}^2$ の―― 3
　　対角化可能でない―― 53
　　――の繰り返し 51
線形代数 34
線形汎関数 154

タ　行

対角化可能
　　――な行列 46
　　――な線形写像 45
対称核 124
対称作用素 104, 245
対称な積分作用素の固有値 127
代数学の基本定理 21
代数的閉体 21
単位球面 94, 165
単位行列 32
単位の分解 207
　　――による積分概念 210

稠密性 (定義域の) 236
稠密な部分空間 243
重複度 (固有値の) 128

直和 (固有空間による) 45
直交 67
直交作用素 105
直交する 135
直交分解 72, 152
直交補空間 71, 151

定義域 236
点スペクトル 226
転置行列 104

等距離作用素 246
同型写像 145
同型である 145
等時問題 109

ナ 行

内積 60, 133
　——とノルムの関係 63
　——をもつベクトル空間 133
長さ 61

2乗可積な関数 146

ノルム 61
　有界作用素の—— 158
　——の性質 62

ハ 行

倍率 9
パーセバルの等式 140
ハミルトン・ケーリーの定理 56

非可換性 232, 233, 238
微分作用素 237
非有界作用素 234
ヒルベルト 131
ヒルベルト空間 134

ヒルベルト・シュミットの直交法 69, 137

フィッシャー・リースの定理 145
フォン・ノイマン 241
複素数 18, 19
複素平面 19
プランク定数 232
フレードホルム 107
　——の行列式 121
　——の小行列式 121

閉作用素 243
閉部分空間 148
ベクトル 2
ベクトル空間 28
ベッセルの不等式 135
変数分離 110

マ 行

マトリックス力学 232

ミッタク-レフラー 108

ヤ 行

有界作用素 157
有界作用素列 200
ユニタリー行列 102
ユニタリー作用素 89, 162
　——となる条件 100

余次元1の閉部分空間 153

ラ 行

リース
　——の定理 155
　——の補題 149
リゾルベント 227

252　索　　　引

ルート　98

連続スペクトル　226

連立方程式
　　n 元 1 次の──　35
　　2 元 1 次の──　10

著者略歴

志賀浩二
しがこうじ

1930 年　新潟県に生まれる
1955 年　東京大学大学院数物系数学科修士課程修了
　　　　東京工業大学理学部教授，桐蔭横浜大学工学部教授などを歴任
　　　　東京工業大学名誉教授，理学博士
2024 年　逝去
受　賞　第 1 回日本数学会出版賞
著　書　「数学 30 講シリーズ」（全 10 巻，朝倉書店），
　　　　「数学が生まれる物語」（全 6 巻，岩波書店），
　　　　「中高一貫数学コース」（全 11 巻，岩波書店），
　　　　「大人のための数学」（全 7 巻，紀伊國屋書店）など多数

数学 30 講シリーズ 10
新装改版 固有値問題 30 講　　　　　　定価はカバーに表示

1991 年 4 月 30 日　初　版第 1 刷
2021 年 8 月 25 日　　　　第 22 刷
2024 年 9 月 1 日　新装改版第 1 刷

著　者　志　賀　浩　二
発行者　朝　倉　誠　造
発行所　株式会社　朝　倉　書　店

東京都新宿区新小川町6-29
郵便番号　162-8707
電　話　03(3260)0141
Ｆ Ａ Ｘ　03(3260)0180
https://www.asakura.co.jp

〈検印省略〉

© 2024 〈無断複写・転載を禁ず〉　　中央印刷・渡辺製本
ISBN 978-4-254-11890-2 C3341　　Printed in Japan

JCOPY ＜出版者著作権管理機構 委託出版物＞

本書の無断複写は著作権法上での例外を除き禁じられています．複写される場合は，
そのつど事前に，出版者著作権管理機構（電話 03-5244-5088，FAX 03-5244-5089，
e-mail: info@jcopy.or.jp）の許諾を得てください．

【新装改版】数学30講シリーズ
（全10巻）

志賀浩二 [著]

柔らかい語り口と問答形式のコラムで数学のたのしみを感得できる卓越した数学入門書シリーズ．読み継がれるロングセラーを次の世代へつなぐ新装改版・全10巻！

1. 微分・積分30講　　208頁（978-4-254-11881-0）
2. 線形代数30講　　216頁（978-4-254-11882-7）
3. 集合への30講　　196頁（978-4-254-11883-4）
4. 位相への30講　　228頁（978-4-254-11884-1）
5. 解析入門30講　　260頁（978-4-254-11885-8）
6. 複素数30講　　232頁（978-4-254-11886-5）
7. ベクトル解析30講　　244頁（978-4-254-11887-2）
8. 群論への30講　　244頁（978-4-254-11888-9）
9. ルベーグ積分30講　　256頁（978-4-254-11889-6）
10. 固有値問題30講　　260頁（978-4-254-11890-2）